5

牛津趣味阶梯数学

[英] 布莱恩·默里／著　　拾伍素养／译

图书在版编目（CIP）数据

牛津趣味阶梯数学. 5 / （英）布莱恩·默里著 ; 拾伍素养译. -- 北京 : 海豚出版社, 2023.4（2023.6重印）
ISBN 978-7-5110-6307-6

Ⅰ. ①牛… Ⅱ. ①布… ②拾… Ⅲ. ①数学－儿童读物 Ⅳ. ①01-49

中国国家版本馆CIP数据核字(2023)第034033号

著作权合同登记号：图字01-2022-4719

Oxford Mathematics Primay Years Programme 5
Originally published in Australia by Oxford University Press, Level 8, 737 Bourke Street, Docklands, Victoria 3008, Australia © Oxford University Press 2019
This adaption edition is published by arrangement with Dolphin Media Co.,Ltd for distribution in the mainland of China only and not for export therefrom

牛津趣味阶梯数学 5

[英] 布莱恩·默里／著　拾伍素养／译

出 版 人：王　磊
责任编辑：张国良　白　云
特约编辑：方云宝　马瑞芬
封面设计：钮　灵
版式设计：潘　虹
责任印制：于浩杰　蔡　丽
法律顾问：中咨律师事务所 殷斌律师

出　　版：海豚出版社
地　　址：北京市西城区百万庄大街24号
邮　　编：100037
电　　话：027-87396822（销售）　010-68996147（总编室）
传　　真：010-68996147
印　　刷：深圳市福圣印刷有限公司
经　　销：全国新华书店及各大网络书店
开　　本：16开（889mm×1194mm）
印　　张：10
字　　数：125千
印　　数：12301-17300
版　　次：2023年4月第1版　2023年6月第2次印刷
标准书号：ISBN 978-7-5110-6307-6
定　　价：55.00元

致家长

“牛津趣味阶梯数学”系列共7册，是一套适合幼小衔接、小学1~6年级孩子的数学学习材料。这套全面、科学、有趣的数学书，以国际数学体系为标，先进思维提升方法为本，助力孩子成为数学真“学霸”。

《牛津趣味阶梯数学K》是专为幼小衔接阶段的孩子设计的。本书结合该年龄段孩子的认知水平和认知能力，通过趣味性数学问题，引导孩子认识数字、序数、基本图形、简单方位、测量单位等，带领孩子实现从具象思维到抽象思维的过渡，引导孩子关注生活中的数学现象，初步感知数学的魅力。

《牛津趣味阶梯数学1》至《牛津趣味阶梯数学6》是专为小学1~6年级孩子设计的。内容全面，涵盖数与代数、图形与几何、统计与概率等基础知识；设置生活中常见的数学问题，引发孩子积极探索，主动思考；通过层层递进的环节设置，引导孩子走进真实的数学世界，让孩子了解更多数学知识，并能运用数学知识应对生活中的数学问题。

这套书的原版来自牛津大学出版社，所以在组稿的过程中，会面临一些内容不符国情的问题，秉持着严谨治学的态度，我们认真对比国内小学数学教材，对其进行了一些本土化的工作，以便它更易于中国的孩子使用。与此同时，我们也贯彻开放兼容的思想，保留了一些能开拓我们孩子思维，有借鉴意义的内容，供孩子们选择性使用。

总的来说，本套书以培养孩子的数学能力为目的，体系清晰、内容全面，并易于使用。共包含三大数学模块、十大关键主题、二百余知识点，涵盖小学阶段数学学习的大部分内容。在每一个小节会提供“教、学、练、用”环节：

- 讲解教学——例题讲解，为孩子精准解析知识要点；
- 趣味学习——循序渐进，帮孩子有序厘清解题思路；
- 独立练习——即学即用，让孩子独立应对数学问题；
- 拓展运用——举一反三，助孩子灵活运用所学知识。

译者序

这是一套能帮助孩子自主学好数学的工具书。

为什么要学数学？因为数学是一门教会人思考的学科。大家都知道学好数学很重要，可是很多家长以为，想学好数学就要“刷题”。他们似乎觉得，只要让孩子投入无边无际的题海中，总有一天，孩子就可以从深海中扑腾扑腾地游上岸。

这是不对的。

科学的数学学习方法，应该能让孩子学会深入思考，从而不断提升其逻辑思维能力、理解能力以及解决问题的能力。

很多练习册让孩子在“刷题”中“学会”了某个知识点，但充其量他们只是机械地“会了”。真正的学会应该是完成分析、理解、内化和建构整个过程。“牛津趣味阶梯数学”的知识体系为孩子们提供的正是这个过程。很幸运，我们能接触并翻译这套与众不同的数学学习材料。

加减乘除的运算，是每套数学材料都会讲到的知识点。这套书中当然也有，它讲到了这些方法：凑整十数法、拆分法、补偿法、数轴法、相同数法、点阵图法、估算法……可能有人会疑惑，直接用竖式计算加减乘除多简单，为什么要用这么多方法来讲解？因为数学的本质是要引导孩子从不同维度来思考问题。以“拆分法”为例，斯坦福大学教授乔·博勒之说过，拆数字是他迄今为止所知道的，教授孩子们数感和数学常识的最好的方法。什么是拆数字？怎么拆数字？举个例子，计算70−32没有计算70−30容易，那么就可以把70−32看作70−30−2，这是拆数字。24×15可以进行拆分，变成24×(10+5)=24×10+24×5，这也是拆数字。这样的练习过程就是带着孩子在拆解数字的过程中提升数感，实现其从具象思维向抽象思维的转变。

数学思维进阶还有一个重要的环节，就是从常数思维跨越到变量思维。在面对大量的数据时，会运用变量思维解决数学问题是很重要的能力。这套书贯彻的方法是，先观察积累，再梳理思考过程，最后才解决问题。这套书中强调的占比问题、比例和比率、数据分析整理，都是在帮助孩子逐步掌握灵活的变量思维。

好的数学学习材料，不应该只是题量的堆砌，而应该是在螺旋式上升的知识体系中，通过“教、学、练、用”的学习环节，提升孩子的学习能力。这套书，做到了！

拾伍素养

牛津趣味阶梯数学 5

目 录

数、规律和作用

1.1 位　值

在一个数字中，每个数代表的值取决于它们所在的位置。
923856写成92 3856后更容易读出来。将读法写出则更容易读出：九十二万三千八百五十六。

趣味学习

1 观察数字72 5384，7的值是70 0000。将其他数字的值填入位值表中。

	十万	万	千	百	十	个	写下数字
例	7	0	0	0	0	0	70 0000
a							
b							
c							
d							
e							

注意使用0占位。

2 如果将三万二千五百零九写成数字，用0代表缺失的十位，写作：3 2509。写出下列各数。

a　九千三百零七　________

b　二万五千零四十六　________

c　十万二千七百零一　________

3 读出下列各数。

a　2860　________

b　1 3465　________

c　2 8705　________

独立练习

1 每个数中红色数字代表的值是多少?

例子：8 5306　　80000

a　**2** 9425: ____________

b　5 **3**207: ____________

c　**1**3 5284: ____________

d　4 **8**005: ____________

e　39 9**5**17: ____________

2 读出第1题中的数字。

例子：8 5306　读作：八万五千三百零六

a ____________

b ____________

c ____________

d ____________

e ____________

3 写出下面各数。

a　八万六千二百三十一　____________

b　十四万二千　____________

c　六十五万六千三百零八　____________

d　十万五千九百二十一　____________

4 圈出比 2 5789大1的数。

2 5800　　2 5780　　2 5799　　2 5790

5 按照例子将数字拆分。

需要时可在数字间添加 ¦ 。

1¦4217:1¦0000 + 4000 + 200 + 10 + 7

a　2¦5123:　2¦0000 + ______

b　6¦3382: ______

c　6004: ______

d　12¦5381: ______

e　86¦0094: ______

---

6 用卡片上的数字组成相应的数（每个数字只能用一次）。

6　1　5　3　9　7

a　最大的6位数：______

b　最小的个位数字是“5”的6位数：______

c　最大的十万位是“7”的6位数：______

d　最小的千位数是“1”的6位数：______

---

7 写出计数器所表示的数字，并读出。

a

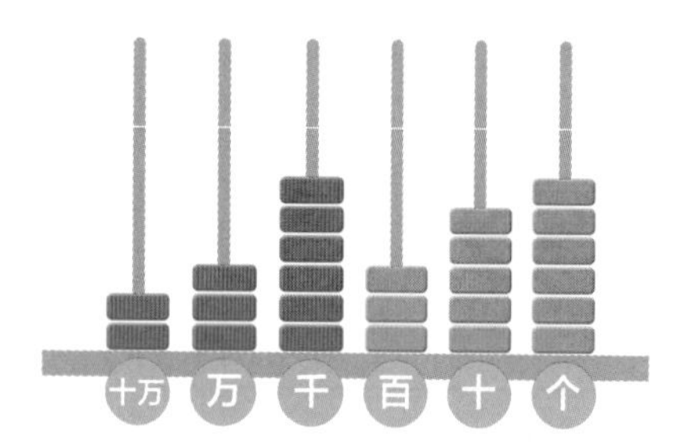

写作：______

读作：______

______

______

b

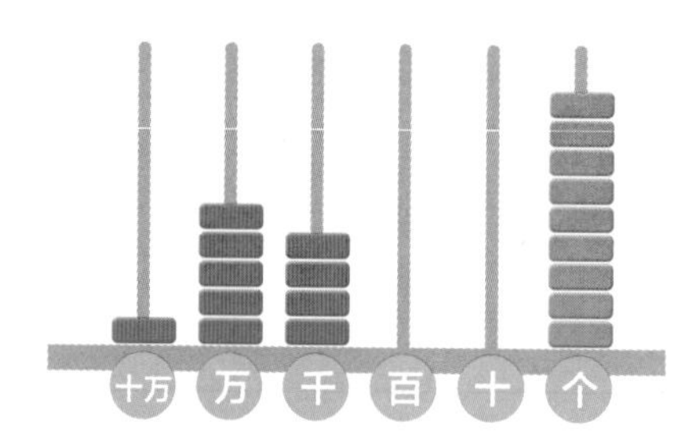

写作：______

读作：______

______

______

拓展运用

1 将表中的纪录数按从小到大的顺序依次填入下方表格空白处。

纪录数								
8 0241	1 0021	11 9986	3 8633	32 2000	3117	3 4309	3868	1 1967

地点	活动	数字
美国	一起遛狗的人数	
西班牙	一起跳萨尔萨舞的人数	
波兰	一起敲钟的人数	
新加坡	一起跳拍拍舞的人数	
葡萄牙	一起组成广告牌的人数	
墨西哥	一起做有氧运动的人数	
印度	一群人一天内种的树的数量	
美国	一起跳康茄舞的人数	
英国	最长的围巾的长度（厘米）	

2 下列数字是第1题中的记录数的近似值，请写下相应的记录数。

a 8 0000 ______

b 4 0000 ______

c 3000 ______

d 30 0000 ______

e 1 0000 ______

f 10 0000 ______

g 1 2000 ______

h 4000 ______

i 3 4000 ______

3 2006年澳大利亚昆士兰州的人口数近似到万位后，是5 0000人，准确人口数由下列数字组成：1，2，5，6，9，列出12种可能的准确人口数。

______

______

1.2 加法口算

找出简便方法

假设你正在参加竞猜比赛，一道题只有4秒的时间作答。有多种方法可以得到正确答案，但是要在4秒内说出答案，你可能需要用到心算。

趣味学习

1 你可以用近似翻倍的方法计算252 + 250：250的2倍是500，然后加2，得到502。用这种方法填空。

	算式	找到近似翻倍	然后	答案
例	252 + 250	250 + 250 = 500	再加2	502
a	150 + 160	150 + 150 =	再加 10	
b	126 + 126	125 +		
c	1400 + 1450			

2 你可以将数字拆分。例如，252 + 250 等于200 + 50 + 2 + 200 + 50。用这种方法填空。

	算式	展开数字	对应位相加	答案
例	252 + 250	200 + 50 + 2 + 200 + 50	200 + 200 + 50 + 50 + 2 = 500 + 2	502
a	66 + 34	60 + 6 + 30 + 4	60 + 30 + 6 + 4 = 90 + 10	
b	140 + 230	100 + 40 + 200 + 30	100 + 200 + 40 + 30 = 300 + 70	
c	1250+2347			

3 你可以在数轴上使用跳跃法。用这种方法填空。

例子：50 + 52 是多少?

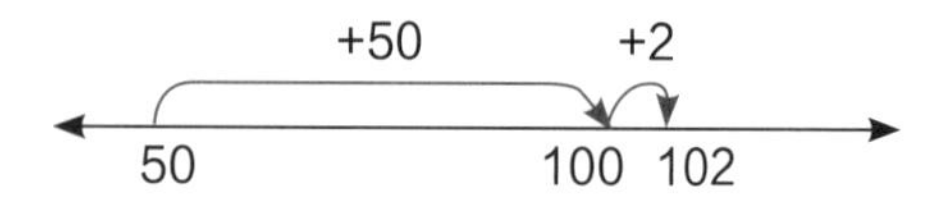

答案：50 + 52=102

a 105 + 84 是多少?

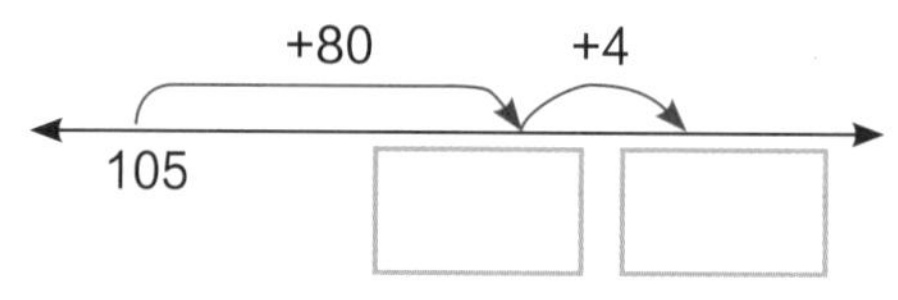

答案：105 + 84 = ______

b 1158 + 130 是多少?

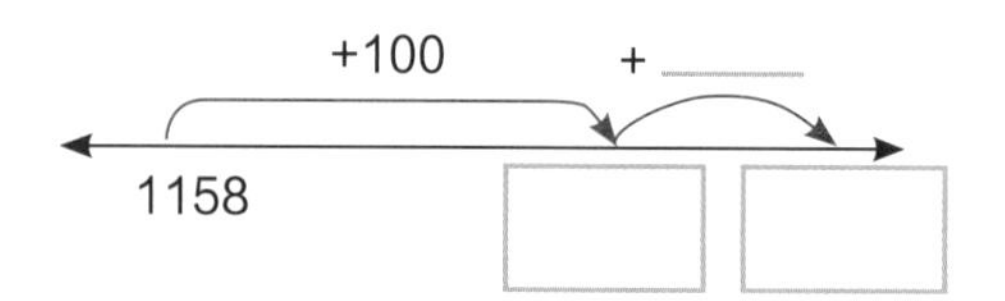

答案：1158 + 130 = ______

c 2424 + 505 是多少?

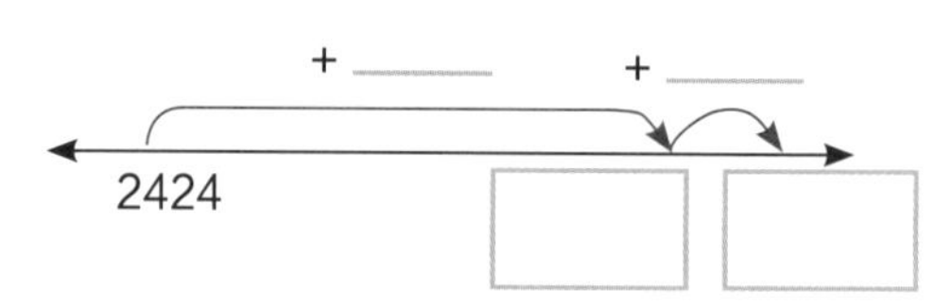

答案：2424 + 505 = ______

独立练习

1 还有一种加法心算的方法叫作补偿法。这种方法用到了近似，例如，对于74 + 19，可以将19近似到20，算出74 + 20，然后再减去1。
使用补偿法计算。

	算式	使用近似后得到	然后	答案
例	74 + 19	74 + 20 = 94	减去 1	93
a	56 + 41	56 + 40 = 96	加上 1	
b	25 + 69	25 + 70 = 95	减去 1	
c	125 + 62	125 + 60 = 185	加上	
d	136 + 198	136 +		
e	195 + 249			
f	1238 + 501			
g	1645 + 1998			

2 使用补偿法计算。

a 35 + 99 ______

b 24 + 101 ______

c 173 + 198 ______

d 1407 + 1002 ______

e 1451 + 1499 ______

f 1562 + 1004 ______

3 使用跳跃法计算。

a 125 + 38 =

b 164 + 47 =

c 1193 + 842 =

d 2585 + 1321 =

4 使用拆分法计算。

	算式	展开数字	对应位相加	答案
例	125 + 132	100 + 20 + 5 + 100 + 30 + 2	100 + 100 + 20 + 30 + 5 + 2	257
a	173 + 125			
b	1240 + 2130			
c	5125 + 1234			
d	7114 + 2365			
e	2564 + 4236			

5 使用恰当的方法计算，并说出计算过程。

a 713 + 190 = ____________________

b 1490 + 1490 = ____________________

c 2009 + 2009 + 2009 = ____________________

d 1864 + 3134 = ____________________

e 2499 + 1002 = ____________________

f 1236 + 247 = ____________________

g 2499 + 2499 = ____________________

h 3130 + 2360 = ____________________

拓展运用

练习估算和求近似值的技巧，在心算时可以节省更多时间。

1 阅读下表，看看这些数字的近似值是多少，圈出正确的答案。

名称	长度/米	近似值/米	
A	2197	2100	2200
B	1502	1500	1600
C	4807	4800	4900
D	4466	4400	4500
E	8850	8800	8900
F	2228	2200	2300
G	590600	500000	600000
H	212500	200000	300000

2 根据第1题，圈出正确的答案。

a A和B的长度之和大约为 3500 米 3700 米 3600 米 3400 米。

b C比D长约 20 米 200 米 30 米 300 米。

c G和H的长度之和大约是 700 千米 70 千米 80 千米 800 千米。

3 莎拉要去打折店购物，她一共有110.00元。她想买以下商品：

绘画套装: 19.90元	球: 9.90元	计算器: 19.90元	毛绒玩具: 19.90元
套装笔: 12.70元	笔记本: 4.90元	几何套装: 19.90元	贴纸: 12.90元

a 先近似到元，再算所有商品的总价超出110.00元多少?

b 莎拉应该放回哪样商品，使总价最接近110.00元?

1.3 加法笔算

	十位	个位
	3	4
+	2	5
	5	9

最常见的加法笔算方法是列竖式。从个位开始计算，逐列相加。

有时还需要向前一列进一位。

	十位	个位
	3	8
+	2_{1}	5
	6	3

趣味学习

1 做一做。

a

	十位	个位
	2	6
+	2	3

b

	百位	十位	个位
	1	3	3
+	1	4	1

c

	百位	十位	个位
	3	7	5
+	1	2	3

d

	千位	百位	十位	个位
	3	6	4	1
+	1	2	2	5

2 做一做。

a

	十位	个位
	5	7
+	2_{1}	9

b

	百位	十位	个位
	1	2	8
+	1	5_{1}	6

c

	百位	十位	个位
	1	3	9
+	2_{1}	8_{1}	6

d

	百位	十位	个位
	6	6	8
+	2	4	9

你需要进位。

3 做一做。

a

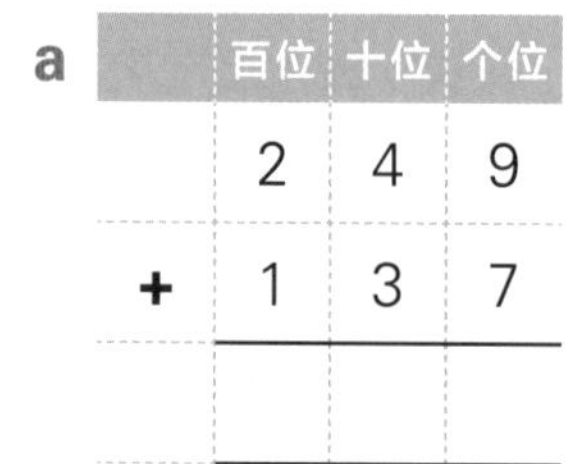

	百位	十位	个位
	2	4	9
+	1	3	7

b

	千位	百位	十位	个位
	3	2	4	6
+	1	3	7	7

c

	万位	千位	百位	十位	个位
	3	2	2	8	6
+	1	5	5	3	7

d

	万位	千位	百位	十位	个位
	4	2	7	4	3
+	3	2	3	7	8

e

	十万	万位	千位	百位	十位	个位
	4	3	4	5	3	6
+	2	6	5	5	9	5

独立练习

1 计算下列竖式。

a
```
   85
+  38
-----
```

b
```
  538
+ 696
-----
```

c
```
  7066
+ 5279
------
```

d
```
  87239
+ 36217
-------
```

e
```
   62
+  59
-----
```

f
```
  1589
+  743
------
```

g
```
  15078
+ 19465
-------
```

h
```
  248936
+ 207718
--------
```

i
```
   72
+  39
-----
```

j
```
   924
+ 1298
------
```

k
```
  18651
+ 14682
-------
```

l
```
  186128
+ 258316
--------
```

2 找出有联系的数字来快速计算。

a
```
  27
  22
  23
+ 18
----
```

b
```
  214
  131
  196
+ 279
-----
```

c
```
  184
  235
  226
+ 170
-----
```

d
```
  475
  101
  135
+ 609
-----
```

e
```
  593
  218
  898
+ 598
-----
```

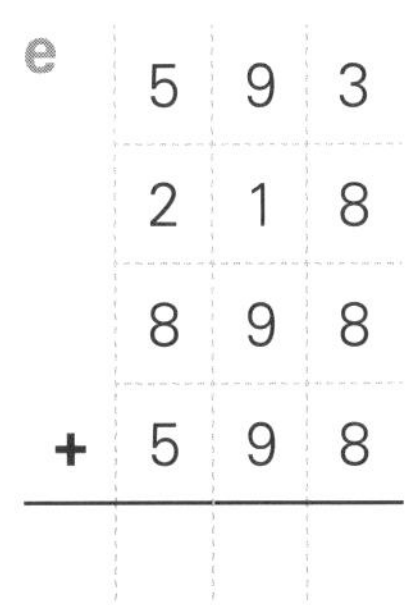

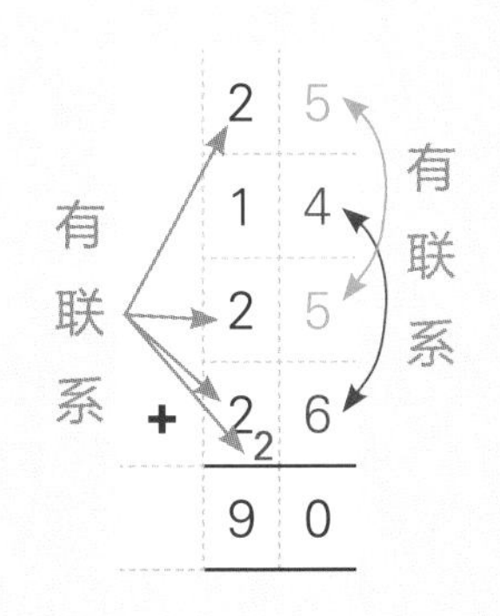

3 在一个假期里，杰克的餐饮费用是295.00元，交通费用是207.00元，住宿费用是985.00元，他还花了92.00元购买礼物以及213.00元用于娱乐。他想知道自己一共花了多少钱，就用计算器得到了总数1612.00元。

a 将每个金额取近似值，快速估算下杰克得到的结果合理吗？

b 杰克一共花了多少钱？

用竖式计算加法时，将数位对齐十分重要，否则会得到错误的答案。

	十位	个位	
	4	5	
+		3	7
	4	8	7

✗

	十位	个位
	4	5
+	3 1	7
	8	2

✓

4 列竖式计算。

a 114 + 137

	百位	十位	个位
+			

b 927 + 138

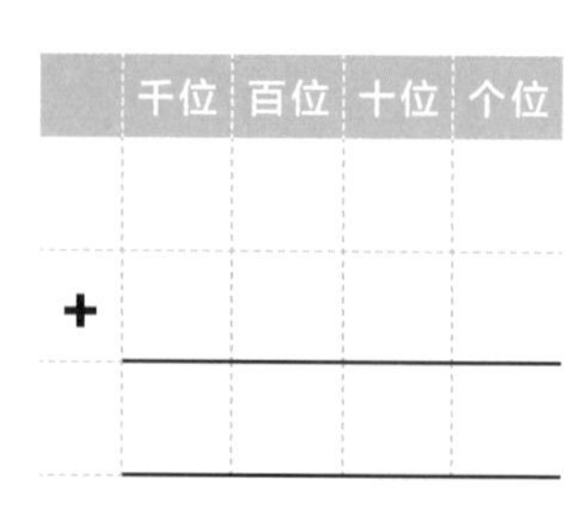

c 739 + 278

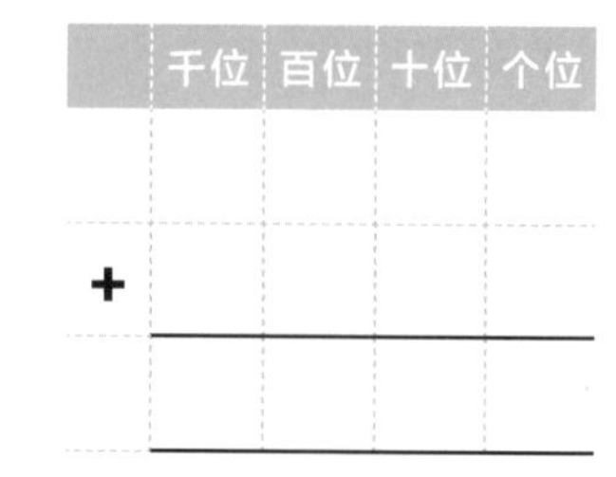

d 173 + 33 + 38

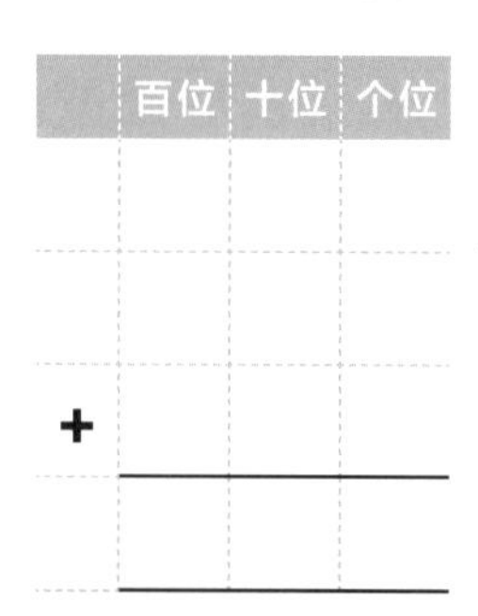

e 554 + 537 + 49

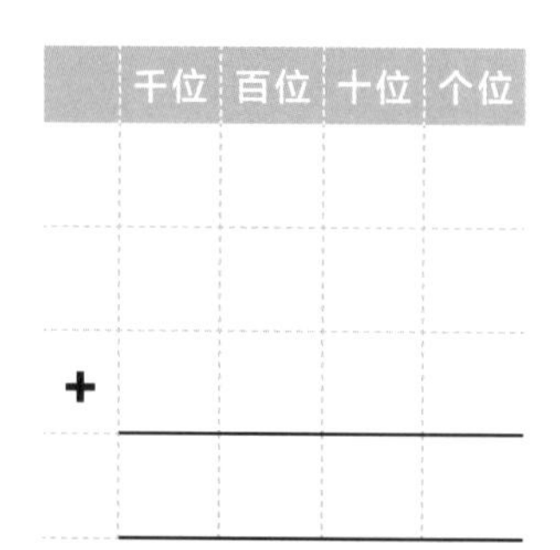

f 637 + 77 + 829

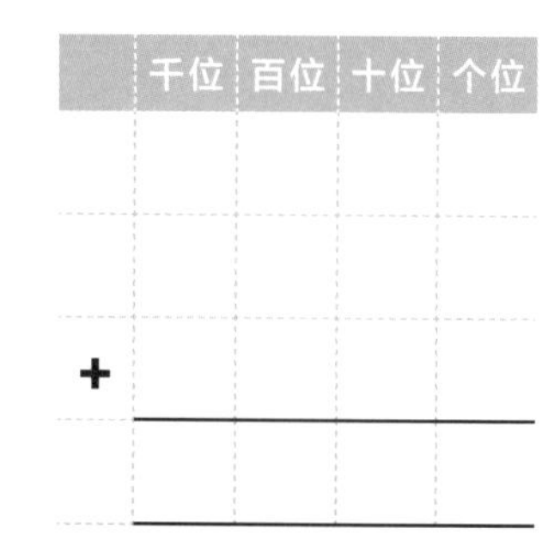

g 1452 + 257 + 2318

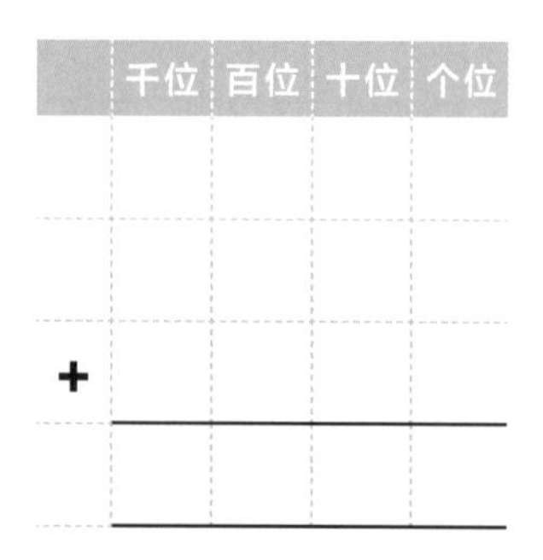

h 35174 + 257 + 2318 + 624

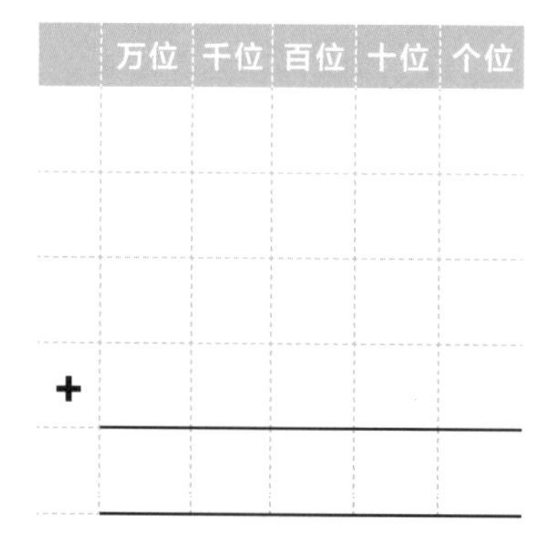

i 61286 + 435 + 24 + 325

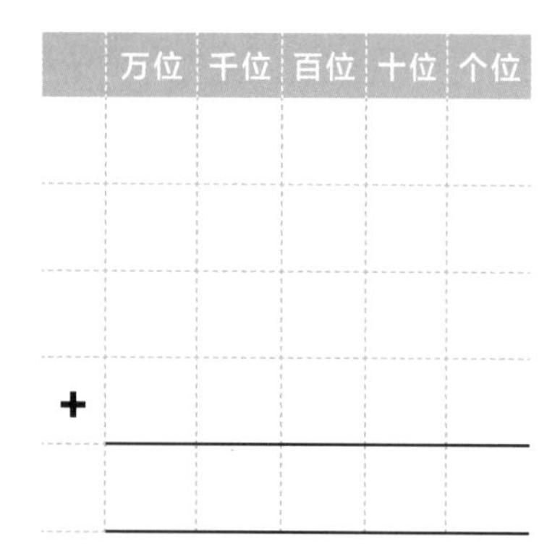

j 579 + 4529 + 33 + 6589 + 527

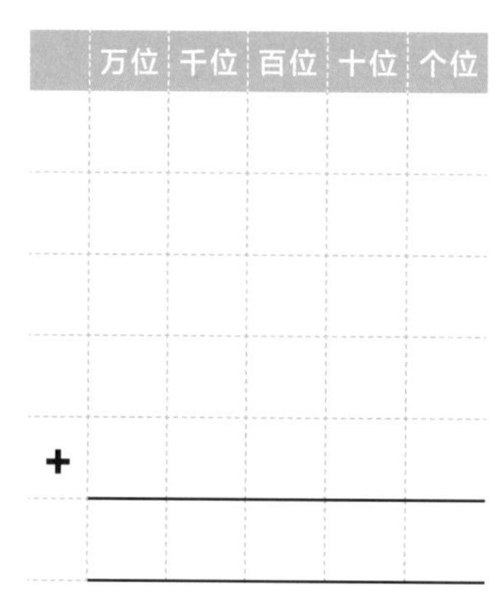

拓展运用

1 找出可以让下列竖式成立的四种答案。

a
```
  3 □ 9
+   □ 6
-------
□ 3 □
```

b
```
  3 □ 9
+   □ 6
-------
□ 3 □
```

c
```
  3 □ 9
+   □ 6
-------
□ 3 □
```

d
```
  3 □ 9
+   □ 6
-------
□ 3 □
```

2 某球队每赛季主场有超过200000名观众观赛，以下是关于该球队的一些信息：

- 主场比赛场数：12；
- 总观众数：212052；
- 平均每场主场比赛观众数：17671；
- 每场比赛都有超过10000名观众；
- 没有两场比赛的观众数相同。

借助网格对齐数位，
将每场比赛可能的观众数列出，
确保赛季总观众数是212052。

场次	可能人数					
1						
2						
3						
4						
5						
6						
7						
8						
9						
10						
11						
12						
总数						

3 计算30521 + 85365 + 7570，你会看到答案存在一定规律。编写一个答案相同的3个数的加法题目。

1.4 减法口算

取近似值后的数更便于计算。我们都知道76−20比76−19容易计算。76−20=56，我们多减了1，因此要将1加回来，得到 76−20+1=57。

你能心算出76-19等于多少吗?

趣味学习

1 用补偿法（求近似）计算，并填空。

	算式	近似后	然后	答案
例	76 − 19	76 − 20 = 56	加回1	57
a	53 − 21	53 − 20 = 33	减去1	
b	85 − 28	85 − 30 = 55	加回2	
c	167 − 22	167 − 20 = 147	减去 ____	
d	346 − 198	346 − ____		
e	1787 − 390			
f	5840 − 3100			
g	6178 − 3995			

将数字拆分后可以使减法计算更简便。例如，计算479 − 135=?

- 将减数拆分: 135 拆分成 100 + 30 + 5
- 先减去 100: 479 − 100 = 379
- 再减去 30: 379 − 30 = 349
- 再减去 5: 349 − 5 = 344
- 因此 479 − 135 = 344

2 使用拆分法计算下列各题，并填空。

	算式	展开后的数字	减去第一部分	减去第二部分	减去第三部分	答案
例	479 − 135	135 = 100 + 30 + 5	479 − 100 = 379	379 − 30 = 349	349 − 5 = 344	344
a	257 − 126	126 = 100 + 20 + 6	257 − 100 =			
b	548 − 224	224 =				
c	765 − 442					
d	878 − 236					
e	999 − 753					

独立练习

1 使用补偿法或者你认为合理的简便方法计算。

a 47 – 22 ______

b 184 – 29 ______

c 547 – 231 ______

d 2455 – 1219 ______

e 5667 – 2421 ______

2 使用拆分法或者你认为合理的简便方法计算。

a 45 – 24 ______

b 464 – 343 ______

c 676 – 254 ______

d 5727 – 3325 ______

e 8958 – 5635 ______

3 拆分法可以结合数轴使用。完成下列各题。

例子：900 – 350 = ?

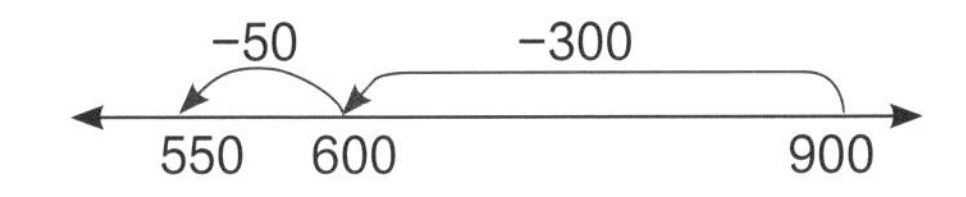

答案：900 – 350 = 550

a 776 – 423 = ?

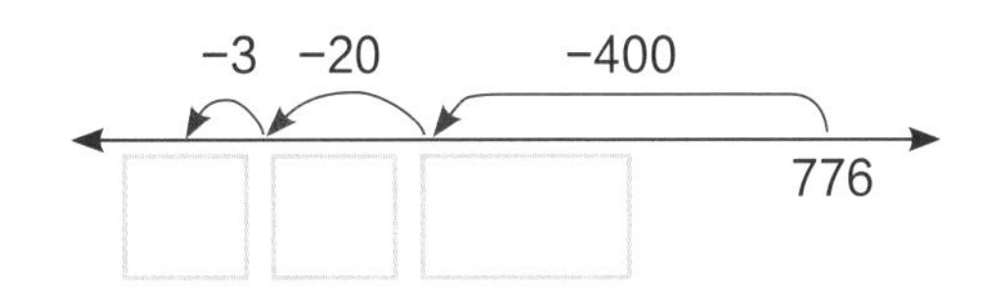

答案：776 – 423 = ______

b 487 – 264 = ?

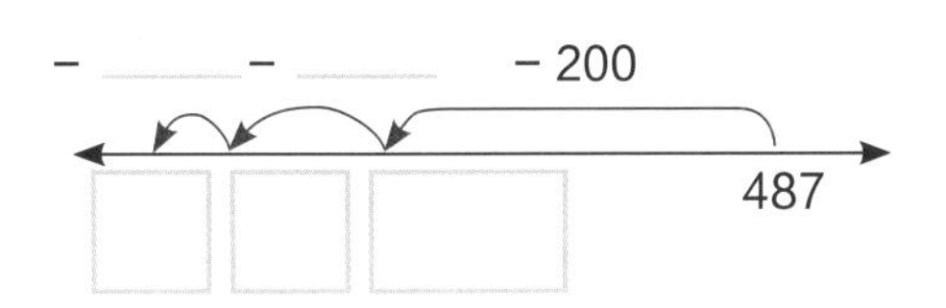

答案：487 – 264 = ______

c 1659 – 536 = ?

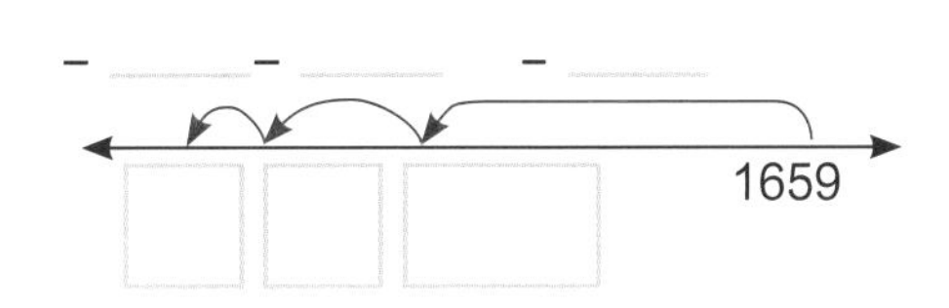

答案：1659 – 536 = ______

还有一种减法计算方法是补数法。
蒂娜买三明治花了3.75元，她付了5.00元，为了算出找零的数目，店员从3.75元开始补数到5.00元。

3.75元到3.80元需要加上5分钱；

3.80元到4.00元需要加上2角钱；

4.00元到5.00元需要再加上1.00元钱；

因此，要找的零钱数目是5分+2角+1元＝1.25元。

3.75元与5.00元之间的差是1.25元，这是5.00元－3.75元=1.25元的另一种表述方法。

4 如果付款10.00元，使用补数法算出购买下列物品需找零的钱数。

a 7.50元的玩具 ________　　b 8.75元的书 ________

c 3.50元的西瓜 ________　　d 4.45元的计算器 ________

e 5.35元的游戏盒 ________　　f 2.15元的铅笔 ________

补数法也可以用来计算普通数字的差。例如，计算200与155的差是多少。

- 155到160，差5；
- 160到200，差40；

将相差的数相加，得到45，因此，200与155的差是45。

5 使用补数法计算。

a 100 – 57 = ________　　b 150 – 128 = ________

c 200 – 135 = ________　　d 151 – 118 = ________

e 1005 – 890 = ________　　f 2500 – 2390 = ________

6 使用恰当的心算方法计算下列题目，并说明所用方法。

a 89 – 19 = ________　　b 65 – 14 = ________

c 78 – 21 = ________　　d 150 – 75 = ________

e 1515 – 1220 = ________　　f 2000 – 1450 = ________

拓展运用

1 一场足球比赛从下午1:30开始，到下午3:05结束，比赛持续了多长时间？

2 2个3位数的差是57，这两个数可能是多少？

3 伊娃购买便笺的找零是2.40元，她可能用多大面值的纸币付的钱？便笺的价格是多少元？

4 计算4235 − 397的得数，说出计算过程。

5 鲍勃、比尔和本从不同经销商手中买了同样款式的摩托车。鲍勃花了7464.00元，比尔比鲍勃多花了193.00元，而比尔比本少花了193.00元。比尔和本分别花了多少钱买摩托车？

6 写3种不同的算式，并填空。

例子	6	1	3	−	5	3	5	=	7	8
a	6		3	−			5	=	7	8
b	6		3	−			5	=	7	8
c	6		3	−			5	=	7	8

1.5 减法笔算

有时，减法计算需要借位。下面用小方块来解释如何借位。
例如，计算54 – 25=?

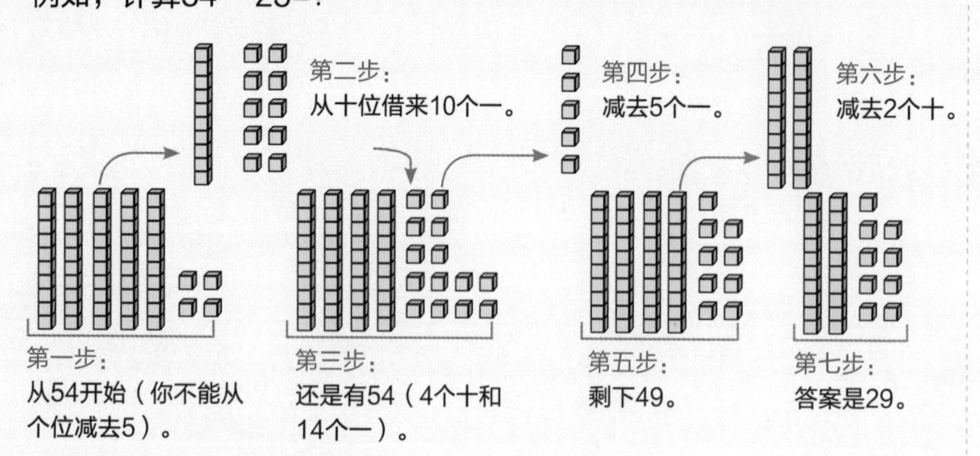

写竖式时也是这样借位的。

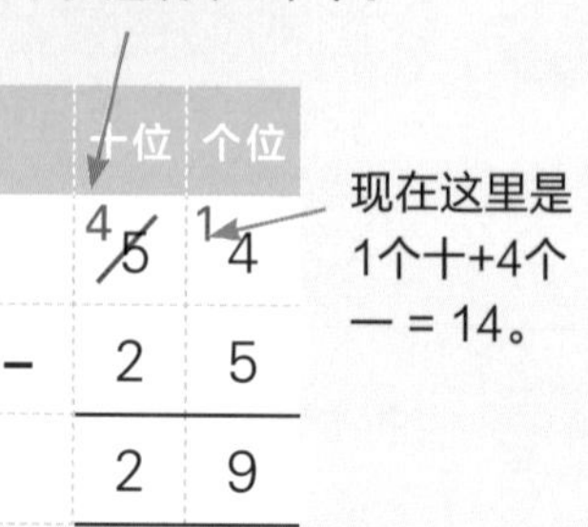

	十位	个位
	$\overset{4}{\not 5}$	$^{1}4$
–	2	5
	2	9

趣味学习

计算下列算式，可以用小方块辅助计算。

a

	十位	个位
	$\overset{6}{\not 7}$	$^{1}3$
–	2	4

b

	百位	十位	个位
	2	$\overset{3}{\not 4}$	$^{1}3$
–	1	2	7

c

	百位	十位	个位
	4	$\not 5$	4
–	2	3	5

d

	百位	十位	个位
	7	2	5
–	3	1	8

e

	千位	百位	十位	个位
	7	2	7	3
–	1	1	4	7

f

	千位	百位	十位	个位
	4	3	6	1
–	1	2	6	7

g

	千位	百位	十位	个位
	5	2	5	3
–	3	7	4	7

h

	千位	百位	十位	个位
	6	7	7	1
–	2	7	7	3

i

	万位	千位	百位	十位	个位
	8	3	4	1	9
–	6	1	2	3	2

j

	万位	千位	百位	十位	个位
	4	3	7	2	4
–	2	5	4	6	5

k

	万位	千位	百位	十位	个位
	7	0	7	3	5
–	3	7	4	8	8

计算较大数的减法时，同样需要从个位开始计算。

l

	十万位	万位	千位	百位	十位	个位
	8	1	3	5	1	8
–	2	4	5	8	7	9

独立练习

1 练习借位减法，观察答案的规律。

a

	百位	十位	个位
	4	1	0
-		8	9

b

	百位	十位	个位
	5	0	8
-		7	6

c

	百位	十位	个位
	8	1	2
-	2	6	9

d

	百位	十位	个位
	8	7	2
-	2	1	8

e

	百位	十位	个位
	9	5	3
-	1	8	8

2 借位减法的计算与数字大小无关，填空并观察答案的规律。

a

	千位	百位	十位	个位
	1	8	2	1
-		5	8	7

b

	千位	百位	十位	个位
	3	7	1	4
-	1	3	6	9

c

	千位	百位	十位	个位
	5	6	4	3
-	2	1	8	7

d

	千位	百位	十位	个位
	6	1	5	5
-	1	5	8	8

e

	千位	百位	十位	个位
	8	3	2	6
-	2	6	4	8

f

	千位	百位	十位	个位
	8	4	1	3
-	1	6	2	4

g

	千位	百位	十位	个位
	9	9	3	4
-			5	8

h

	千位	百位	十位	个位
	9	7	5	3
-		9	8	8

3 这些5位数减法的答案也存在规律，做一做。

a

	万位	千位	百位	十位	个位
	1	3	4	6	5
-		2	3	5	4

b

	万位	千位	百位	十位	个位
	2	6	0	8	1
-		3	8	5	9

c

	万位	千位	百位	十位	个位
	3	8	9	8	1
-		5	6	4	8

d

	万位	千位	百位	十位	个位
	6	6	1	3	3
-	2	1	6	8	9

e

	万位	千位	百位	十位	个位
	7	7	2	4	1
-	2	1	6	8	6

f

	万位	千位	百位	十位	个位
	9	1	2	3	5
-	2	4	5	6	9

4 找出1，3，2，6，4，7组成的最大的6位数与最小的6位数，每个数字只能用1次，并计算最大数和最小数的差。

5 近似与估算可以帮助你避免粗心造成的错误。假设计算913减去189，得到的答案是824，如果求近似数并估算，你会发现答案是错的，因为900 − 200 = 700，答案应该约等于700。请写出算式，并计算准确答案。

6 下列每组算式中，有一个的结果是错误的，估算答案，并圈出正确的答案。

a
$$\begin{array}{r} 612 \\ -\ 488 \\ \hline 124 \end{array} \qquad \begin{array}{r} 612 \\ -\ 488 \\ \hline 224 \end{array}$$

b
$$\begin{array}{r} 9152 \\ -\ 2958 \\ \hline 7194 \end{array} \qquad \begin{array}{r} 9152 \\ -\ 2958 \\ \hline 6194 \end{array}$$

c
$$\begin{array}{r} 14205 \\ -\ 6947 \\ \hline 7258 \end{array} \qquad \begin{array}{r} 14205 \\ -\ 6947 \\ \hline 8258 \end{array}$$

有时在借位时，前一列没有数可以借，这时：

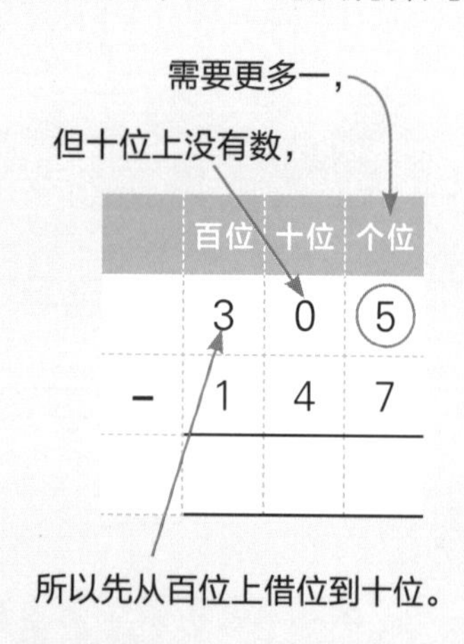

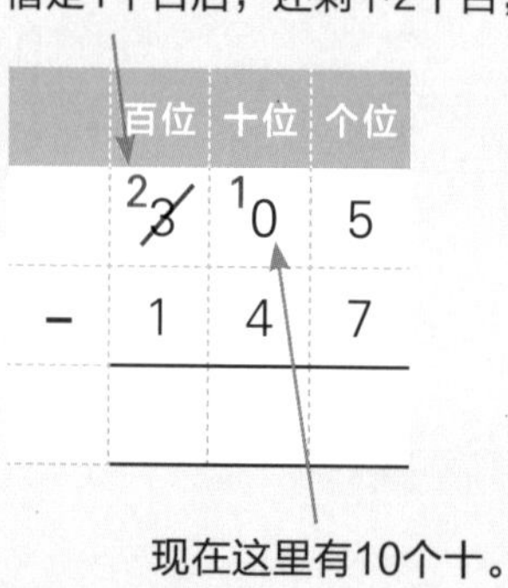

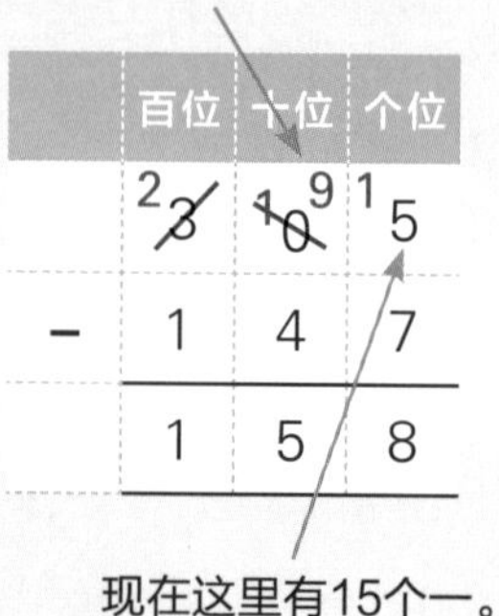

7 用连续借位计算减法。

a

	百位	十位	个位
	4	0	2
−	1	3	4

b

	百位	十位	个位
	5	0	6
−	2	4	8

c

	百位	十位	个位
	6	0	2
−	1	7	7

d

	百位	十位	个位
	4	0	6
−	2	5	8

e

	百位	十位	个位
	9	0	3
−	5	3	4

f

	千位	百位	十位	个位
	3	4	0	7
−	2	5	8	9

g

	万位	千位	百位	十位	个位
	2	6	0	5	9
−	1	2	3	8	2

h

	十万位	万位	千位	百位	十位	个位
	5	3	0	7	7	2
−	1	4	4	8	4	6

拓展运用

1 根据要求写出三个减法算式：

- 5位数减5位数；
- 三个算式都不同；
- 答案是999。

2 下表列出了世界各地几场体育比赛的观众数，用表中的信息回答问题。

运动	观众数
爱尔兰橄榄球	90556
爱尔兰曲棍球	84865
澳式橄榄球	121696
英式橄榄球	109874
美式橄榄球	102368

a 观众数最多的比赛与观众数最少的比赛相差多少人？ ______

b 美式橄榄球的观众比爱尔兰橄榄球的观众多多少人？ ______

c 两场爱尔兰球类比赛的观众总人数与澳式橄榄球比赛的观众人数差多少？ ______

d 用近似法圈出正确答案。英式橄榄球与爱尔兰曲棍球的观众数相差约：

22000 **23000** **24000** **25000**

3 世界上最小的约克夏犬，肩高只有76毫米；而世界上最大的大丹犬，肩高有1054毫米。

如果这两种狗在同一水平面站好，它们的身高相差多少？

______

1.6 乘法口算

乘十技巧

一个数乘以10很好计算，但不是在数的末位简单添加一个0，而是所有数字都向更高的位值移动了一位。

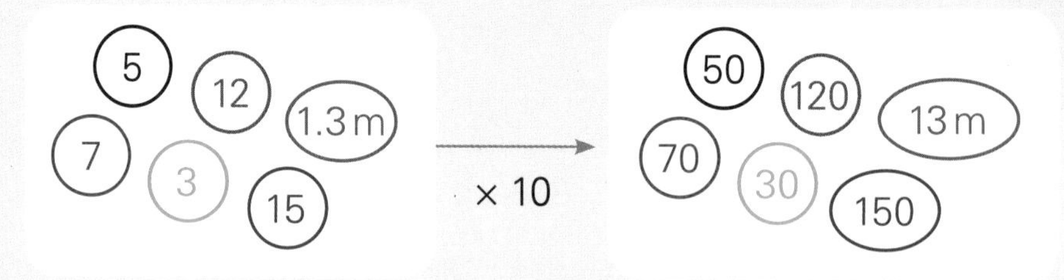

（如果将1.3 m乘以10当作后边直接加一个0，答案是1.30 m，这显然是错误的。）

趣味学习

1 填写表格。

	例子		a		b		c		d		e			f		
	十位	个位	十位	个位	十位	个位	十位	个位	十位	个位	百位	十位	个位	百位	十位	个位
× 10		4		7		8		6		9		1	4		1	9
	4	0														

2 将下列各项乘以10。

乘以10的时候，相当于将数位向左移动1位。

1.4 m × 10 = 1.40 m？14 m？

a　1.5 m ______

b　2.2 L ______　　c　4.5 t ______

d　1.70 元 ______　　e　3.8 cm ______

f　3.6 m ______　　g　2.75 元 ______

乘以100时，数位向左移动2位。

例如，11 × 100 = ?

千位	百位	十位	个位
		1	1
1	1	0	0

3 乘以100。

a　14 ______　　b　17 ______

c　13 ______　　d　27 ______

e　23 ______　　f　45 ______

g　64 ______　　h　3.7 m ______

i　1.25元 ______

独立练习

乘十技巧还可以用来乘以10的倍数。
计算 5 × 30 时，30 可以看作 3 个十，因此算式可以变为 5 × 3 个十。
5 × 3=15，所以 5 × 3 个十=15 个十=150。

1 完成表格。

		× 20	× 30
		改写，并计算	改写，并计算
a	6	6 × 2个十=12个十=120	6 × 3个十=
b	9		
c	8		
d	7		

翻倍

乘以4时，可以先将这个数翻倍，再将结果翻倍。

乘以8时，可以将这个数翻倍3次。

2 完成表格。

		a	b	c	d	e	
×	8	5	12	15	50	40	策略
2	16						翻倍
4	32						再翻倍
8	64						再翻倍

翻倍和减半

在一个乘法算式中，如果将一个数翻倍，同时将另一个数减半，有时候可以使乘法计算更简便。例如，假设你不知道5 × 6=30，可以先将5翻倍，再将6减半，答案是相同的：10 × 3=30。

3 完成下表。

	算式	翻倍和减半	积
例	5 × 6	10 × 3	30
a	3 × 14	6 × 7	
b	5 × 18	10 × 9	
c	3 × 16		
d	5 × 22		
e	6 × 16		
f	4 × 18		

4 这是一种乘以5的心算方法。

	× 5	先乘以10	再减半	乘法算式
例	14	140	70	14 × 5 = 70
a	16			
b	18			
c	24			
d	32			
e	48			

5 用恰当的方法求积，并说明所用方法。

a 18 × 10 ________

b 14 × 100 ________

c 2.5 × 10 ________

d 34 × 10 ________

e 14 × 20 ________

f 150 × 5 ________

g 13 × 8 ________

h 9 × 40 ________

i 1.75 × 10 ________

j 8 × 60 ________

拓展运用

1 用拆分法计算下列数乘以15。

	×15	×10	×5	二者相加	乘法算式
例	12	120	60	120 + 60 = 180	12 × 15 = 180
a	16				
b	14				
c	20				
d	30				
e	25				

2 年初，安迪的妈妈给了她两种零花钱方案。

- 方案1：“每周给你10.00元。”
- 方案2：“前4周给你4角，随后4周将4角翻倍，随后4周再翻倍，直到本年结束。”
- 安迪记得乘十技巧，回答：“52周×10.00元是520.00元，我想要第一种方案，谢谢妈妈！”

她的选择好吗？如果她选择第二种方案，能得到多少钱？

3 泉恩正在准备学校的读书比赛，他记录下了一周中每天读书的页数。

周一	48
周二	48
周三	48
周四	48
周五	48
周六	45
周日	45

a 心算出泉恩这周一共读了多少页书。

b 解释你所用的方法。

1.7 乘法笔算

面积模型法

计算乘法时，可以将较大的数字按位值拆分，并将它们在网格纸上表示出来，这种方法叫作面积模型法，因为计算被标记的格子数相当于在计算矩形的面积。

30

8

8 × 30 = 240

6

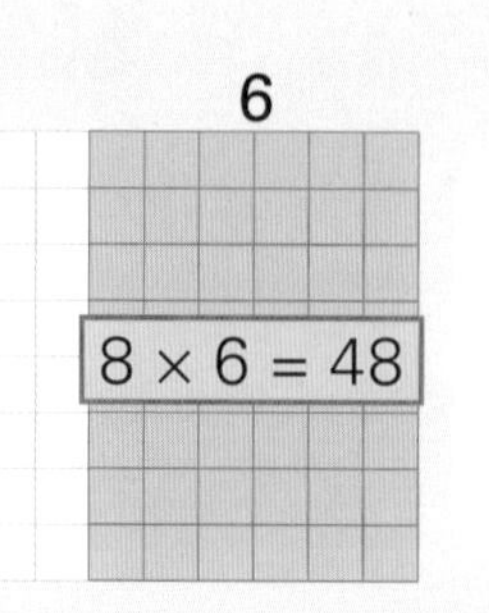

36×8

$8 \times 36 = 8 \times 30 + 8 \times 6$

$= 240 + 48$

$= 288$

趣味学习

1 $7 \times 34 = 7 \times$ ______ $+ 7 \times$ ______

$=$ ______ $+$ ______

$=$ ______

如果先乘个位，答案一样吗？

30

7

4

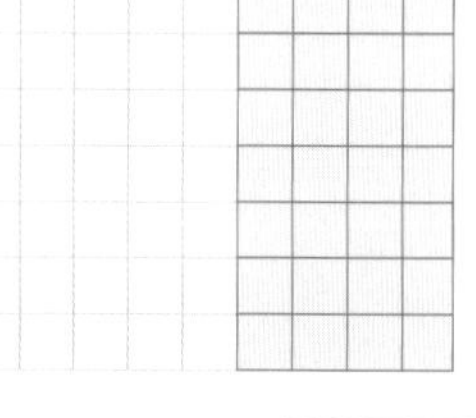

$7 \times 30 =$ ☐ $7 \times 4 =$ ☐

2 $5 \times 28 = 5 \times$ ______ $+ 5 \times$ ______

$=$ ______ $+$ ______

$=$ ______

20

8

5

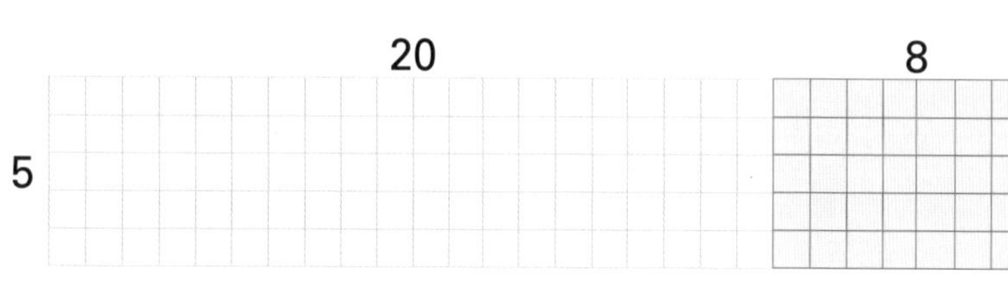

$5 \times 20 =$ ☐ $5 \times 8 =$ ☐

独立练习

在网格图上涂色，填空并求积。

1. 6×32

$= \_\_\_\_ \times \_\_\_\_ + \_\_\_\_ \times \_\_\_\_$

$= \_\_\_\_ + \_\_\_\_$

$= \_\_\_\_$

30　　2

6

2. 5×35

$= \_\_\_\_ \times \_\_\_\_ + \_\_\_\_ \times \_\_\_\_$

$= \_\_\_\_ + \_\_\_\_$

$= \_\_\_\_$

3. 7×48

$= \_\_\_\_ \times \_\_\_\_ + \_\_\_\_ \times \_\_\_\_$

$= \_\_\_\_ + \_\_\_\_$

$= \_\_\_\_$

趣味学习

短竖式乘法

42 × 4等于2 × 4加上4个十 × 4，所以答案是8加上16个十（160）。可以用紧凑的方法列出式子，缩短乘法式子的长度。从个位开始逐列相乘，得到积。

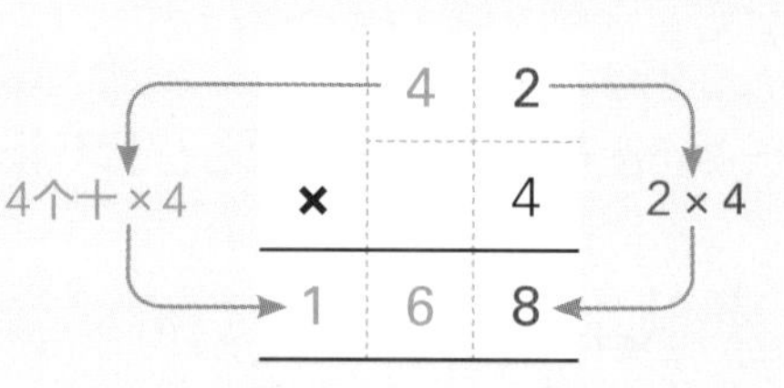

如果需要进位，可以用这种方法：

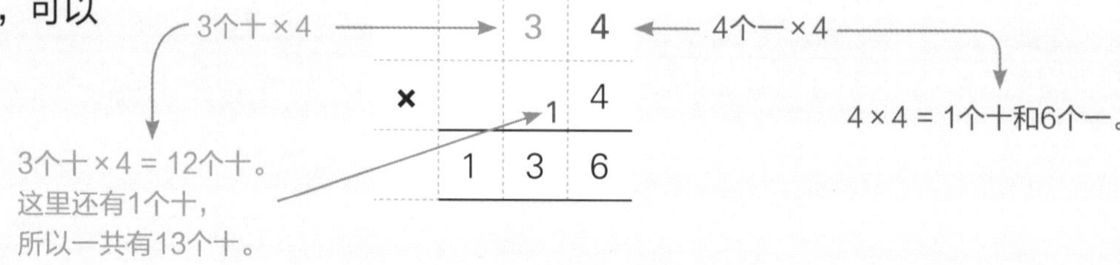

1 完成算式，必要时进位。

a　43 × 4（进位 1）

b　65 × 3

c　29 × 2

d　92 × 7

e　38 × 4

2 计算。

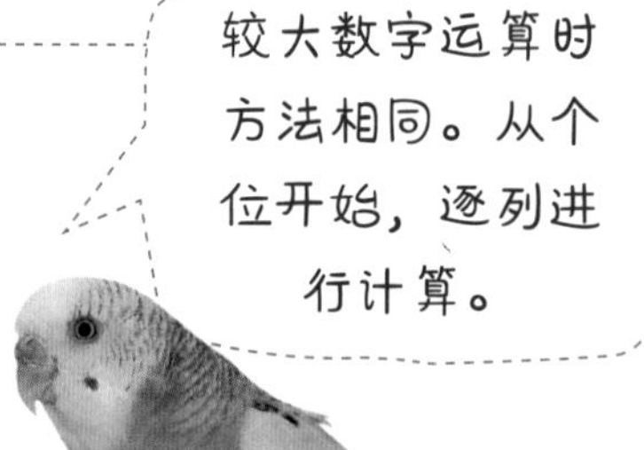

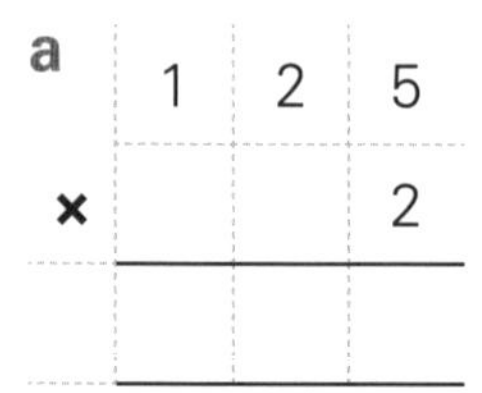

a　125 × 2

b　142 × 4

c　253 × 3

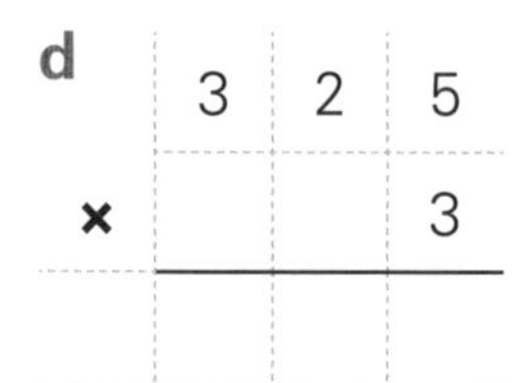

d　325 × 3

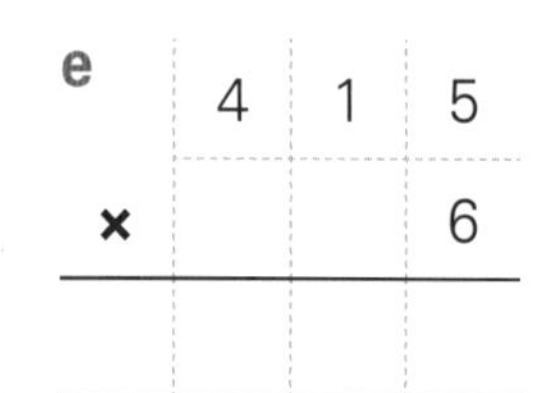

e　415 × 6

f　348 × 2

g　475 × 3

h　1623 × 4

i　1272 × 5

j　2173 × 4

k　1232 × 8

独立练习

1 从个位开始逐列完成计算。

a　1 6 2 3 × 4

b　1 7 3 4 × 4

c　2 5 1 6 × 3

d　4 2 3 0 × 5

e　1 2 3 2 6 × 3

f　2 1 5 3 8 × 2

g　3 3 6 4 0 × 7

h　2 3 8 5 2 × 5

i　3 6 3 7 4 × 5

j　2 4 7 3 7 × 9

2 求积，观察答案的规律。

a　3 7 0 3 7 × 3

b　3 7 0 3 7 × 6

c　3 7 0 3 7 × 9

d　7 4 0 7 4 × 6

e　7 9 3 6 5 × 7

f　7 4 0 7 4 × 9

g　2 5 9 2 5 9 × 3

h　1 2 6 9 8 4 × 7

i　1 4 2 8 5 7 × 7

3 对小数做乘法时，从数位最小的列开始计算。根据例子填空。

例　1 2.3 5 × 4（进位 1 2）＝ 4 9.4 0

a　2 7.2 5 × 3 ＝ ___.___

b　1 8.7 5 × 5 ＝ ___.___

c　1 4.5 5 × 6 ＝ ___.___

乘十技巧

乘以十的倍数时，记得使用乘十技巧。

乘十技巧中，将乘数移动1位；

$$\begin{array}{r} 23 \\ \times\ 20 \\ \hline 460 \end{array}$$

然后乘以2；

在末位添上0占位。

4 使用乘十技巧完成算式。

a $\begin{array}{r} 17 \\ \times\ 20 \\ \hline \_0 \end{array}$　b $\begin{array}{r} 14 \\ \times\ 20 \\ \hline \_0 \end{array}$　c $\begin{array}{r} 16 \\ \times\ 30 \\ \hline \end{array}$　d $\begin{array}{r} 16 \\ \times\ 40 \\ \hline \end{array}$　e $\begin{array}{r} 27 \\ \times\ 30 \\ \hline \end{array}$

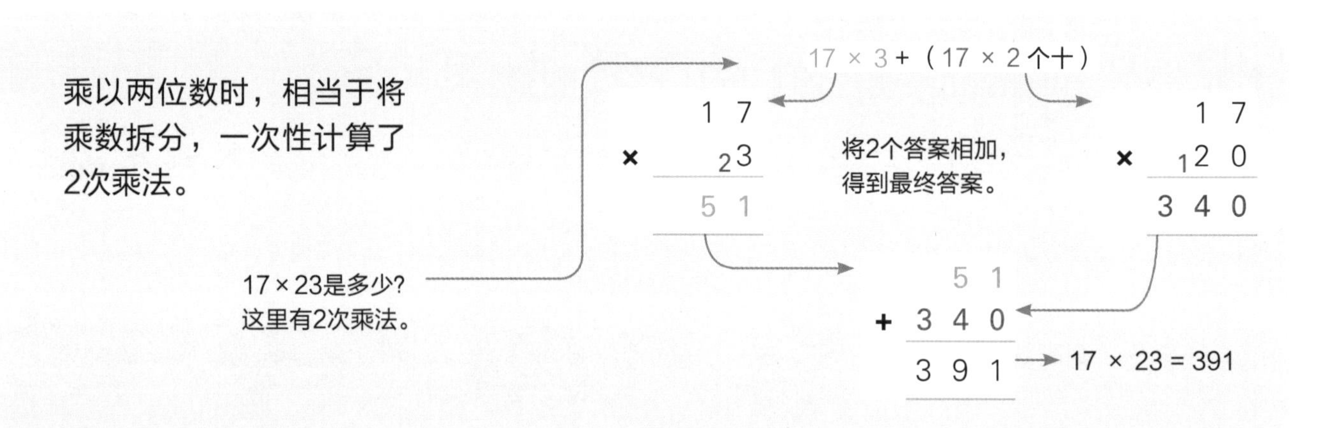

5 将乘数拆分进行计算。

a　15 × 24 = ?

做2次乘法

$\begin{array}{r} 15 \\ \times\ 4 \\ \hline \end{array}$　$\begin{array}{r} 15 \\ \times\ 20 \\ \hline \_0 \end{array}$

将答案相加

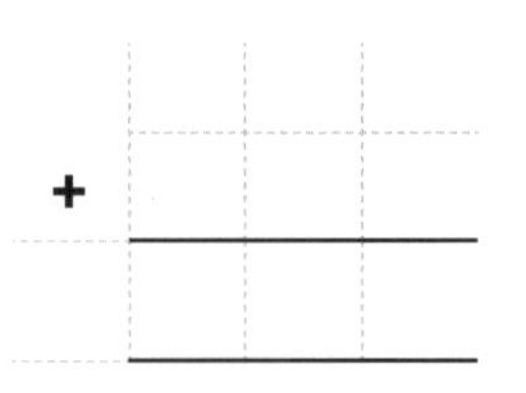

15 × 24 = ______

b　16 × 23 = ?

做2次乘法

$\begin{array}{r} 16 \\ \times\ 3 \\ \hline \end{array}$　$\begin{array}{r} 16 \\ \times\ 20 \\ \hline \_0 \end{array}$

将答案相加

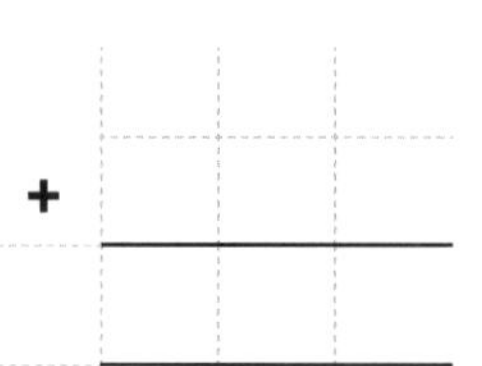

16 × 23 = ______

c　19 × 25 = ?

做2次乘法

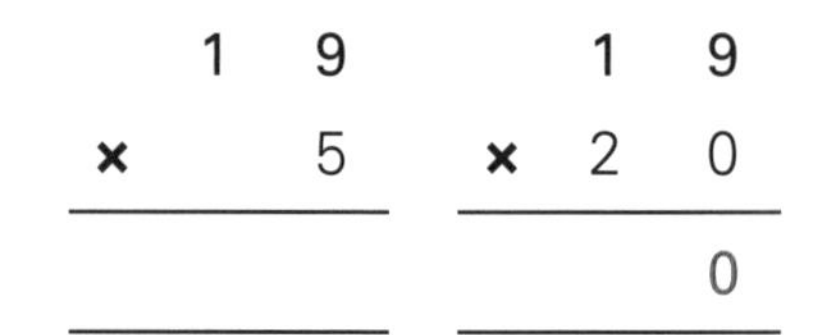

$\begin{array}{r} 19 \\ \times\ 5 \\ \hline \end{array}$　$\begin{array}{r} 19 \\ \times\ 20 \\ \hline \_0 \end{array}$

将答案相加

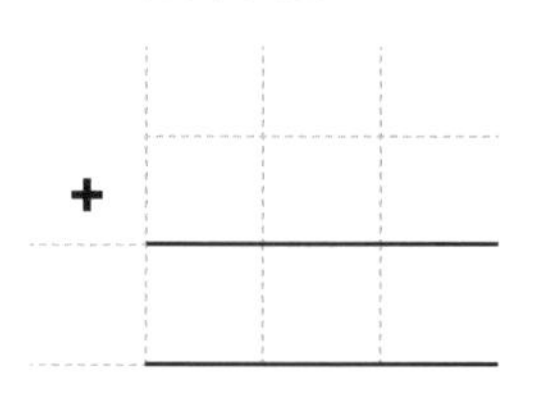

19 × 25 = ______

d　16 × 39 = ______

e　15 × 37 = ______

f　19 × 45 = ______

拓展运用

在右表中，列出了澳大利亚墨尔本机场与全球其他机场的距离（此数值会不定期有变动）。

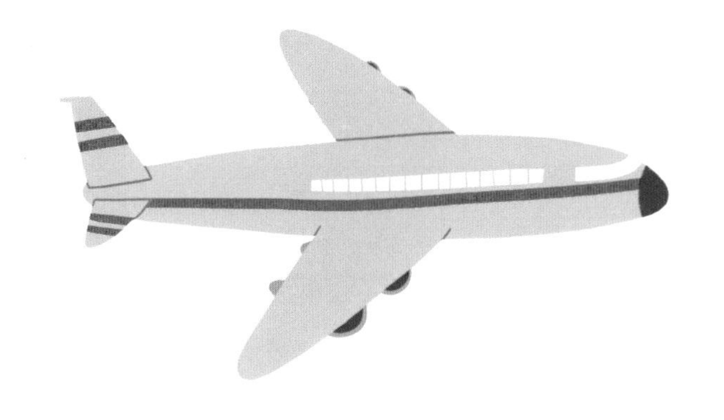

其他机场	与墨尔本机场的距离/km
阿德莱德，澳大利亚	651
曼谷，泰国	7363
芝加哥，美国	11559
达尔文，澳大利亚	3143
埃德蒙顿，加拿大	13993
法兰克福，德国	16308
格拉斯哥，苏格兰	16962
火奴鲁鲁，美国	8870
伊斯坦布尔，土耳其	14619
约翰内斯堡，南非	10326
吉隆坡，马来西亚	6360
洛杉矶，美国	12764

1 选择合理的乘法方法，计算出答案。

a 从墨尔本出发，往返伊斯坦布尔的总路程是多少?

b 从墨尔本出发，往返曼谷3次,飞机一共飞了多少距离?

c 从墨尔本出发，往返芝加哥8次,飞机一共飞了多远?

d 一架飞机每天往返墨尔本和达尔文2次, 这样持续了2周，
它一共飞了多少距离?

e 如果一架飞机从墨尔本往返约翰内斯堡50次, 总里程达到100万公里了吗?

2 乘客可以根据飞行里程数获得特定航空公司的积分。ABC航空公司规定，乘客每搭乘他们航空公司的飞机飞行1千米，可以得到1个积分。

a 奥利维亚每周乘飞机往返于墨尔本和阿德莱德1次，
她2周能积累多少积分?

b 泉恩每个月从吉隆坡去墨尔本探望家人1次。他一年能积累多少积分?

c 一个四口之家从墨尔本去法兰克福度假, 往返一次能积累多少积分?

3 一架飞机每天往返墨尔本和阿德莱德2次，
它一周的飞行距离是多少千米?

1.8 因数和倍数

在整数除法中，如果商是整数而没有余数，我们就说被除数是除数的倍数，除数是被除数的因数。例如，6÷3=2，6是3的倍数，3是6的因数。

趣味学习

1 圈出每个数的因数。

例子：10的因数是 [1] [2] 3 4 [5] 6 7 8 9 [10]

a	8的因数是	1	2	3	4	5	6	7	8		
b	5的因数是	1	2	3	4	5					
c	9的因数是	1	2	3	4	5	6	7	8	9	
d	6的因数是	1	2	3	4	5	6				
e	2的因数是	1	2								
f	4的因数是	1	2	3	4						
g	7的因数是	1	2	3	4	5	6	7			
h	3的因数是	1	2	3							

2 写出每个数的前10个倍数。

例子：10的前10个倍数是 10, 20, 30, 40, 50, 60, 70, 80, 90, 100。

a 3 ____________________

b 6 ____________________

c 9 ____________________

d 2 ____________________

e 4 ____________________

f 8 ____________________

g 7 ____________________

h 5 ____________________

独立练习

1 写出下列各数的因数。

a 15 □□□□

b 16 □□□□□

c 20 □□□□□□

d 13 □□

e 14 □□□□

f 18 □□□□□□

2 21～30中的哪些数满足如下条件？请写出这些数及其因数。

a 只有2个因数 ______

b 只有4个因数 ______

c 只有3个因数 ______

d 只有6个因数 ______

3 a 列出24的8个因数：______

b 30～40中的哪个数比24的因数还多？______

列出它所有的因数：______

4 2是所有偶数的因数。多个数字共同的因数叫作这些数字的公因数。

16的因数是	1	2	4	8	16	
20的因数是	1	2	4	5	10	20
16和20的公因数是	1	2	4			

a 4的因数是 ______

8的因数是 ______

4和8的公因数是

______

b 6的因数是 ______

8的因数是 ______

6和8的公因数是

______

c 14的因数是 ______

21的因数是 ______

14和21的公因数是

______

d 12的因数是 ______

18的因数是 ______

12和18的公因数是

______

5 圈出每行中红色数字的倍数。

例子	3	3	6	9	13	15	23	27	30	34	39	40	42
a	5	15	21	25	40	50	57	60	65	69	75	85	100
b	4	8	12	22	24	26	28	30	34	36	40	42	48
c	8	8	12	16	20	24	30	32	36	44	48	56	60
d	7	14	20	21	27	28	35	37	42	47	49	56	60
e	9	9	12	18	21	24	27	36	39	45	55	63	72

6 判断对错，并说明原因。

a 74是2的倍数。 ______

b 48是3的倍数。 ______

c 1001不是10的倍数。 ______

d 5551不是5的倍数。 ______

7 如果数字有共同的倍数，我们称之为公倍数。列出30以内2和3的倍数，并圈出其中的公倍数。

2的倍数: 2 4 6 ______

3的倍数: 3 6 ______

8 找出1到30间，4和5的一个公倍数： ______

9 找出31到40间，2和3的一个公倍数: ______

10 找出下列数字的最小公倍数。

a 6 和 9 □

b 3 和 4 □

c 5 和 7 □

d 3 和 5 □

e 5 和 9 □

f 4 和 7 □

拓展运用

1 饼干工厂生产了很多饼干，工人需要决定每包放多少块饼干。

a 如果每小时可以制作50块饼干，工人可以将50块全部放入一个盒子中。找出50的另外5个因数来确定其他的包装方法。

b 你觉得每包放几块饼干比较合理？

2 甜甜圈机每分钟可以制作4个甜甜圈。

a 圈出机器可能做出的甜甜圈个数。

16　　24　　30　　36　　50　　52　　90　　96

b 机器每小时可以做出多少个甜甜圈？

c 如果新机器的制作速度降低到每分钟制作3个甜甜圈，新机器可能做出问题a中的哪些个数？

d 问题a的数量中，哪些数量的甜甜圈既可以被每分钟做4个的机器做出，又能被每分钟做3个的机器做出？

3 铅笔厂的传送带每批送出96支铅笔，找出这些铅笔所有可能的包装方法。

4 袜厂每天制作100只袜子，所有袜子的颜色和大小都相同。

a 有多少种不同的方法来包装这些袜子？

b 消费者不会购买包装里数量是奇数的袜子，那么每包可以放多少只袜子？

1.9 整除性

因数是可以被另一个整数整除的整数。1是所有整数的一个因数，2是所有非零偶数的因数。

1112　2　1111

2是你的一个因数。

2不是你的一个因数。

趣味学习

1 圈出可以被2整除的数。

每个偶数都可以被2整除。

18　43　29　78　514　707　1000　2001　1234　990　2223　118

2 4是一个偶数。

a　所有偶数都可以被4整除吗? ________

b　圈出能够被4整除的偶数，验证你的答案。

2　4　6　8　10　12　14　16　18　20
22　24　26　28　30　32　34　36　38　40

3 320，716和5812这3个数都可以被4整除，观察每个数的红色部分（十位和个位），你发现了什么?

____

4 圈出可以被4整除的数。

112　620　425　426　428　340　342　716　714　410　412

5 不用本页出现过的数，写出能满足下面要求的一个数字。

a　能被2整除的3位数。 ☐

b　能被4整除的3位数。 ☐

c　能被2整除的4位数。 ☐

d　能被4整除的4位数。 ☐

独立练习

这是一种检验整除性的方法。

一个数能否被下列数整除	需满足条件	例子
2	偶数	135972是偶数，能被2整除。
3	各数位数字之和能被3整除	24的各数位数字之和是2+4=6，6能被3整除，所以24能被3整除。
4	最后2位数能被4整除	132的最后2位数字是32，32可以被4整除，所以132能被4整除。
5	数字以5或0结尾	95的结尾是5，所以95能被5整除。
6	是偶数且各数位数字之和能被3整除	78是偶数，且它各数位数字之和是7+8=15，15可以被3整除，所以78能被6整除。
8	最后3位数能被8整除	1048的最后3位数字是048，48可以被8整除，所以1048能被8整除。
9	各数位数字之和能被9整除	153的各数位数字之和是1+5+3=9，所以153可以被9整除。
10	数字以0结尾	543210的末尾数字是0，所以它可以被10整除。

1 用整除性检验方法圈出下列各组中可以被红色数字整除的数。

a (3) 411 207 433 513

b (5) 552 775 630 751

c (6) 711 702 522 603

d (8) 888 248 244 884

e (9) 819 693 539 252

f (10) 802 820 990 1001

2 质数只有2个因数：1和它本身。37是一个质数，因为它只能被1和37整除。
使用整除性检验方法圈出下列数字中的质数。

31	32	33	34	35	36	37	38	39	40

3 有2个以上因数的自然数叫作合数。35是一个合数，它有4个因数：1，35，5和7。
第2题中的哪个数可以被下列数整除？

a 2 和 4 ________ b 3 和 6 ________

c 4 和 8 ________ d 2 和 3 ________

e 2，4 和 8 ________ f 3 和 11 ________

g 2，3，4，6 和 9 ________

4 39可以被3整除，除了3之外，它的因数还有：________

5 下列哪个选项能帮你判断531是否可以被3整除？

a 含有3这个数字 b 它是奇数 c 各数位的数字之和可以被3整除

6 圈出可以被4整除的数。 4446 9324 2442 1234

7 杰克有246辆模型车，他想将这些车每4个分为一组。

a 如何说明杰克无法实现他的想法？________

b 这些车可以每3个分为一组吗？________

c 说明你是如何得出b中的答案的。________

d 杰克至少还需要几辆车才能将它们每4个分为一组？________

拓展运用

1 如果一个数可以被另一个数整除，它还可以被这个数的因数整除。例如，2和3都是6的因数，因此，如果一个数可以被6整除，那么它也可以被2和3整除。下面我们来证明。圈出能被6，2和3整除的数。

24　　54　　72　　96　　48　　78

2 将下列数字填写至右边的韦恩图中。

15　　20　　44　　45
48　　72　　76　　81
92　　96

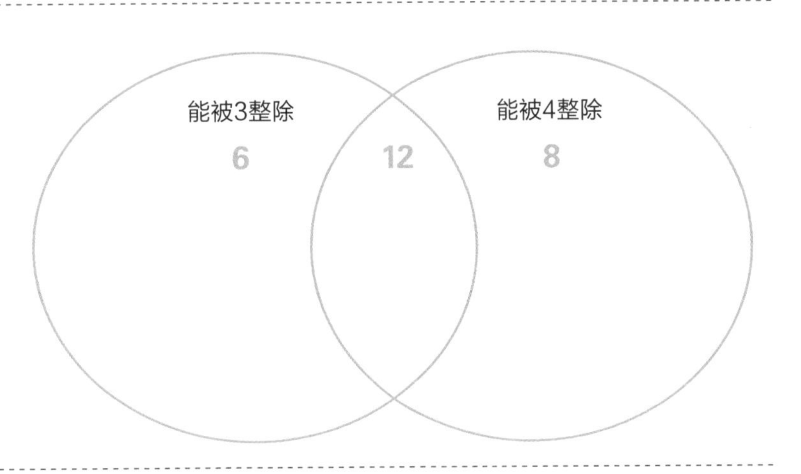

3 **a**　如何判断306可以被6整除？

______

b　找出可以整除306的所有一位数。

______

4 700到730中间有一个数，它可以被除7以外的所有一位数整除，这个数是多少？

______

5 填写韦恩图，展示那些能被4整除，能被5整除，以及能被4和5同时整除的数。

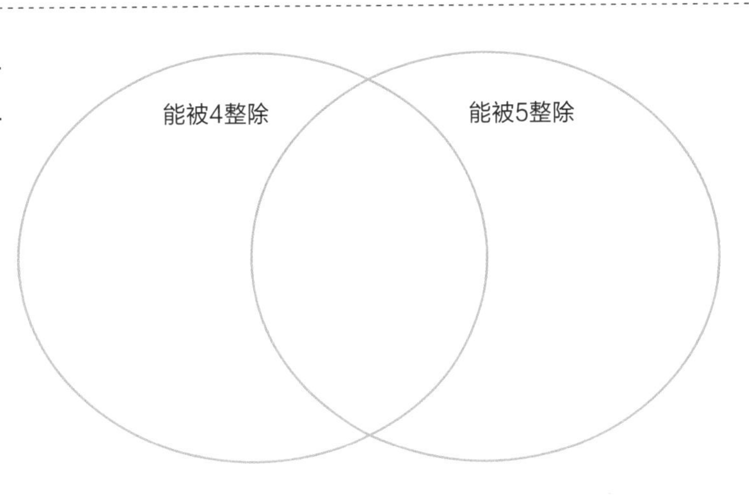

1.10 除法笔算

除法的一种笔算方法是将被除数拆分后，再来找出商。

86÷2 等于 80÷2 加上 6÷2

80÷2 = 40

6÷2 = 3

所以，86÷2 = 40+3 = 43

趣味学习

拆分下列数字求商。

a 68÷2 = ?

68÷2 等于 60÷2 加上 8÷2

60 ÷ 2 = ______

8 ÷ 2 = ______

所以, 68 ÷ 2 = ______ + ______ = ______

b 69÷3 = ?

69 ÷ 3 等于 60 ÷ 3 加上 9 ÷ 3

60 ÷ 3 = ______

9 ÷ 3 = ______

所以, 69 ÷ 3 = ______ + ______ = ______

c 84÷2 = ?

84 ÷ 2 等于 80 ÷ 2 加上 4 ÷ 2

______ ÷ 2 = ______

______ ÷ 2 = ______

所以, 84 ÷ 2 = ______ + ______ = ______

d 124÷4 = ?

124 ÷ 4 等于 100 ÷ 4 加上 24 ÷ 4

100 ÷ 4 = ______

24 ÷ 4 = ______

所以, 124 ÷ 4 = ______ + ______ = ______

e 122÷2 = ?

122 ÷ 2 等于 ______ ÷ 2

加上 22 ÷ 2

______ ÷ 2 = ______

22 ÷ 2 = ______

所以, 122 ÷ 2 = ______ + ______ = ______

f 145÷5 = ?

145 ÷ 5 等于 ______ ÷ 5

加上 ______ ÷ 5

______ ÷ 5 = ______

______ ÷ 5 = ______

所以, 145 ÷ 5 = ______ + ______ = ______

独立练习

除法可以用竖式计算。可以将数字放入一个“盒子”中，再将其拆分。假设现在要计算42÷3，方法：

$$3\overline{)4^{1}2}\quad \text{商 } 14$$

第一步
将4个十分成3个一组：一组有3个十，还剩下1个十；

第二步
将1个十变为10个一，与个位合并，有12个一。

1 求商。

a $4\overline{)5^{1}6}$（商 1）　b $2\overline{)36}$　c $5\overline{)85}$　d $6\overline{)78}$

e $3\overline{)72}$　f $7\overline{)84}$　g $4\overline{)76}$　h $5\overline{)95}$

i $6\overline{)84}$　j $3\overline{)87}$　k $8\overline{)96}$　l $7\overline{)91}$

2 求较大数的商。

a $4\overline{)46^{2}8}$（商 11）　b $5\overline{)560}$　c $3\overline{)651}$　d $2\overline{)850}$

e $6\overline{)696}$　f $3\overline{)954}$　g $5\overline{)585}$　h $7\overline{)798}$

i $2\overline{)674}$　j $6\overline{)690}$　k $3\overline{)645}$　l $4\overline{)896}$

m $3\overline{)378}$　n $7\overline{)791}$　o $2\overline{)898}$　p $6\overline{)684}$

当第一列数字不能被整除时，使用如下方法：

1. 没有足够的百分成两组，因此，从11个十开始计算。11个十分成2个一组，得到5组余1个十。

   商：5
   2) **1**18

2. 将余下的1个十和8个一合起来，有18个一。18个一分成2个一组，有9组。

   商：5 9
   2) 1 1 ¹8

3 求商。

记得将数字填入正确的数位中。

错误

百位	十位	个位
5	9	

2)118

正确

百位	十位	个位
	5	9

2)118

a 2) 1 7 ¹4 （商：8）
b 3) 1 6 2 （商：5）
c 3) 1 4 4
d 4) 1 3 6

e 6) 1 3 2
f 4) 2 6 8
g 5) 2 7 0
h 7) 3 9 9

i 9) 4 6 8
j 6) 2 8 2
k 8) 6 8 0
l 4) 3 7 2

m 3) 2 9 4
n 5) 3 9 5
o 7) 6 4 4
p 2) 1 9 8

有时，被除数并不能被除尽，这时会留下余数，可以用“余”表示余数。

4 求商，用“余”表示余数。

a 4) 5 7 （余）
b 2) 5 1
c 5) 7 7
d 6) 8 0

e 6) 6 9 3
f 3) 9 5 2
g 5) 5 8 2
h 7) 7 8 2

i 3) 1 6 7
j 6) 2 7 5
k 4) 2 6 5
l 5) 2 7 7

m 7) 2 9 3
n 9) 3 9 4
o 8) 5 4 7
p 2) 1 9 9

拓展运用

1 不是每个数都能被另一个数整除。列式求商，有余数的写出余数。

a 97 ÷ 5

b 72 ÷ 3

c 145 ÷ 6

d 386 ÷ 7

2 实际生活中，我们需要处理余数的问题。我们知道7 ÷ 2 = 3……1,9 ÷ 2 = 4……1, 13 ÷ 2=6……1。在实际情况中，如何最恰当地表达这些结果?

a 2个人分7个甜甜圈，每人平均能分到几个? ____________

b 把9个弹珠交给2个人，每人平均能拿到几颗? ____________

c 两姐妹平均分13元，每人能拿到多少钱? ____________

3 一所学校的6年级有161名学生。

a 用总学生数除以班数，求出每班的平均人数。

b 将每班可能的实际人数填入表中。 有2个班的人数已经填好了， 各班人数均不相同。

班号	学生数
1	25
2	26
3	
4	
5	
6	

4 3个人要分享100.00元奖金。

a 算出每人平均能拿到多少钱。

b 他们去银行换零钱，以便平分奖金。列出每人可能拿到的纸币和硬币。

____

5 一个养鸡场每天要包装3000枚鸡蛋。这些鸡蛋被放到箱子中，每箱可以装8打鸡蛋（1打是12个），那么3000枚鸡蛋需要多少个箱子?

分数看起来像什么？　　分数可以表示一个整体的一部分。分数可以表示一组物体的一部分。

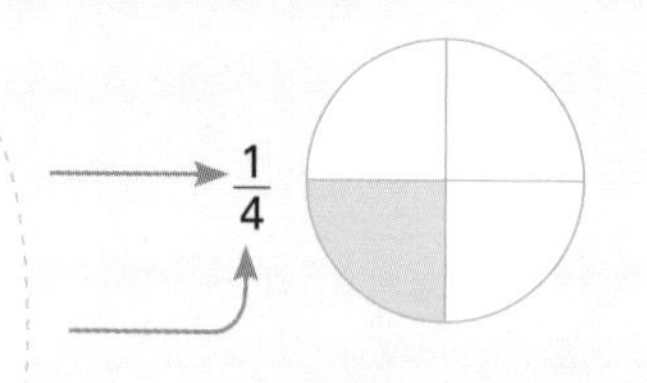

圆的 $\frac{1}{4}$ 是蓝色的。

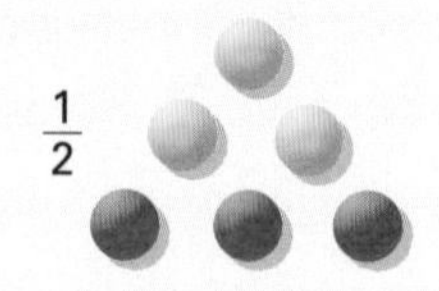

一半的球是红色的。

趣味学习

1 用文字或数字写出分数。

a 如何用分数表示红色区域？

b 如何用分数表示绿色区域？

c 如何用分数表示蓝色区域？

d 如何用分数表示黑色区域？

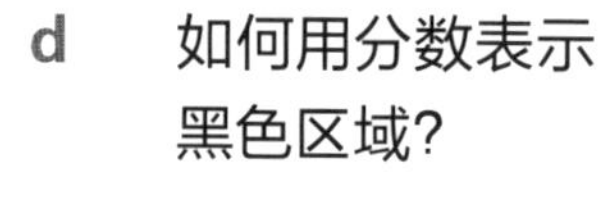

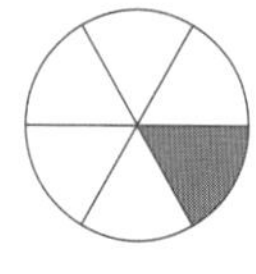
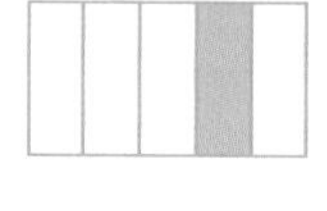
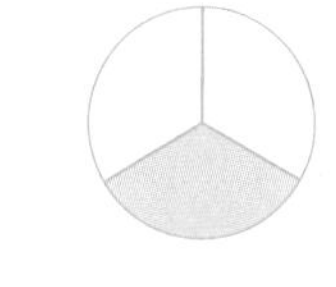
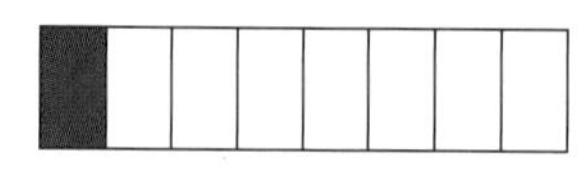

a 六分之一　　b ____ 分之一　　c ____　　d ____

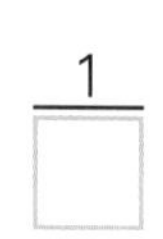
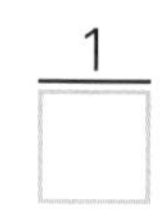
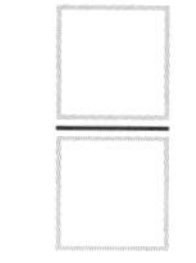
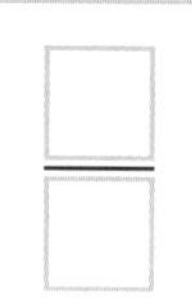

2 按分数涂色。

a $\frac{3}{8}$　　b $\frac{3}{4}$　　c $\frac{2}{3}$　　d $\frac{3}{5}$　　e $\frac{5}{6}$

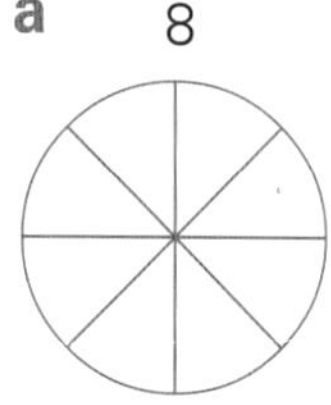
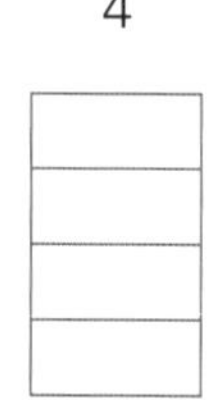
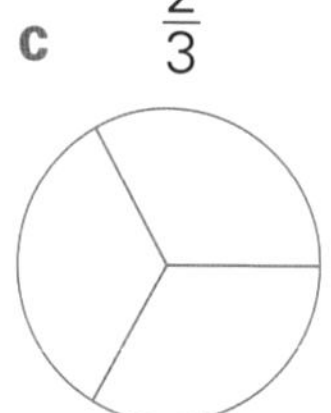
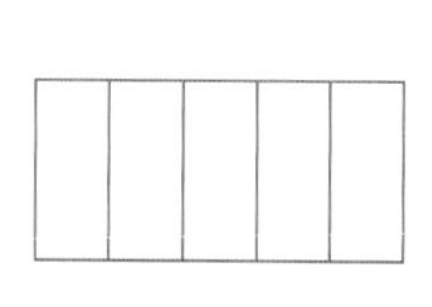
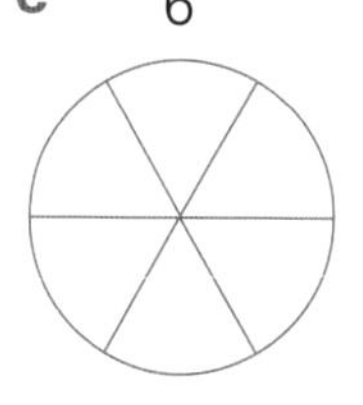

3 涂色的部分占整体的几分之几？

a 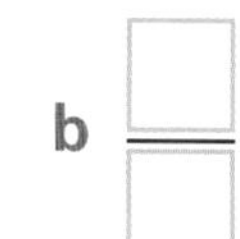

b 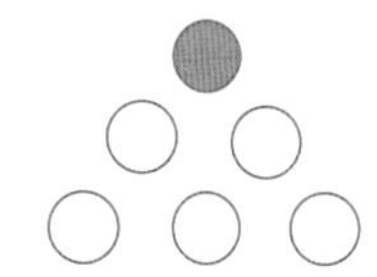

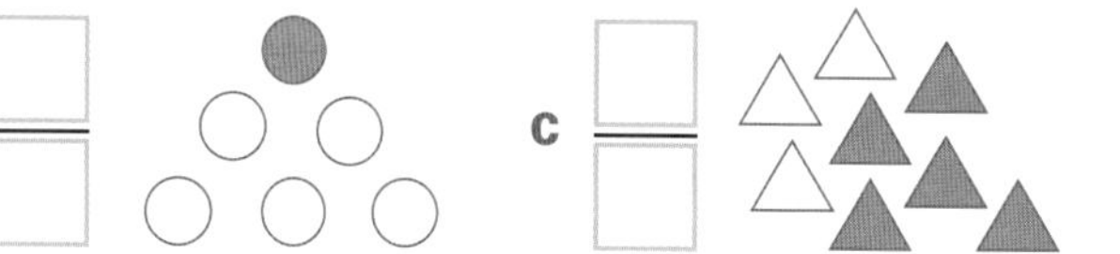

c 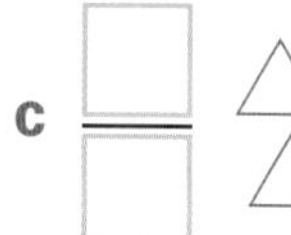

d 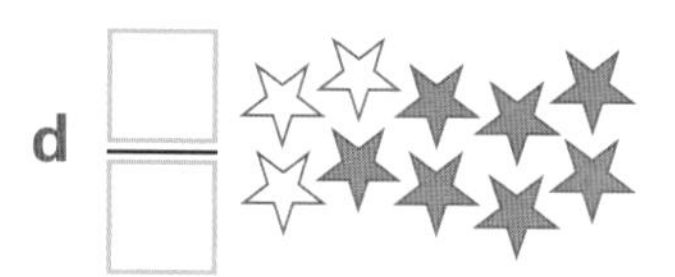

4 按分数涂色。

a $\frac{3}{10}$ 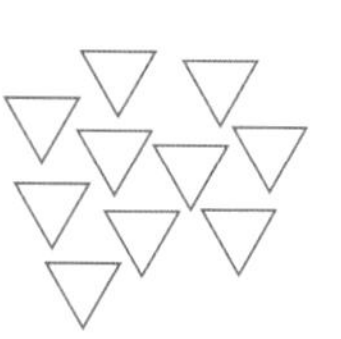

b $\frac{5}{12}$ 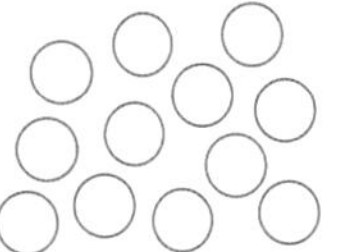

c $\frac{2}{5}$ 

d $\frac{2}{4}$

独立练习

1 在数轴上填写缺失的分数。

a 0　$\frac{1}{5}$　$\frac{3}{5}$　1

b 0　$\frac{9}{10}$　1

c 0　$\frac{1}{4}$　1

d 0　$\frac{3}{8}$　1

e 0　$\frac{1}{3}$　1

f 0　$\frac{4}{6}$　1

g 0　1

2 下列各组中哪个数更接近1？用第1题中的数轴帮助判断。

a $\frac{1}{4}$ 或 $\frac{3}{8}$ ________　b $\frac{1}{3}$ 或 $\frac{1}{6}$ ________　c $\frac{1}{4}$ 或 $\frac{1}{8}$ ________

d $\frac{1}{5}$ 或 $\frac{1}{10}$ ________　e $\frac{1}{2}$ 或 $\frac{1}{3}$ ________　f $\frac{3}{4}$ 或 $\frac{7}{8}$ ________

g $\frac{7}{10}$ 或 $\frac{4}{5}$ ________　h $\frac{5}{8}$ 或 $\frac{1}{2}$ ________　i $\frac{7}{8}$ 或 $\frac{7}{10}$ ________

3 第1题中数轴上的哪些分数等于 $\frac{1}{2}$？

____

4 借助数轴将下列每组数按从小到大的顺序排列。

a $\frac{4}{5}$，$\frac{1}{5}$，1，$\frac{3}{5}$，$\frac{2}{5}$ ______

b $\frac{7}{10}$，$\frac{3}{10}$，1，$\frac{9}{10}$，$\frac{2}{10}$，$\frac{6}{10}$ ______

c $\frac{1}{2}$，$\frac{1}{4}$，$\frac{1}{8}$，$\frac{1}{10}$，$\frac{1}{5}$ ______

d $\frac{3}{8}$，$\frac{3}{10}$，$\frac{3}{4}$，$\frac{3}{6}$，$\frac{3}{3}$ ______

e $\frac{2}{5}$，$\frac{2}{8}$，$\frac{2}{3}$，$\frac{2}{10}$，$\frac{2}{6}$ ______

5 使用“>”“<”或者“=”填空。

a $\frac{3}{4}$ □ $\frac{7}{8}$　　b $\frac{1}{4}$ □ $\frac{1}{8}$　　c $\frac{3}{6}$ □ $\frac{1}{2}$　　d $\frac{2}{3}$ □ $\frac{2}{6}$

e $\frac{3}{8}$ □ $\frac{1}{2}$　　f $\frac{2}{4}$ □ $\frac{5}{8}$　　g $\frac{9}{10}$ □ $\frac{4}{5}$　　h $\frac{3}{5}$ □ $\frac{6}{10}$

i $\frac{5}{6}$ □ $\frac{2}{3}$

6

0　　　　　　　　　　　　　　　　　　1

a 圈出数轴上蓝色三角形所代表的一组分数。

$\frac{6}{8}$ 和 $\frac{6}{10}$　　　$\frac{6}{8}$ 和 $\frac{1}{4}$　　　$\frac{6}{8}$ 和 $\frac{3}{4}$

b 圈出能表示三角形与1之间的距离的分数。

$\frac{2}{3}$　　　$\frac{2}{8}$　　　$\frac{2}{4}$

c 在与0相距 $\frac{3}{8}$ 的位置画一个菱形。

7

a 将矩形平均分成8份。

b 将 $\frac{2}{8}$ 涂色。

c 涂色区域还能用哪个分数表示？ ______

拓展运用

1 a 将右侧的矩形分成3等份。

b 将其中1份涂色。

c 写出两个能表示涂色区域的分数。 ________

2 将下列分数填写到数轴上的正确位置。

a $\frac{1}{4}$　b $\frac{1}{2}$　c $\frac{3}{4}$　d $\frac{3}{8}$　e $\frac{7}{8}$

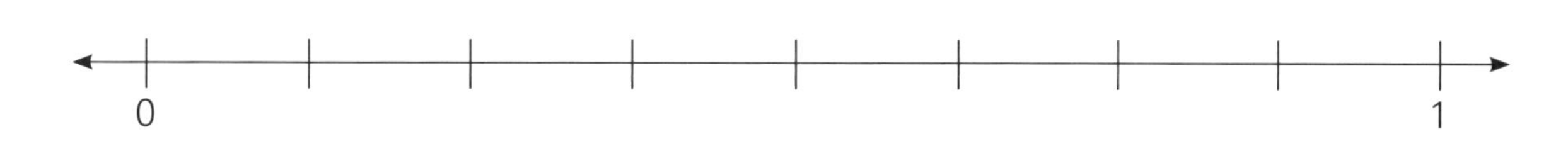

3 按要求写出分数。

a 大于四分之一但小于二分之一

b 小于三分之二但大于二分之一

c 大于三分之一但小于二分之一

d 大于六分之五但小于一

e 小于八分之一但大于十二分之一

4 有人说我们无法将一张正方形的纸连续对折超过8次。这种说法正确吗？请你试一试最多能连续折几次？当你不能再折时，写下折叠的次数，然后将纸展开，会发现折痕把纸平分成了若干份，请你用分数表示每一份占整张纸的几分之几。

- 折叠次数：________
- 分数：________

结果符合你的预期吗？用一句话描述你完成这项操作的难度。

____

一个分数，例如 $\frac{3}{4}$ ，它告诉了你一共分成了几份（分母）以及你有其中的几份（分子）。

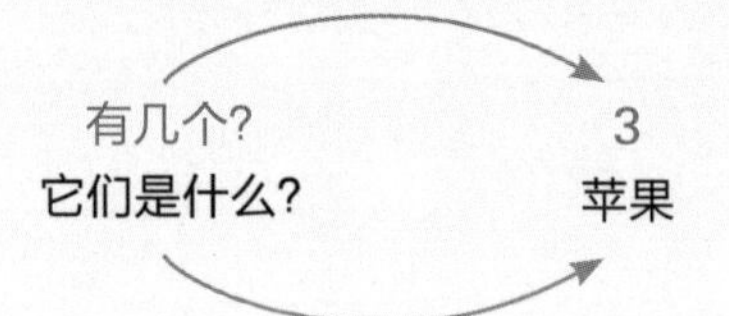

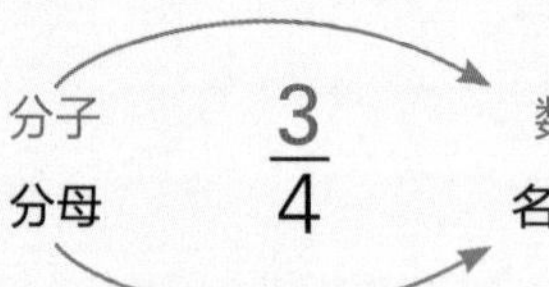
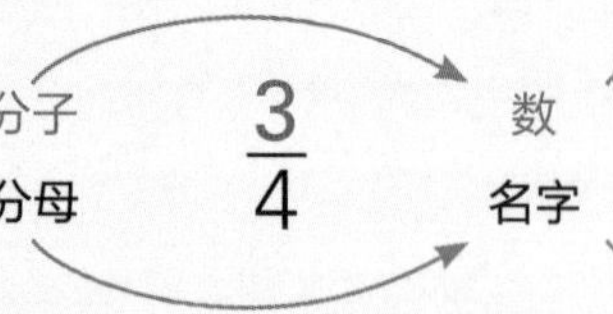

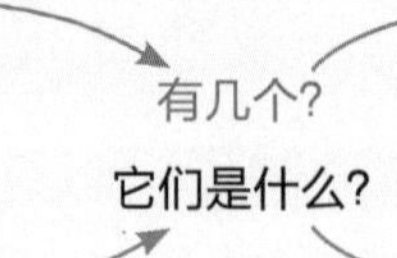

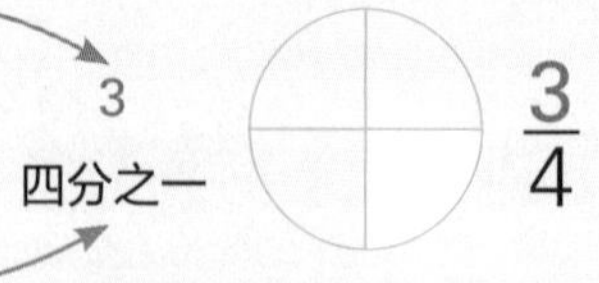

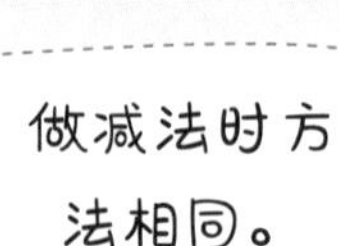

趣味学习

做减法时方法相同。

分母相同的分数相加，就像对实物进行加法计算一样。

 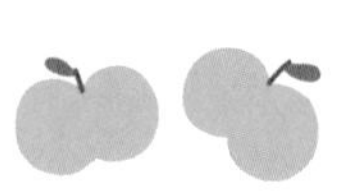 

1 个苹果 + 2 个苹果 = 3 个苹果

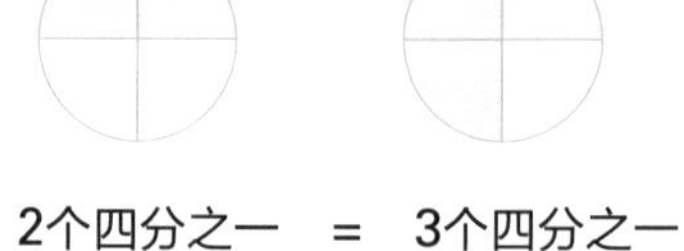

1个四分之一 + 2个四分之一 = 3个四分之一

$\frac{1}{4} + \frac{2}{4} = \frac{3}{4}$

填空。

a 1个四分之一 + 1个四分之一 = □ 个四分之一

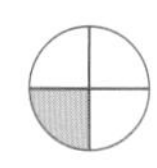 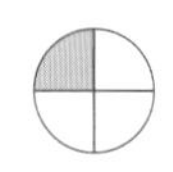 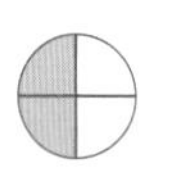

$\frac{1}{4} + \frac{1}{4} = \frac{\square}{4}$

b 1个八分之一 + 2个八分之一 = □ 个八分之一

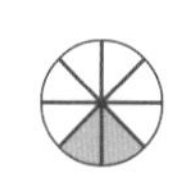 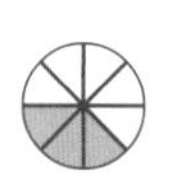

$\frac{\square}{8} + \frac{\square}{8} = \frac{\square}{8}$

c 2个五分之一 + 2个五分之一 = □ 个五分之一

 +  = □/□

d 2 个六分之一 + 3个六分之一 = □ 个六分之一

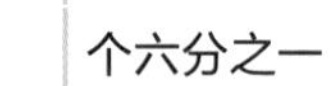

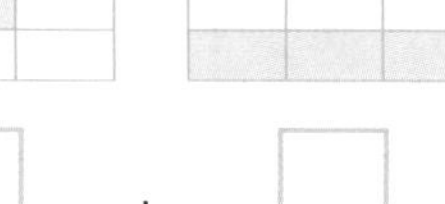 

$\frac{\square}{\square} + \frac{\square}{\square} = \frac{\square}{\square}$

e

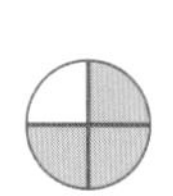 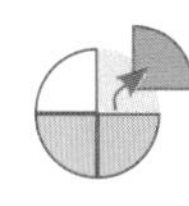 

$\frac{3}{4} - \frac{1}{4} = $ 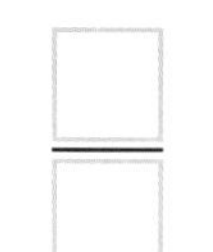

f

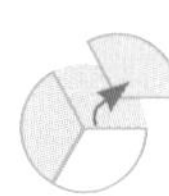 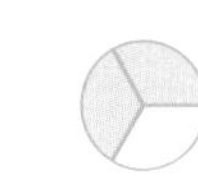 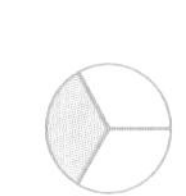

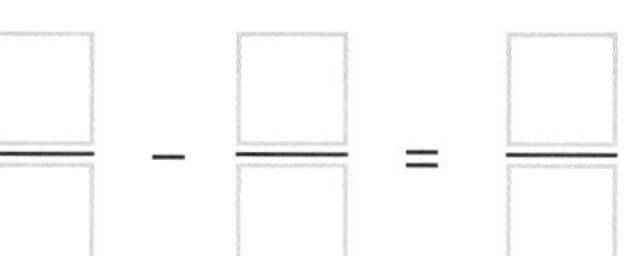

$\frac{\square}{\square} - \frac{\square}{\square} = \frac{\square}{\square}$

独立练习

1 写出算式。

例子

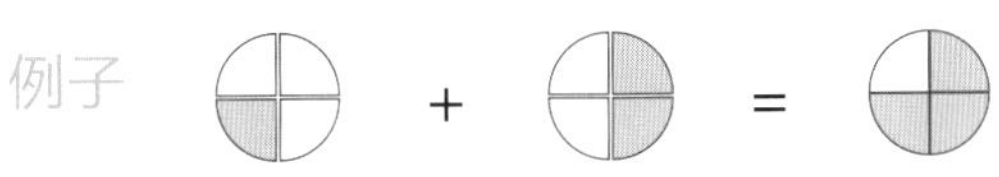

$\frac{1}{4} + \frac{2}{4} = \frac{3}{4}$

a ＋ ＝

b ＋ ＝

c ＋ ＝

d － ＝

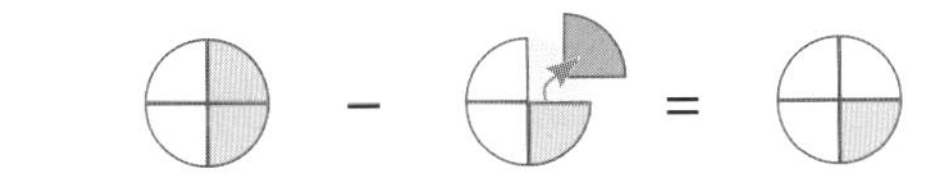

e － ＝

2 根据算式用两种颜色涂色。

例子 $\frac{2}{4} + \frac{1}{4} = \frac{3}{4}$

a $\frac{1}{5} + \frac{3}{5} =$ ☐

b $\frac{2}{6} + \frac{2}{6} =$ ☐

c $\frac{3}{8} + \frac{4}{8} =$ ☐

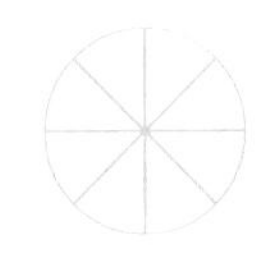

d $\frac{1}{3} + \frac{2}{3} =$ ☐

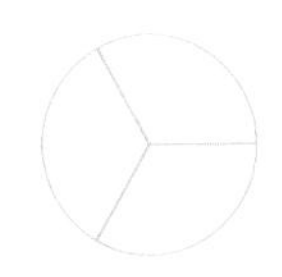

e $\frac{2}{10} + \frac{5}{10} =$ ☐

3 借助图来完成下列减法。

例子 $\frac{3}{4} - \frac{2}{4} = \frac{1}{4}$

a $\frac{5}{8} - \frac{2}{8} =$ ☐

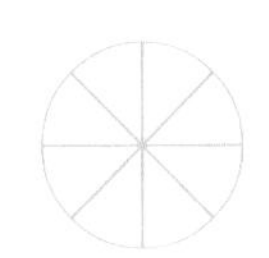

b $\frac{9}{10} - \frac{3}{10} =$ ☐

c $\frac{6}{6} - \frac{5}{6} =$ ☐

d $\frac{3}{5} - \frac{1}{5} =$ ☐

e $\frac{2}{3} - \frac{1}{3} =$ ☐

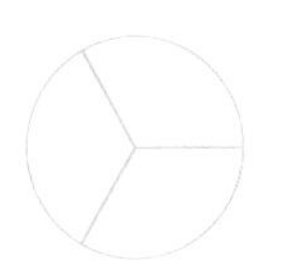

如果结果大于单位1，可以使用假分数 ($\frac{5}{4}$) 或带分数 ($1\frac{1}{4}$)。

$\frac{3}{4} + \frac{2}{4} = \frac{5}{4}$ 或 $1\frac{1}{4}$

4 用假分数和带分数表示结果。

a $\frac{5}{8} + \frac{4}{8} = \frac{\square}{8}$ 或 $1\frac{\square}{8}$

b $\frac{4}{6} + \frac{4}{6} = \frac{\square}{6}$ 或 $1\frac{\square}{6}$

5 用数轴来完成下列加法或减法。

a $\frac{3}{4} + \frac{2}{4} = \frac{\square}{4} = \_\_\_\frac{\square}{\square}$

b $1\frac{3}{8} - \frac{4}{8} = \frac{\square}{8}$

6 用假分数和带分数表示加法结果。

a $\frac{3}{4} + \frac{3}{4} = \frac{\square}{\square}$ 或 ______

b $1\frac{5}{8} - \frac{7}{8} = \frac{\square}{\square}$

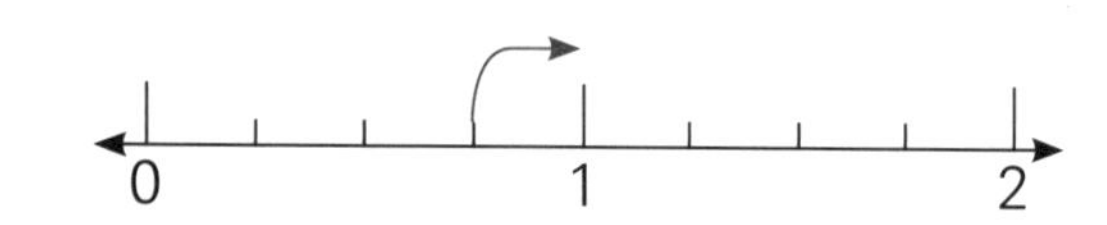

c $\frac{3}{5} + \frac{4}{5} = \frac{\square}{\square}$ 或 ______

d $1\frac{2}{6} - \frac{4}{6} = \frac{\square}{\square}$

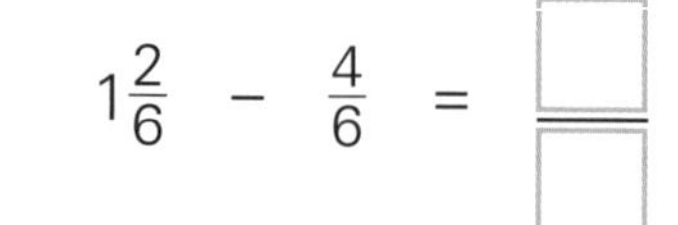

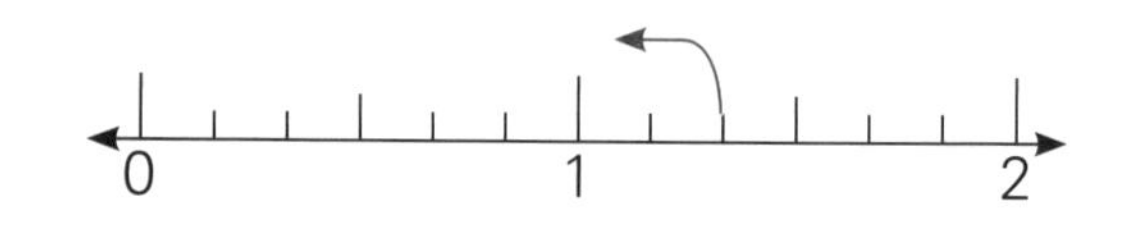

e $\frac{9}{10} + \frac{4}{10} = \frac{\square}{\square}$ 或 ______

f $1\frac{1}{3} - \frac{2}{3} = \frac{\square}{\square}$

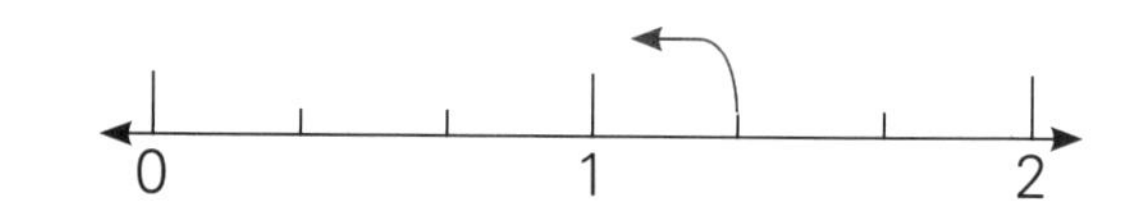

拓展运用

不同分母的分数相加，例如，二分之一加四分之一，首先需要将它们转换成分母相同的分数，然后再相加。

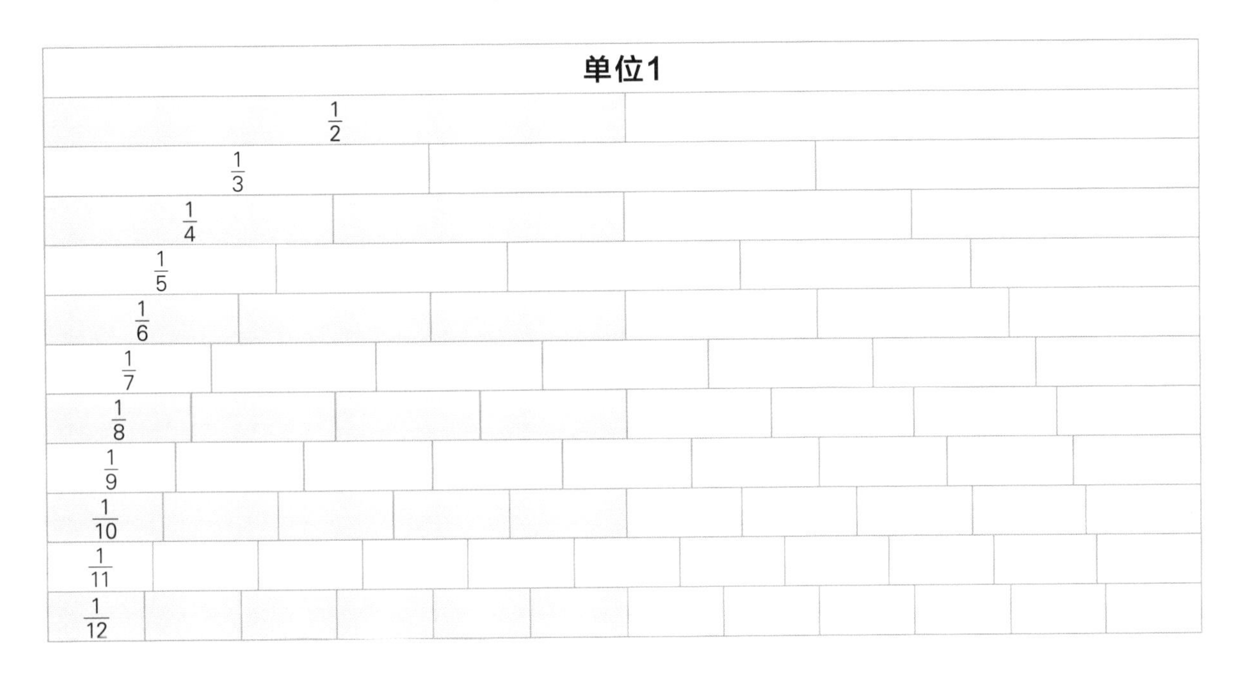

例如，求 $\frac{1}{2}+\frac{1}{4}=?$

- 从分数表中可以看出 $\frac{1}{2}=\frac{2}{4}$；
- 将 $\frac{1}{2}$ 改写成 $\frac{2}{4}$；
- 得到 $\frac{2}{4}+\frac{1}{4}=\frac{3}{4}$。

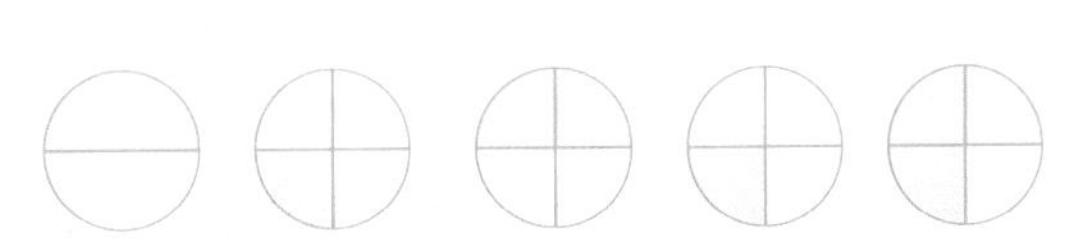

$$\frac{1}{2}+\frac{1}{4}=\frac{2}{4}+\frac{1}{4}=\frac{3}{4}$$

1 借助分数表及图像来涂一涂，填一填。

a 相当于

$\frac{1}{6}+\frac{1}{2}=\frac{1}{6}+\frac{\square}{6}=\frac{\square}{6}$

b 相当于

$\frac{\square}{10}+\frac{1}{\square}=\frac{\square}{10}+\frac{\square}{10}=\frac{\square}{10}$

2 借助分数表、图像或数轴来计算。

a $\frac{3}{10}+\frac{1}{5}=$ ______

b $\frac{2}{6}+\frac{1}{3}=$ ______

c $1\frac{1}{4}-\frac{1}{2}=$ ______

d $1\frac{1}{5}-\frac{3}{10}=$ ______

e $1\frac{1}{2}-1\frac{1}{4}=$ ______

f $\frac{3}{8}+\frac{3}{4}=$ ______

g $\frac{1}{3}+\frac{1}{6}+\frac{1}{2}=$ ______

h $\frac{1}{4}+\frac{1}{2}+\frac{1}{8}=$ ______

2.3 小　数

将单位1平均分成10等份，每一份是十分之一。将单位1平均分成100等份，每一份是百分之一。可以用分数和小数表示十分之一和百分之一。

单位1
1

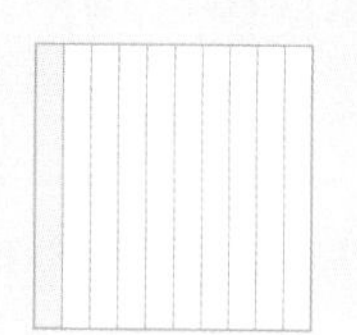
十分之一
$\frac{1}{10}$
0.1

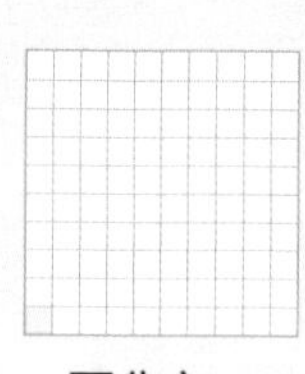
百分之一
$\frac{1}{100}$
0.01

趣味学习

1 用分数和小数表示涂色区域。

例子

十分之二
$\frac{2}{10}$
0.2

a

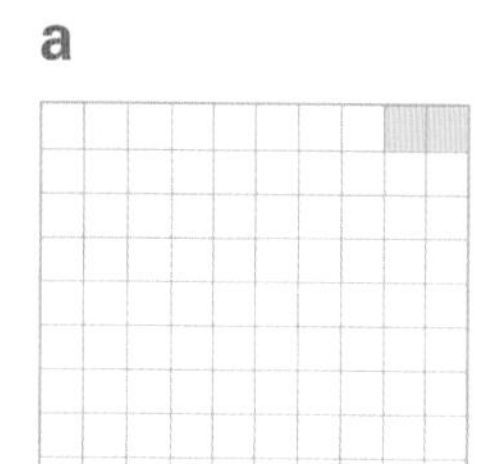
百分之二
____
____

b

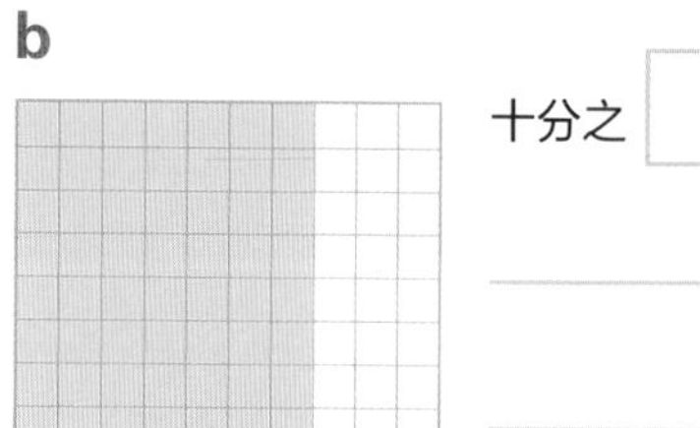

____
____

c

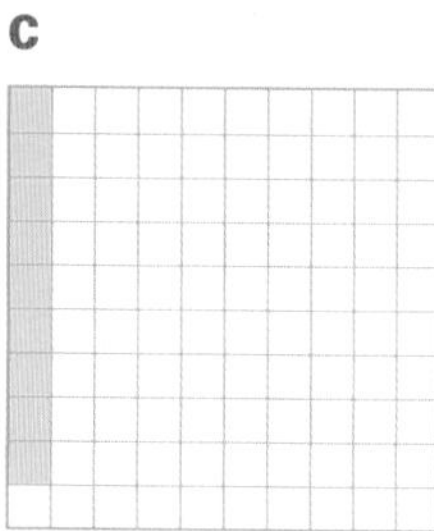
____
____
____

d

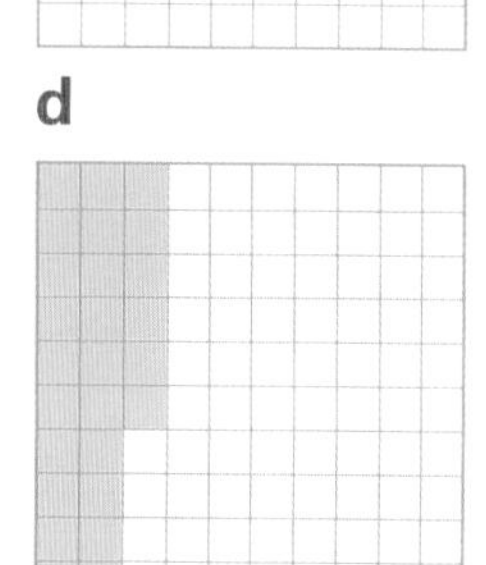
____
____
____

e

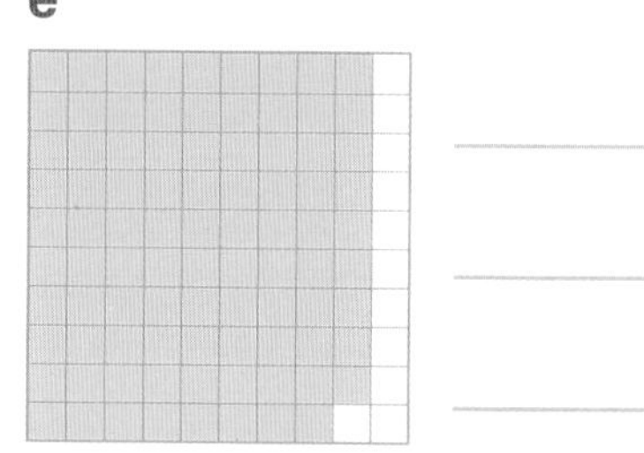
____
____
____

2 在下图中按所给的小数涂色。

a 0.4　　**b** 0.04　　**c** 0.15　　**d** 0.7　　**e** 0.99

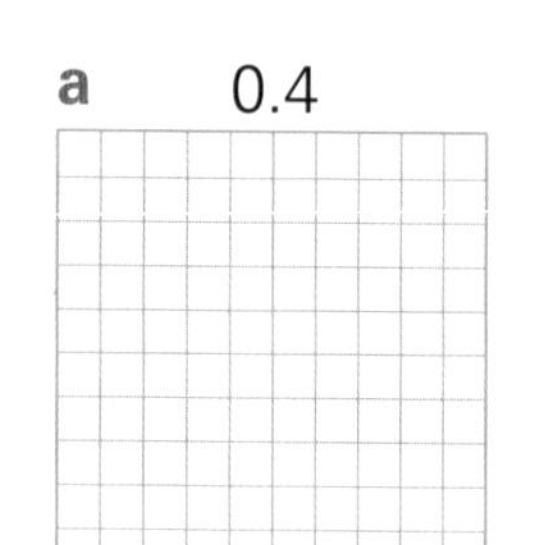

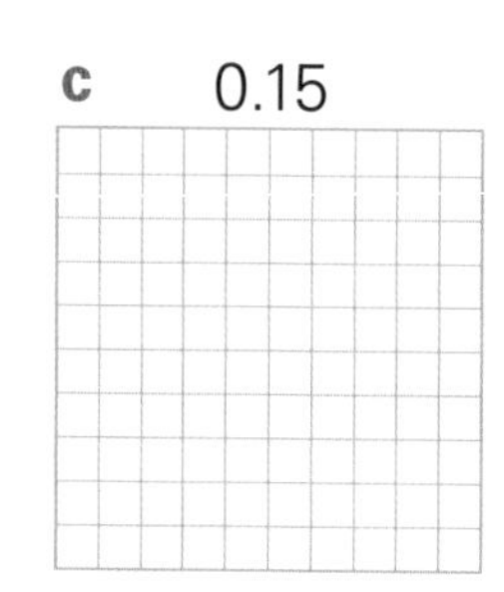

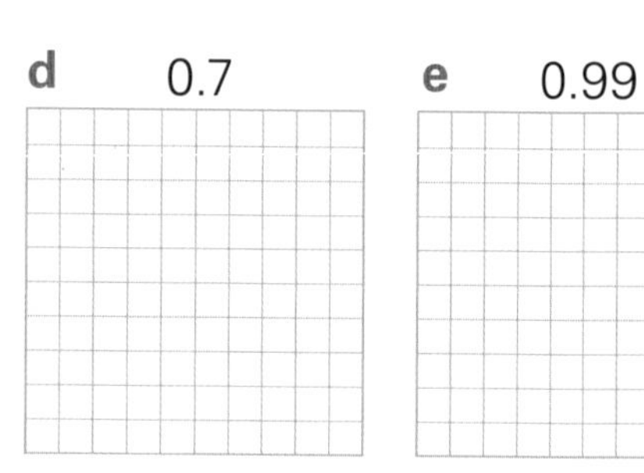

3 改写为小数。

a $\frac{3}{10}$ ________　　**b** $\frac{23}{100}$ ________　　**c** $\frac{3}{100}$ ________

4 改写为分数。

a 0.6 ________　　**b** 0.77 ________　　**c** 0.08 ________

独立练习

一块巧克力的百分之一只有小小的一块，但它还可以分得更小。如果将百分之一再分成10等份，每一份是千分之一。

千分之一

$\frac{1}{1000}$

0.001

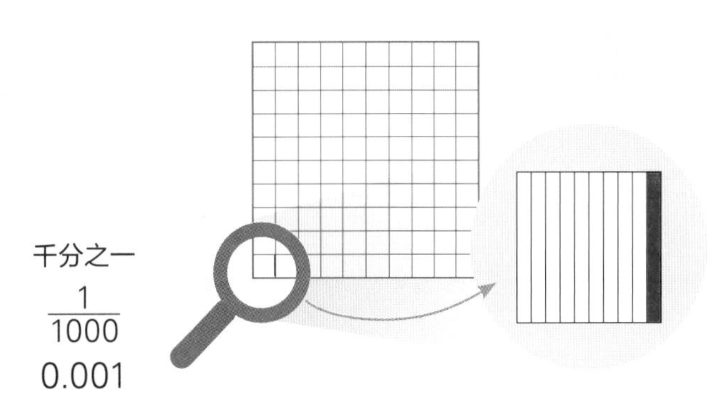

1 填空。

a 0.______

$\frac{\square}{1000}$

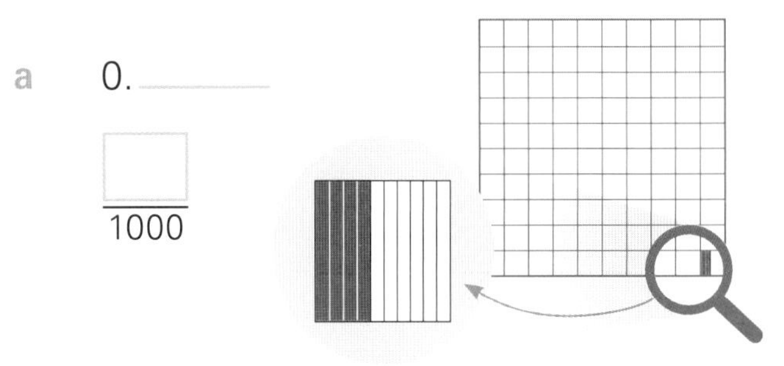

千分之四

b 0.______

$\frac{\square}{1000}$

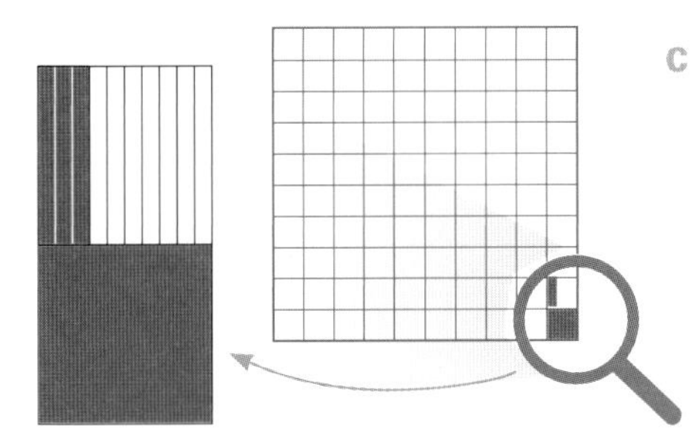

百分之一和千分之三

c 0.______

$\frac{\square}{1000}$

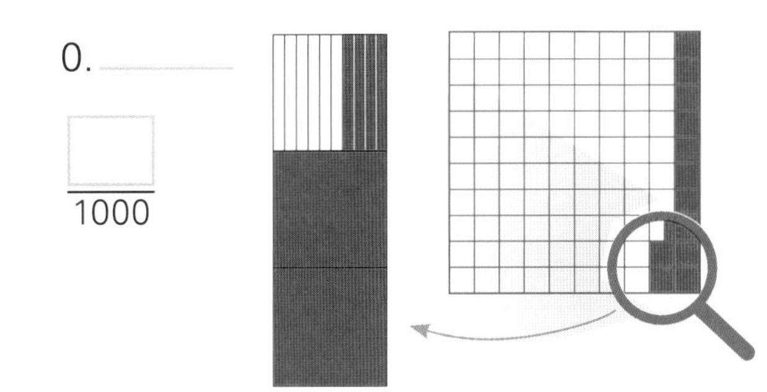

十分之一，百分之二和千分之四

2 改写成小数。

a $\frac{125}{1000}$ ______　b $\frac{8}{1000}$ ______　c $\frac{87}{1000}$ ______

d $\frac{2}{1000}$ ______　e $\frac{22}{1000}$ ______　f $\frac{99}{1000}$ ______

3 改写成分数。

a 0.005 ______　b 0.255 ______　c 0.101 ______

d 0.035 ______　e 0.999 ______　f 0.009 ______

4 根据下面的信息写出这个数。

十四个一，六个十分之一，二个百分之一和七个千分之一 ______

5 比大小。

a 0.01 ____ 0.001

b $\frac{3}{1000}$ ____ 0.003

c $\frac{25}{1000}$ ____ 0.25

d 0.003 ____ 0.2

e $\frac{125}{1000}$ ____ 0.125

f $\frac{6}{1000}$ ____ 0.01

g 0.02 ____ $\frac{2}{1000}$

h 1 ____ 0.999

i $\frac{19}{1000}$ ____ 0.19

j 0.052 ____ $\frac{52}{1000}$

k 0.430 ____ 0.043

l 0.999 ____ $\frac{999}{1000}$

6 填空。

a

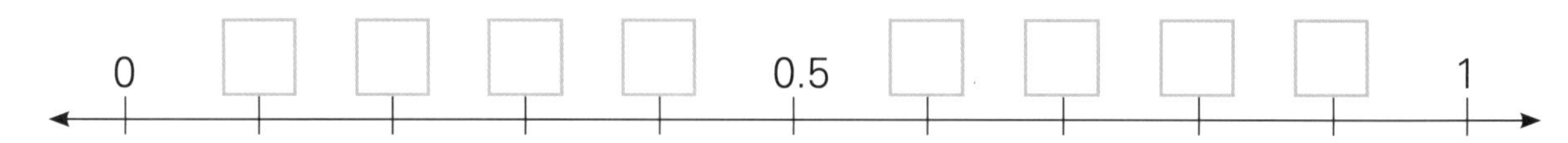

b

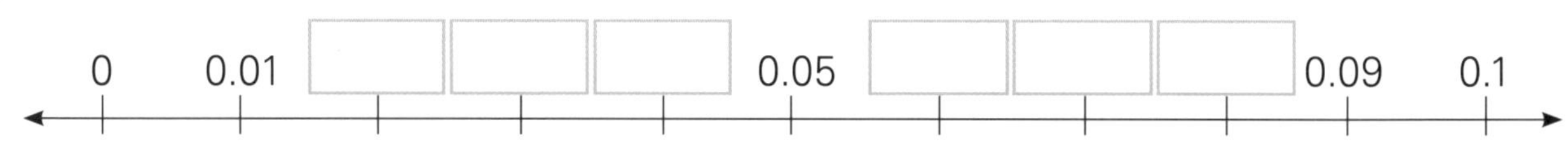

c

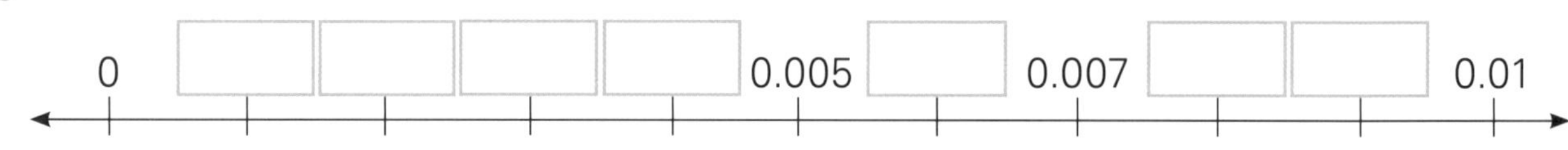

7 借助数轴将这些数从小到大排序。

a 0.2 0.5 0.1 0.9 0.4

b 0.04 0.07 0.02 0.06 0.03

c 0.007 0.004 0.008 0.002 0.001

d 0.2 0.3 0.02 0.002 0.1

e 0.1 0.11 0.2 0.22 0.15

f 0.5 0.05 0.005 0.555 0.055

拓展运用

1 写出三角形在数轴上代表的数。

a ______

b ______

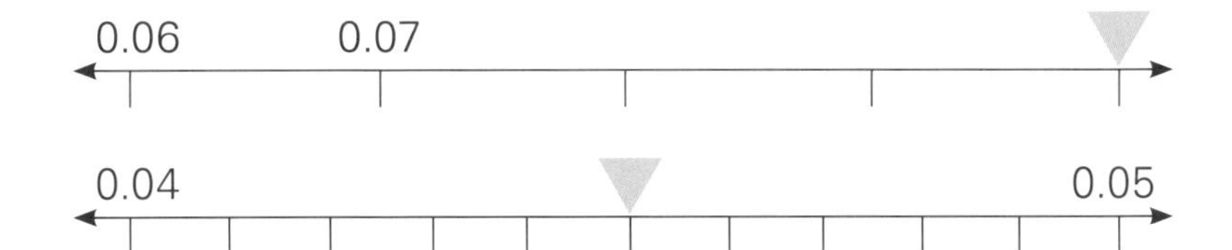

2 1.00元等于100分，因此1分是1.00元的 $\frac{1}{100}$ ，还可以写作0.01元。

如何用以元为单位的小数表示5分? ______

3 将下列金额写成以元为单位的小数。

a 25分 ______　　b 8分 ______　　c 1.00元的 $\frac{15}{100}$ ______

d 75分 ______　　e 20分 ______　　f 1.00元的 $\frac{80}{100}$ ______

g 115分 ______　　h 2.00元的 $\frac{2}{10}$ ______

4 为了在计算器上算出2.90元 × 3的得数，需要依次按如下7次按键：

如何只按6次按键算出答案：

☐ ☐ ☐ ☐ ☐ =

5 根据菜单写出以下商品组合的价格。

a 1杯小杯咖啡和1大份松糕。

b 1杯大杯咖啡和2块水果司康。

c 1杯小杯咖啡，1杯大杯咖啡，1小份松糕和2块原味司康。

d 1杯大杯咖啡和1块原味司康。

e 2杯大杯咖啡，1块原味司康和2块水果司康。

菜单

咖啡

小杯：3.20 元
大杯：3.90 元

松糕

小份：2.40 元
大份：4.70 元

司康（每份2块）

原味：3.70 元/份
水果：4.20 元/份

2.4 百分数

百分号“%”表示分数的分母是100，百分之几代表有几个百分之一。1%代表1个百分之一，可以写成分数、小数或者百分数。

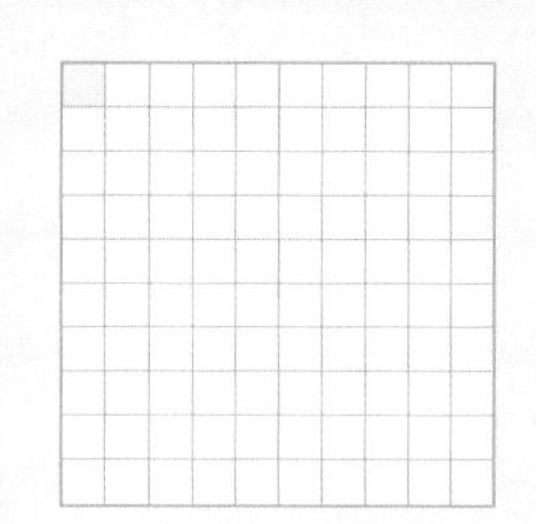

涂色区域代表：

$\frac{1}{100}$ 分数

0.01 小数

1% 百分数

另一种表示100%的方法是1，或者单位1。

趣味学习

1 将涂色区域写成分数、小数及百分数。

a

分数 $\frac{3}{100}$

小数 ______

百分数 ______

b

分数 $\frac{\square}{\square}$

小数 ______

百分数 ______

c

分数 $\frac{\square}{\square}$

小数 ______

百分数 ______

d

分数 $\frac{\square}{\square}$

小数 ______

百分数 ______

e

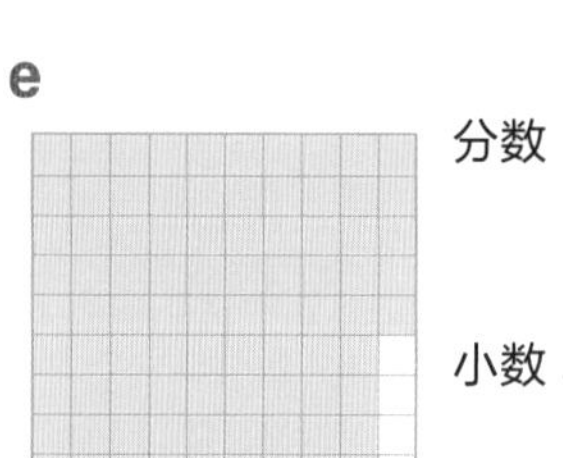

分数 $\frac{\square}{\square}$

小数 ______

百分数 ______

f

分数 $\frac{\square}{\square}$

小数 ______

百分数 ______

2 涂色并填空。

a

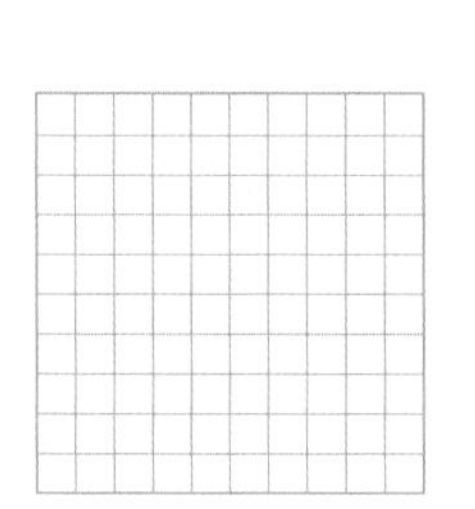

分数 $\frac{20}{100}$

小数 ______

百分数 ______

b

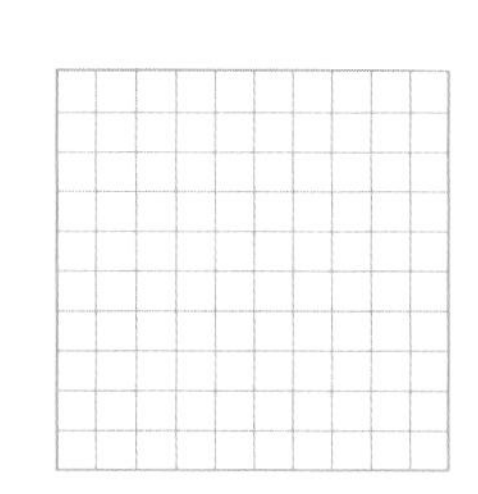

分数 $\frac{\square}{\square}$

小数 ______

百分数 15%

c

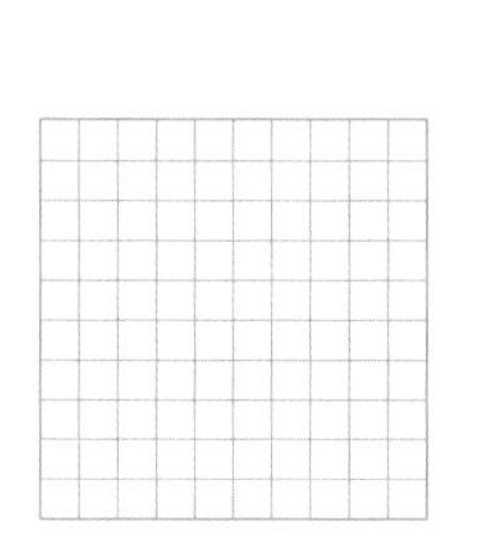

分数 $\frac{\square}{\square}$

小数 ______

百分数 75%

d

分数 $\frac{55}{100}$

小数 ______

百分数 ______

独立练习

1 填空。

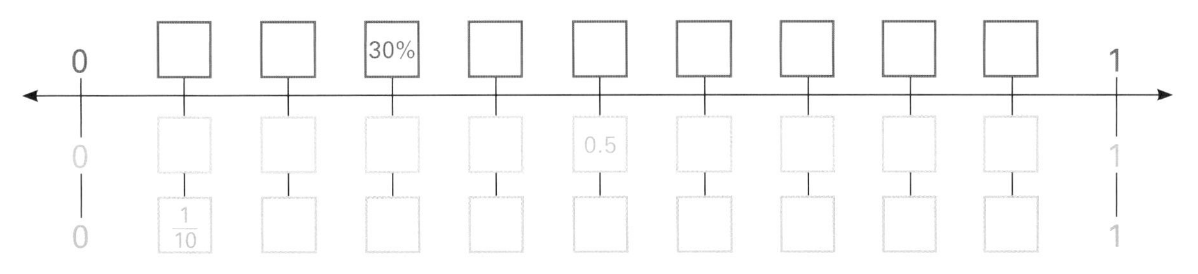

2 填表。

	分数	小数	百分数
a	$\frac{5}{100}$		
b			25%
c		0.75	
d	$\frac{99}{100}$		
e	$\frac{9}{10}$		
f			40%
g		0.1	
h	$\frac{2}{100}$		
i		0.3	
j			100%
k	$\frac{1}{2}$		
l			1%

3 判断。

a $10\% = \frac{1}{10}$ ______

b $0.01 < 1\%$ ______

c $0.2 = \frac{25}{100}$ ______

d $35\% = \frac{35}{100}$ ______

e $\frac{7}{10} < 75\%$ ______

f $0.9 > 9\%$ ______

g $\frac{2}{100} > 20\%$ ______

h $95\% = 0.95$ ______

i $100\% > 1$ ______

4 根据题意填写正确的分数及百分数。

a $\frac{1}{2}$ 的正方形被涂色了  在网格图将同等的面积涂色  $\frac{1}{2}$ 等于 □ %

b □ 的正方形被涂色了  在网格图将同等的面积涂色  □ 等于 □ %

c 

在网格图将同等的面积涂色  □ 等于 □ %

5 将每组数从小到大排序。

a 0.03 20% $\frac{2}{100}$

______

b 0.05 6% 0.5

______

c 5% $\frac{1}{2}$ $\frac{55}{100}$

______

d $\frac{1}{4}$ 40% 0.04

______

e 70% $\frac{3}{4}$ 0.07

______

f 10% 0.01 $\frac{11}{100}$

______

6 按要求将圆圈涂色。

30%红色，0.4蓝色，$\frac{30}{100}$ 黄色

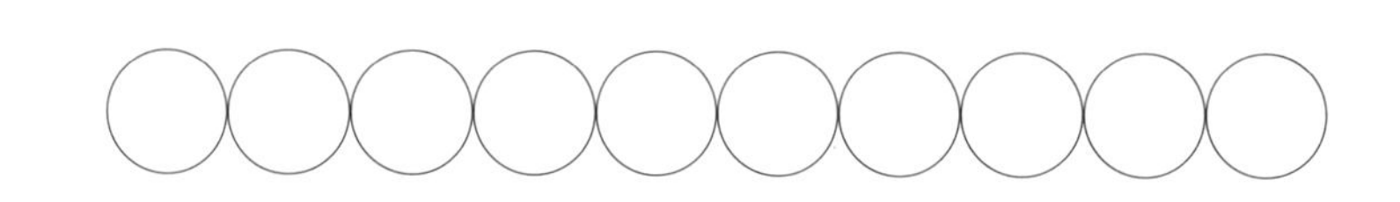

7 将绿色三角形的比例写成分数、小数和百分数。

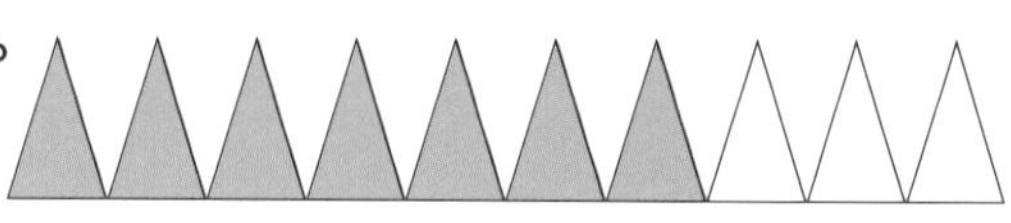

______

8 按要求将菱形涂色。

40%红色，20%蓝色，$\frac{30}{100}$ 黄色，5%绿色，5%不涂色

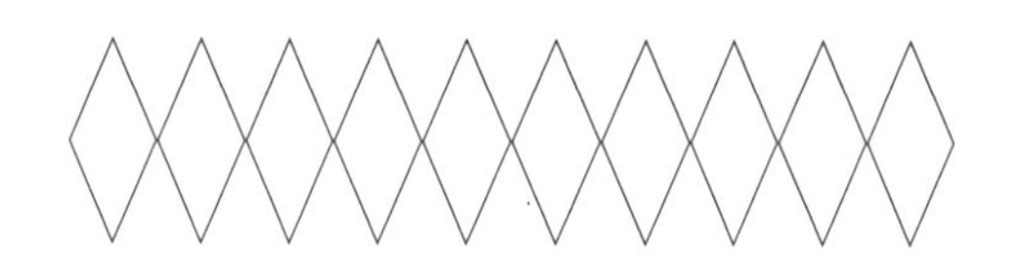

9 一条项链共有20颗珠子，按如下百分比将其涂色。

50%红色，25%蓝色，25%黄色

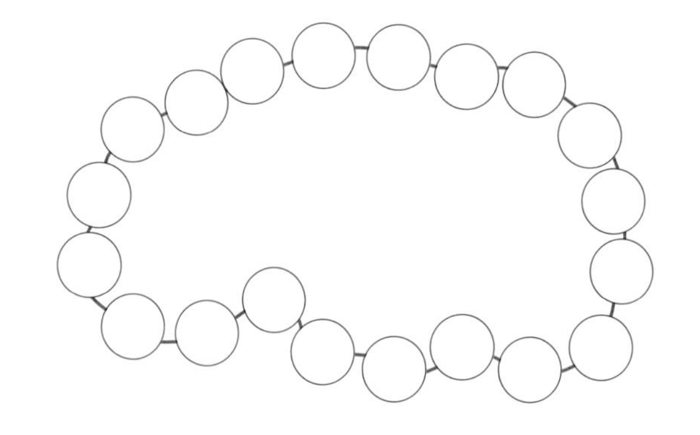

10 a 将这些珠子中的25%涂色，其他珠子留白。

b 将留白的珠子比例写成分数、小数和百分数。

______

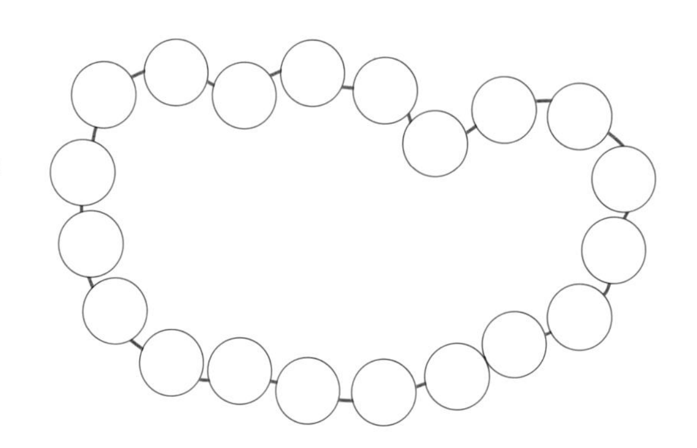

拓展运用

1 如果有人说他卖出了他所有苹果的50%，那么相当于他卖出了苹果总数的一半。根据百分数填表。

	物品	百分比	分数	个数
a	1盒20个甜甜圈	50%		
b	1包50支铅笔	10%		
c	1罐80块曲奇	25%		
d	1包1000颗弹珠	1%		

2 想一想，填一填。

a 你有一根1米长的绳子，萨丽说她需要另一根长度是你的绳子长度的50%的绳子，这根绳子有多长？

b 如果萨丽说她需要另一根长度是你的绳子长度的100%的绳子，这根绳子有多长？

c 如果萨丽说她需要另一根长度是你的绳子长度的200%的绳子，这根绳子有多长？

3 你可以用百分数的知识来改变电脑软件（如微软Word）中图片的大小。下面的练习需要用到电脑。

a 创建一个新的Word文件；

b 点击插入，从“形状”中选择一个图形；

c 点击并拖拽，画出这个图形；

d 双击图形进入编辑界面；

e 选择“大小”；

f 找到“缩放”，将100%调整为120%，然后点击确定；

g 记录发生了什么，尝试将你画出的图形大小翻倍。

写一个小报告，记录在“缩放”中输入不同的百分数后，图形是如何改变的。

5年级的同学们想为年终派对筹集资金。他们决定购买水果做成水果沙拉，然后在“水果沙拉星期五”活动上摆摊销售。他们想赚取利润，因此每份水果沙拉的售价需要比水果的成本高。

水果沙拉星期五
吃得健康！
吃得便宜！
水果沙拉：1.50元/份

趣味学习

准备水果沙拉花的钱越少，利润就越高。

1 如果他们做的100份水果沙拉全部售出，能收到多少钱？ ______

2 如果购买水果花了150.00元，他们赚不到任何利润。如果水果成本是如下金额，他们分别能赚多少钱？

a 100.00元 ______ b 75.00元 ______ c 50.00元 ______ d 25.00元 ______

3 5年级的同学们决定在沙拉中添加5种水果，以下情况分别需要花多少钱？

a 每种水果买1kg：______

b 每种水果买2kg：______

c 每种水果买500g：______

d 每种水果买5kg：______

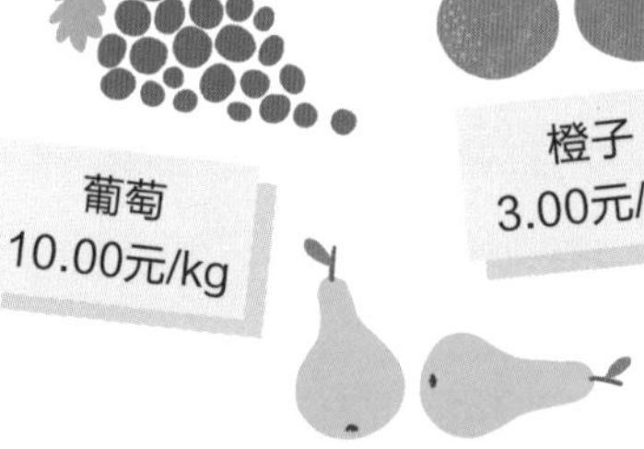

葡萄 10.00元/kg
橙子 3.00元/kg
香蕉 2.00元/kg
梨 2.50元/kg
苹果 4.00元/kg

4 如果5年级的同学们每种水果买10kg，弗洛拉水果店会提供10%的折扣。

a 如果5年级的同学们每种水果买10kg，打折前的价格是多少？ ______

b 折扣额是多少？ ______

c 打折后的价格是多少？ ______

独立练习

1 5年级的同学们想至少赚取50.00元利润，所以他们的总花费不想超过100.00元。根据本页第3题的表格中的水果单价，如果每种水果购买5kg，总价格超出预算多少？

______

2 5年级的同学们需要降低购买水果的花费，他们决定只购买2.5kg葡萄。

a 圈出能正确描述2.5kg葡萄相对5kg苹果的重量的表述：

50%　　$\frac{1}{4}$　　一半　　0.5　　0.75　　25%

b 购买2.5kg葡萄需要花费多少钱？______

3 结合账单填表。

a 填写每种水果的花费。

b 填写所有水果的总价。

c 5年级的同学们可以获得10%的折扣，填写折扣的金额。

d 填写折后价。

弗洛拉水果店			
	重量/kg	单价/元/kg	花费/元
苹果	5	4.00	20.00
梨	5	2.50	
橙子	5	3.00	
香蕉	5	2.00	
葡萄	2.5	10.00	
总计/元			
明天前付款享受10%折扣，折扣额/元			
折后价/元			

4 这些水果总价比他们的预算100.00元低多少？______

5 这些学生还需要购买100只塑料勺子，以及100个塑料碗或者塑料杯子。请你帮他们选一选哪种搭配比较合适，为什么？

GST（商品及服务税）是购买商品或服务时需要交纳的税。税额占税前价格的一定百分比，这个百分数可以变化。

皮特的塑料用品店			
商品	数量	单价/分	花费/元
勺子	100	5	
杯子	100	15	
总价/元			20.00
GST（10%）/元			
总计/元			

6 皮特的塑料用品店产品价格更优惠，学生们决定在这家购买勺子和杯子。“水果沙拉星期五”那天，GST是10%，填写GST的金额，并算出含税总价。

7 如果学生们选择用勺子和碗，计算各项金额并填表。

皮特的塑料用品店			
商品	数量	单价/分	花费/元
勺子	100	5	
碗	100	20	
总价/元			
GST（10%）/元			
总计/元			

8 两家家具店出售同样的桌子和椅子。一家的价格不含GST，一家的价格包含GST。

填写金额并判断，如果购买1张桌子、4把椅子，哪家店的价格更优惠？

家具世界			
商品	数量	单价/元	花费/元
桌子	1	120.00	
椅子	4	20.00	
商品总价/元			
GST（10%）/元			
总计/元			

家具为你			
商品	数量	单价（含GST）/元	花费/元
桌子	1	130.00	
椅子	4	21.50	
商品总价（含GST）/元			

9 第8题中的两家商店都在进行年终促销，他们会在含税价基础上提供10%的折扣。在两家店购买1张桌子和4把椅子的新价格分别是多少？

a　家具世界 ________　　b　家具为你 ________

拓展运用

1 一家饭馆的账单上显示，一顿饭的价格是90.20元(含GST)。
圈出这顿饭不含GST（10%）的价格。

80.00元　　82.00元　　80.20元　　82.20元

---

2 如果GST是10%，税前的价格是最终价格的$\frac{10}{11}$，可以用11.00元的税后价来验证：

- 11.00元÷11 = 1.00元，1.00元×10=10.00元，这是计算GST前的价格；
- 10.00元 + 10% × 10元 = 11.00元。

如果一顿饭的价格是22.00元，不含GST的税前价是多少？ ____________

---

3 不是所有金额除以11都好计算。你可以使用电脑里的数据表（例如Excel）来快速计算金额，按以下步骤用Excel计算。

a　在A1，B1和C1格中输入；

	A	B	C	D
1	总价	税前价	GST税额	

b　点击B2格，然后点击公式栏。如果公式栏被隐藏了，点击“公式”——“插入函数”；

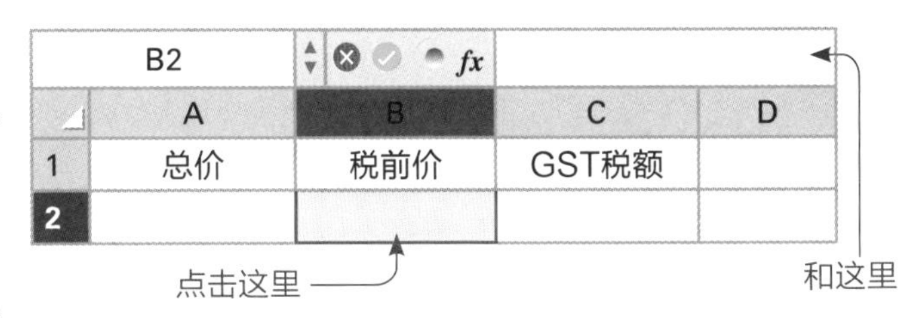

c　为了让计算机计算总价的$\frac{10}{11}$，在公式栏中输入：=A2/11*10（这个公式告诉电脑将A2中的数值除以11，然后再乘以10）；

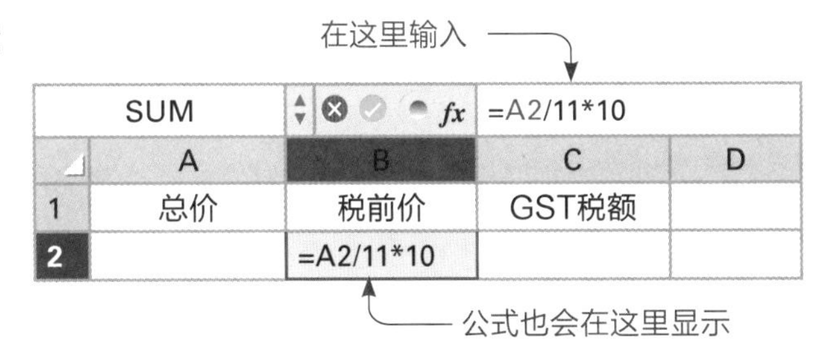

d　按下回车；

e　点击A2格，然后输入总价99.99元；

f　按下回车，不含GST的价格会出现在B2格中；

g　计算GST税额，并输入到数据表GST税额一栏。

我们每天都会用到数列规律。你可能在上学前就学到了数列规律。

趣味学习

1 这列数的规律是数字每次增加2。按规律填写数字。

位置	1	2	3	4	5	6	7	8	9
数字	1	3	5						

2 找出规律，然后按照规律填写数字，并用“增加”或“减少”写出规律。

a

位置	1	2	3	4	5	6	7	8	9
数字	100	98	96	94					

规律: ______

b

位置	1	2	3	4	5	6	7	8	9
数字	$\frac{1}{2}$	1	$1\frac{1}{2}$						

规律: ______

3 这里有两种不同的规律来描述这些数。

- 规律1：如果数字是偶数，就除以2。
- 规律2：如果数字是奇数，就先减1，再除以2。

根据这两个规律填表。

数字	10	12	15
是偶数?	是，÷ 2		
答案	5		
是偶数?	否，− 1，÷ 2		
答案	2		
是偶数?	是，÷ 2		
答案	1		
是偶数?	否，− 1，÷ 2		
答案	0	0	

4 第3题中的数，按照规律需要4步得到0。下面的数需要几步来得到0?

a 8 ______

b 25 ______

独立练习

1 按规律填表。

a　从5开始，每次增加4。

位置	1	2	3	4	5	6	7	8	9	10
数字	5									

b　从10开始，每次减少0.5。

位置	1	2	3	4	5	6	7	8	9	10
数字	10	9.5								

2 找出规律写至第10项，并写出规律。

a　0, 0.2, 0.4, 0.6, ______　规律：______

b　$\frac{3}{4}$, $1\frac{1}{2}$, $2\frac{1}{4}$, 3, ______　规律：______

3 第64页中第3题的规律还可以用下图表示。

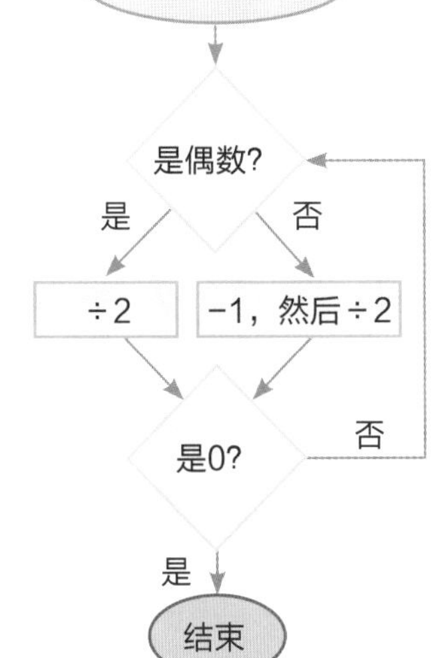

使用18作为起始数，根据规律整个过程如下：

$18 \div 2 = 9$

$(9 - 1) \div 2 = 4$

$4 \div 2 = 2$

$2 \div 2 = 1$

$(1 - 1) \div 2 = 0$

使用22作为起始数，写出得到0的过程。

______

______

4 下图是一个新的规律。根据规律将下列数变成0。

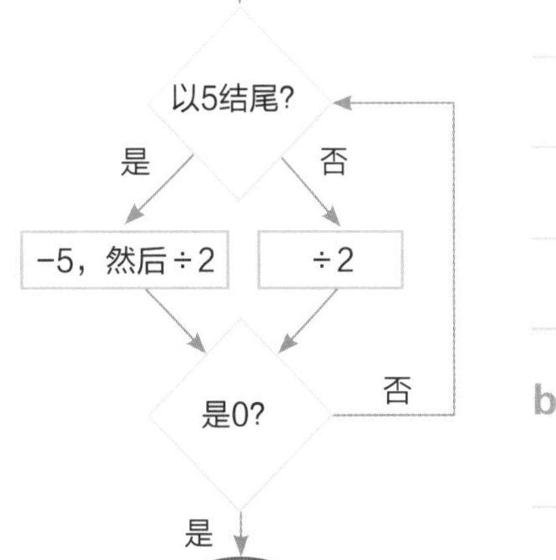

a　50

______

b　125

______

5 数字规律还可以生成图形规律。按规律填空。

小棍摆出的图形	图形规律	需要几根棍?				
例子	从3根小棍开始，每摆放1个新三角形，就增加3根小棍。	三角形数	1	2	3	4
		小棍数	3	6	9	12
a	从4根小棍开始，每摆放1个新菱形，就增加 ______ 根小棍。	菱形数	1	2	3	4
		小棍数				
b	从 ______ 根小棍开始，每摆放1个新六边形，就增加 ______ 根小棍。	六边形数	1	2	3	4
		小棍数				
c	从 ______ 根小棍开始，每摆放1个新五边形，就增加 ______ 根小棍。	五边形数	1	2	3	4
		小棍数				

6 找出规律，并填空。

小棍摆出的图形	图形规律	需要几根棍?				
例子	从3根小棍开始，每摆放1个新三角形，就增加2根小棍。	三角形数	1	2	3	4
		小棍数	3	5	7	9
a	从4根小棍开始，每摆放1个新正方形，就增加 ______ 根小棍。	正方形数	1	2	3	4
		小棍数	4			
b	从 ______ 根小棍开始，每摆放1个新六边形，就增加 ______ 根小棍。	六边形数	1	2	3	4
		小棍数	6			

7 第6题中，摆放出第10个正方形和六边形各需要用到多少根小棍?

正方形：______

六边形：______

拓展运用

1 假设你在一家广告公司工作，你的老板想让你往一个有1000座房屋的镇子上邮寄宣传册。有些房子会挂出“请勿投递垃圾邮件”的标志。下表中列出了这些房主是否接受垃圾邮件。

房屋编号	1	2	3	4	5	6	7	8	9	10	11	12	13	14	15
是否可投递垃圾邮件	是	是	是	是	否	是	是	是	是	否	是	是	是	是	否

a 不接受垃圾邮件的房屋规律：

5个里有1个　　5个里有5个　　5个里有4个　　4个里有1个　　2个里有1个

b 10座房屋中有几座不接受垃圾邮件？

c 100座房屋中有几座不接受垃圾邮件？

d 1000座房屋中有几座不接受垃圾邮件？

e 你需要寄出多少本宣传册？

2 一家玩具公司正在为玩具车订购轮子，每辆车有4个轮子。

a 请在下表中写出这些玩具车共需要多少个轮子。按照规律填写前10项。

玩具车数/辆										
轮子数/个										

b 公司每周生产的车子数量不同，下列数量的车各需要多少个轮子？

25辆车　　100辆车　　250辆车　　1000辆车

c 玩具公司决定额外订购一些轮子，作为备用。他们决定每25辆车多订购1个轮子。重新计算下列数量的车各共需要几个轮子。

50辆车　　100辆车　　350辆车　　1250辆车

4.2 数字运算和性质

处理数学算式有点像穿衣服，有时顺序很重要，有时顺序又不那么重要。

改变穿衣服的顺序……

先左后右，
或者先右后左

先穿袜子再穿鞋

先穿鞋再穿袜子

改变数字顺序……

加法

3 + 2 = ?
或
2 + 3 = ?

减法

3 − 2 = ?
或
2 − 3 = ?

趣味学习

1 尝试改变每种运算的数字顺序。

加法

	算式	改变顺序	答案相同?
例子	3 + 2 = ?	2 + 3 = ?	是
a	14 + 2 = ?		
b	20 + 12 = ?		
c	15 + 10 = ?		

减法

	算式	改变顺序	答案相同?
例子	3 − 2 = ?	2 − 3 = ?	否
a	14 − 2 = ?		
b	20 − 12 = ?		
c	15 − 10 = ?		

乘法

	算式	改变顺序	答案相同?
例子	3 × 2 = ?	2 × 3 = ?	是
a	14 × 2 = ?		
b	20 × 12 = ?		
c	15 × 10 = ?		

除法

	算式	改变顺序	答案相同?
例子	3 ÷ 2 = ?	2 ÷ 3 = ?	否
a	14 ÷ 2 = ?		
b	20 ÷ 12 = ?		
c	15 ÷ 10 = ?		

2 完成等式。

a　$a + b =$ ______________

b　$a \times b =$ ______________

你能看出加法和乘法的顺序有什么相同点吗？

独立练习

1 改变数字顺序可以帮助心算。将下列算式中的数字变换顺序再计算。

例子 $17+18+3=?$ 改成$17+3+18=20+18=38$

a $15+17+5=$ ______

b $23+19+7=$ ______

c $5\times14\times2=$ ______

d $4\times13\times25=$ ______

2 如果减法算式中有2个减数，先减去哪个数有关系吗？结合算式，归纳结果。

a $25-10-5=$ ______ $25-5-10=$ ______

b $36-12-6=$ ______ $36-6-12=$ ______

c $28-15-8=$ ______ $28-8-15=$ ______

3 如果除法算式中有2个除数，先除哪个数有关系吗？结合算式，归纳结果。

a $16\div2\div4=$ ______ $16\div4\div2=$ ______

b $36\div6\div2=$ ______ $36\div2\div6=$ ______

c $72\div2\div9=$ ______ $72\div9\div2=$ ______

4 加法和减法互为逆运算，乘法和除法互为逆运算。填写下表，展示一种运算是如何“还原”另一种运算的。

	加法和减法		乘法和除法	
	加法	减法	乘法	除法
例子	$17+8=25$	$25-8=17$	$3\times5=15$	$15\div5=3$
a	$14+12=$		$9\times8=$	
b	$35+15=$		$25\times4=$	
c	$22+18=$		$15\times10=$	
d	$19+11=$		$20\times6=$	

等式是含有等号的式子，由两部分组成，这两部分互相平衡。

2 × 3 = 4 + 2

5 完成等式。

a $4 \times 2 = \square + 6$

b $\square \div 2 = 3 + 6$

c $16 \div 2 = 2 \times \square$

d $\square - 14 = 3 + 7$

e $40 \div 2 = 4 \times \square$

f $9 \times 2 = \square \div 2$

g $2 \times 7 = \square + 6$

h $\square - 20 = 5 \times 6$

i $30 \div 3 = 100 \div \square$

6 下面哪项可以平衡 60 ÷ 2 ÷ 5?

2 ÷ 60 ÷ 5　　5 ÷ 2 ÷ 60　　5 ÷ 60 ÷ 2　　60 ÷ 5 ÷ 2

7 下面哪项不能平衡 17 + 19?

2 × 3 × 6　　12 + 2 + 12　　56 − 20　　360 ÷ 10

8 下面哪项是错误的?

4 × 15 = 15 × 4　　4 + 15 = 15 + 4　　15 + 4 = 4 + 15　　15 ÷ 4 = 4 ÷ 15

9 写出三个不同的算式，使结果与第一个算式相同。

例子	2 × 3 × 5	60 ÷ 2	5 + 15 + 10	100 − 50 − 20
a	5 + 20 + 8			
b	50 ÷ 2			
c	72 − 25			
d	6 × 2 × 10			
e	3 + 23 + 12			
f	40 ÷ 5 ÷ 2			

拓展运用

为了正确计算数学问题，我们使用如下运算顺序：

先计算括号里的，
再计算乘法和除法，
最后计算加法和减法。

1 写出结果。观察每组算式中哪个更容易计算。

	算式1	算式2
a	14 − 13 + 7 =	14 + 7 − 13 =
b	49 − 24 + 25 =	25 − 24 + 49 =
c	35 − 10 + 25 =	35 + 25 − 10 =
d	175 − 50 + 25 =	175 + 25 − 50 =

2 每组算式看起来相似，但结果不同。

	算式1	算式2
a	7 + 2 × 3 =	(7 + 2) × 3 =
b	10 − 8 ÷ 2 =	(10 − 8) ÷ 2 =
c	15 ÷ 3 + 2 =	15 ÷ (3 + 2) =
d	10 × 5 + 15 =	10 × (5 + 15) =

3 解释为什么 4 + 3 × 5 的答案与 (4 + 3) × 5的答案不同。

4 解决实际问题时，按照正确顺序计算才能得到正确答案。

例如：泉恩有10枚1.00元的硬币，他玩耍的时候丢了4枚（现在他还有6枚），妈妈为了安慰他，又给了他一倍他现有的钱（6.00元）。这时，他有多少钱？(12.00元)

a 可以将这个问题写成算式。但是写成10 − 4 × 2 无法得到正确答案，为什么？

b 写出能够正确解决这道问题的算式。

5 写一个能用算式（12 + 6 ）÷ 3 表示的故事。

在测量时，应该尽可能做到精确。这支铅笔的长度不是8 cm。

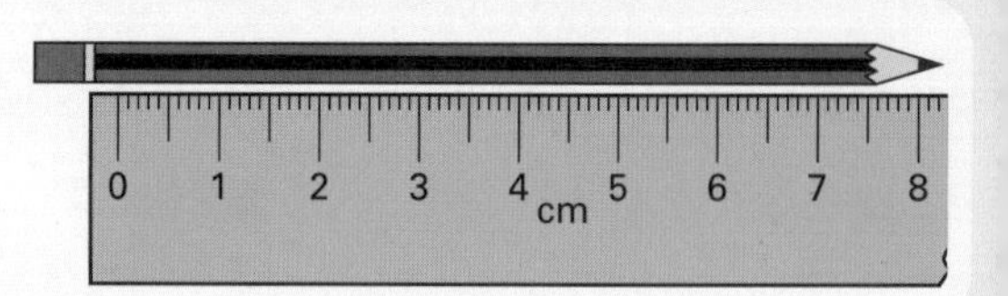

趣味学习

1 上面的铅笔比 8 cm长。
圈出最可能的准确长度。 9 cm 10 cm 11 cm 12 cm

2 根据图示写出每根红线的长度。

例子 6 cm

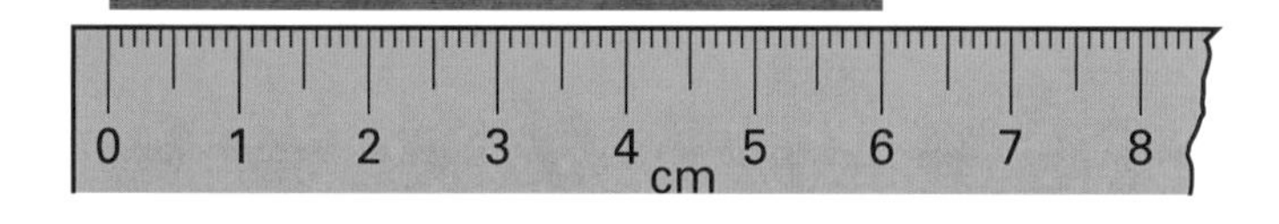

a

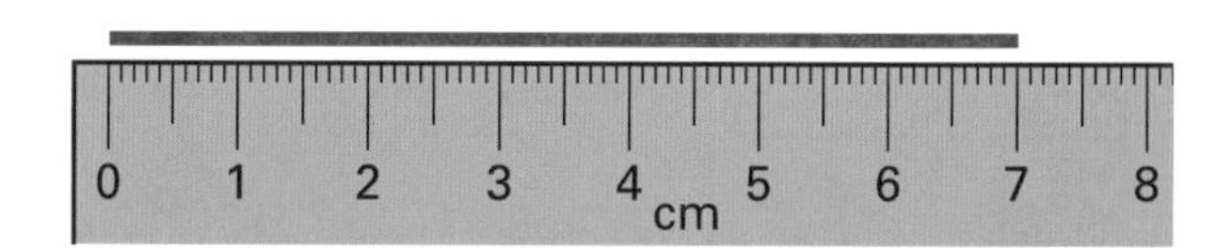

b

c

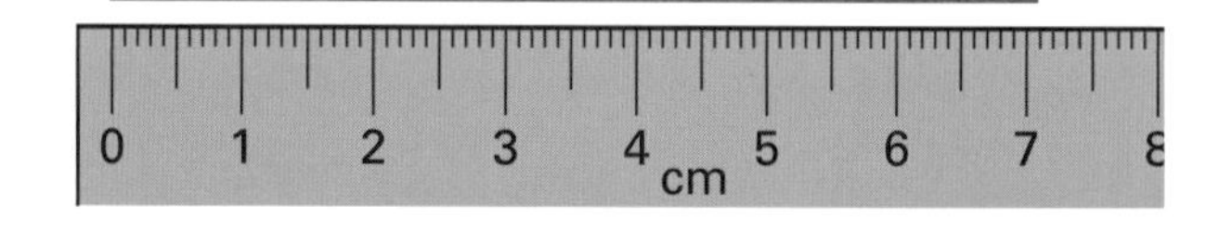

3 以厘米和毫米为单位，写出红线的长度。

例子 5 cm 2 mm 或 5.2 cm

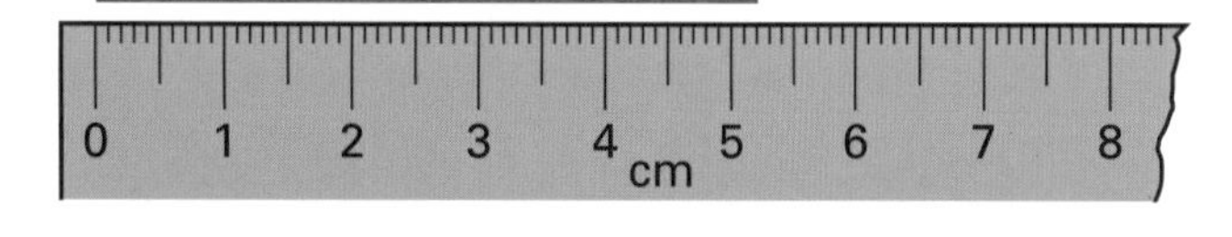

a 7 cm 1 mm 或

b

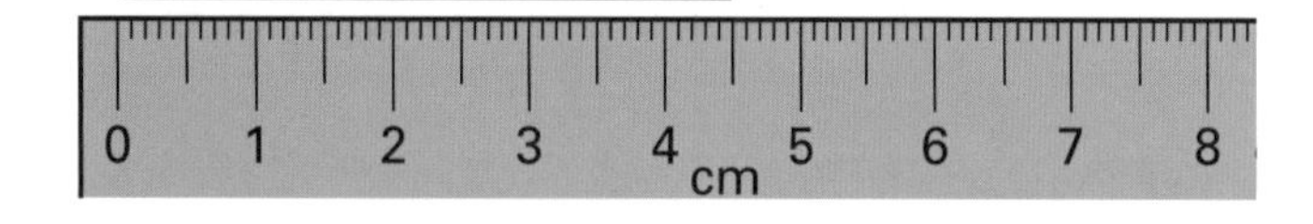

c

4 用尺子测量下列红线，用第3题中的两种方法写出长度。

a

b

c

独立练习

有更快的方法求周长。

矩形所有边的总长度是
2 cm + 1.5 cm + 2 cm + 1.5 cm = 7 cm，
所以它的周长是7cm。

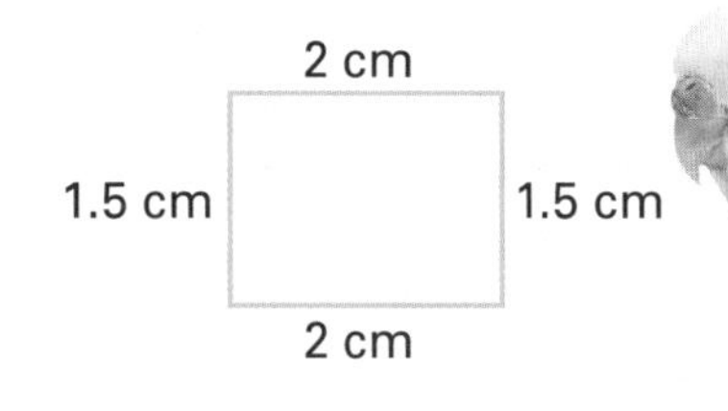

1 可以用2 cm加上1.5 cm（2 cm + 1.5 cm = 3.5 cm），然后将结果翻倍（3.5 cm × 2 = 7 cm）来得到上面矩形的周长，解释为什么可以这样做。

____

2 计算下列矩形的周长（它们不是按实际大小画的）。

a ________　　b ________　　c ________

a：6 cm，3 cm　　b：4 cm，2 cm　　c：5 cm，3 cm

3

a 求正方形的周长需要测量几条边的长度？ □

b 量一量，算出这个正方形的周长是多少？ □

4 自己动手量一量，算出下列平面图形的周长，想一想每个图形需要测量几条边？

a 

b 

c 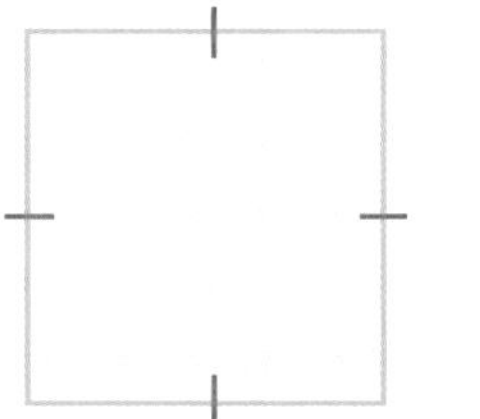

d 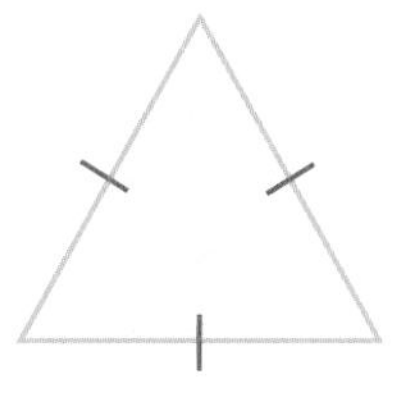

	a	b	c	d
周长				
测量次数				

在这个主题中，我们使用厘米（cm）和毫米（mm）作为长度单位，同时也会用到米（m）和千米（km）。

- 10 mm = 1 cm
- 100 cm = 1 m
- 1000 m = 1 km

用以上信息填写下表。

5

cm ⇄ mm（× 10 / ÷ 10）		
例子	1 cm	10 mm
a	2 cm	
b	7 cm	
c		90 mm
d	3.5 cm	
e		75 mm

6

m ⇄ cm（× 100 / ÷ 100）		
例子	1 m	100 cm
a		200 cm
b	3 m	
c	7 m	
d		500 cm
e	$9\frac{1}{2}$ m	

7

km ⇄ m（× 1000 / ÷ 1000）		
例子	1 km	1000 m
a	2 km	
b		4000 m
c		5500 m
d	9.5 km	
e	8.5 km	

可以使用不同的长度单位测量同一个物体。
例如，一支铅笔的长度可以是 9 cm或者 90 mm。

8 你会用哪两种长度单位表示下列物体的长度？

a 转笔刀的长度

______ ______

b 门的高度

______ ______

c 橡皮的长度

______ ______

d 路的长度

______ ______

9 量一量，并求出下列形状的周长，将答案分别以毫米和厘米为单位来表示。

a

周长：

______ mm

______ cm

b

周长：

______ mm

______ cm

c

周长：

______ mm

______ cm

d

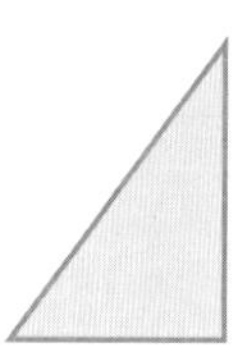

周长：

______ mm

______ cm

拓展运用

1 有一种特殊的直角三角形，叫作“3，4，5”三角形，因为它三边的长度比例总是固定的。三边长度比例与之一致的三角形总会有一个直角。这个规律与长度单位无关，无论使用毫米、厘米、米甚至千米，这个规律都是成立的。

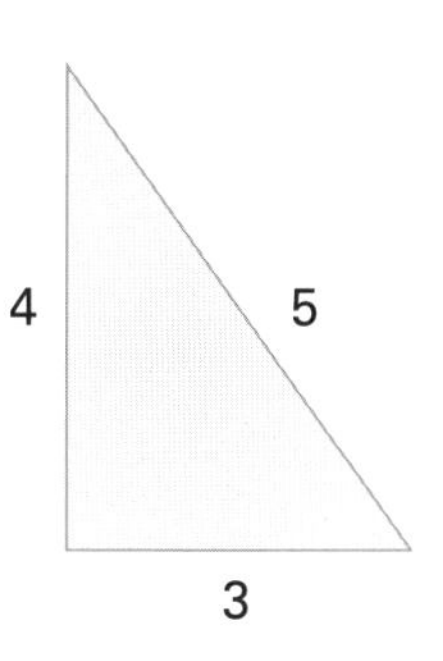

找一张纸，画出几个边长是“3，4，5”倍数的三角形。你可以从边长是3cm、4cm、5cm的三角形开始，然后画一个边长分别是 6 cm、8 cm、10 cm的三角形。还可以再画一个边长是 9 cm、12 cm、15 cm的三角形。

---

2 画一个周长恰好是 10 cm的正方形。

---

3 安德烈有一只 $14\frac{1}{2}$ cm 长的铅笔。
用尽可能多的方法写出这支笔的长度。

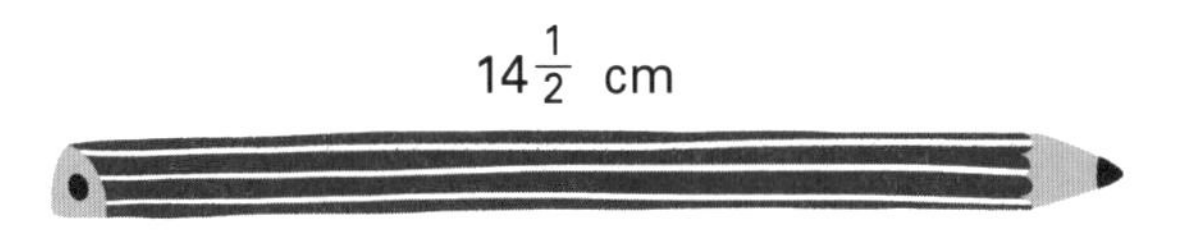

______

---

4 **a** 这条黄线有 3.2 cm长，将它延长 12.3 cm。

b 用两种方法写出整条线段的长度。 ______ ______

---

5 已知边长的长度，用两种方法写出下列正多边形的周长（下图不是按实际尺寸画的）。

a

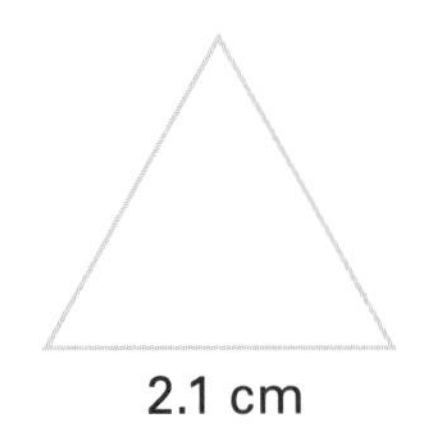

周长：
______ mm
______ cm

b

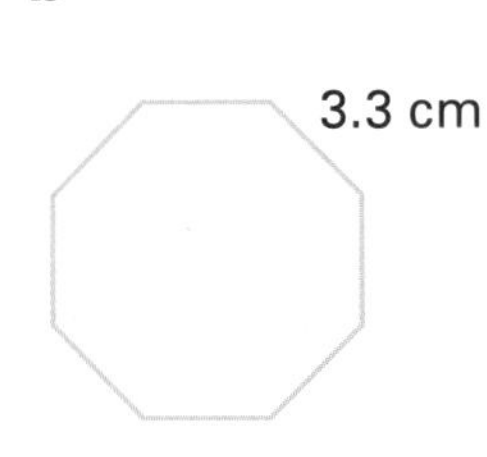

周长：
______ mm
______ cm

c

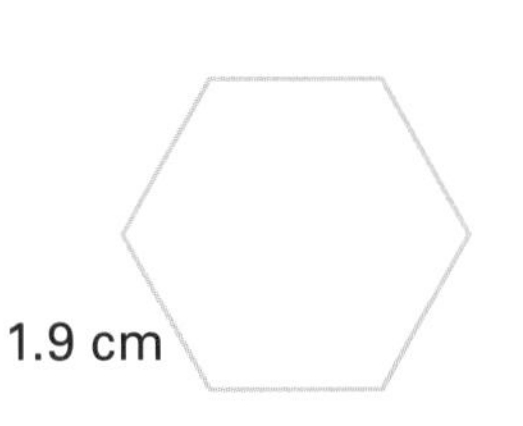

周长：
______ mm
______ cm

d

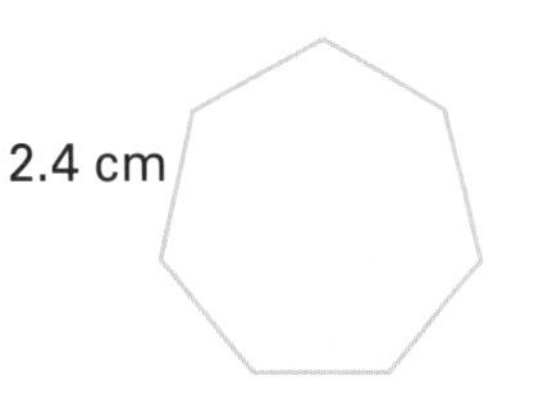

周长：
______ mm
______ cm

e

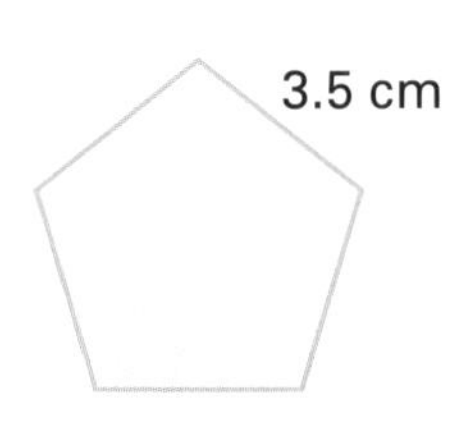

周长：
______ mm
______ cm

5.2 面　积

面积是指物体表面的大小，常用的面积单位有平方厘米（cm^2）、平方分米（dm^2）和平方米（m^2）。

趣味学习

1 写出下列图形的面积（假设每个小方格的面积是1 cm^2）。

例子
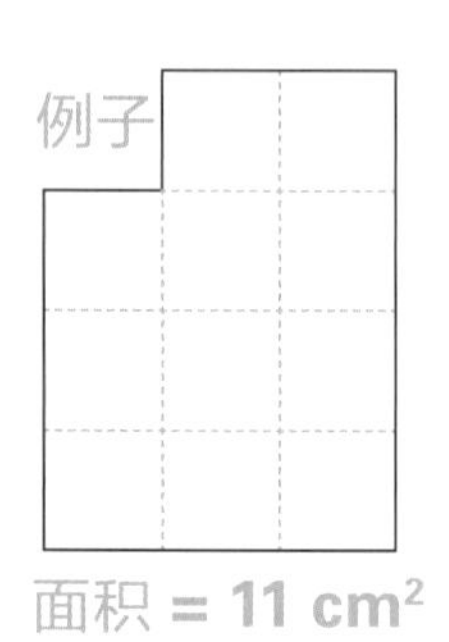
面积 = 11 cm^2

a　面积 = ______ cm^2

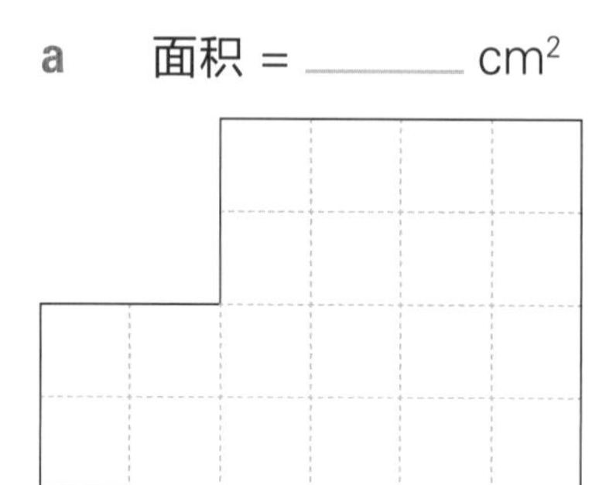

b　面积 = ______ cm^2

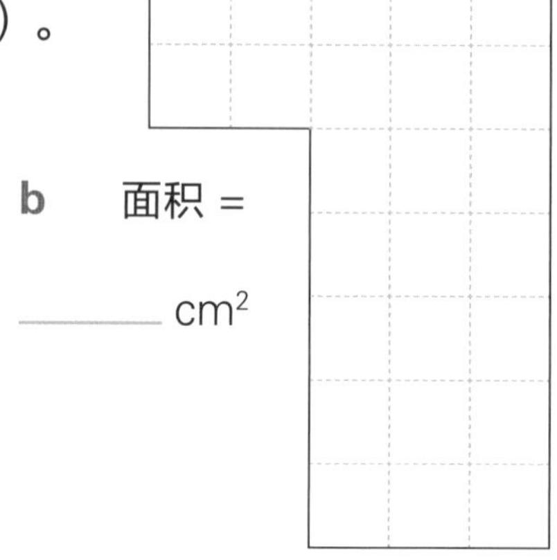

c　面积 = ______ cm^2

d　面积 = ______ cm^2

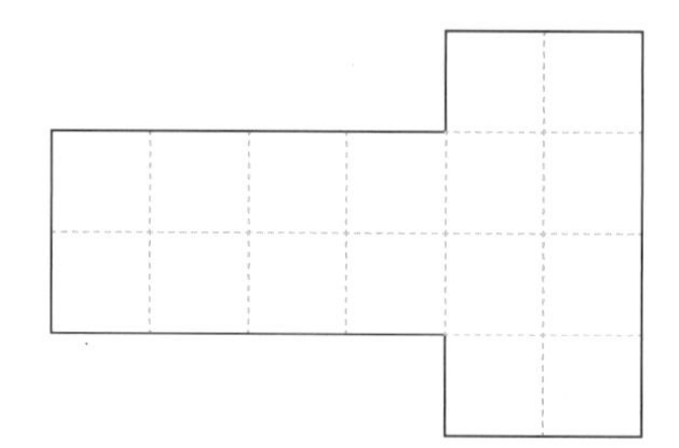

e　面积 = ______ cm^2

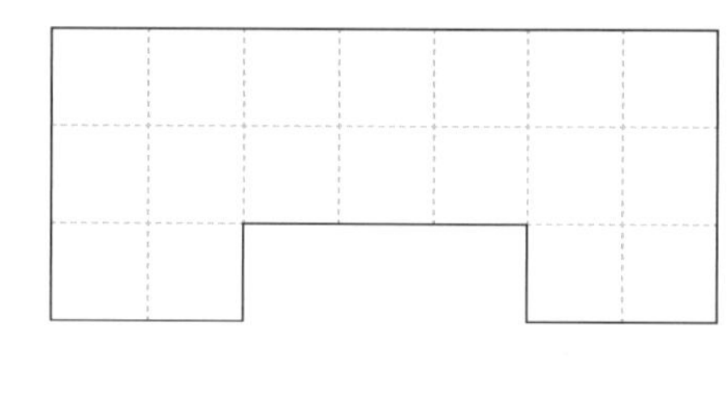

2 写出下列矩形的面积（假设每个小方格的面积是1 cm^2）。

例子　面积 = 6 cm^2

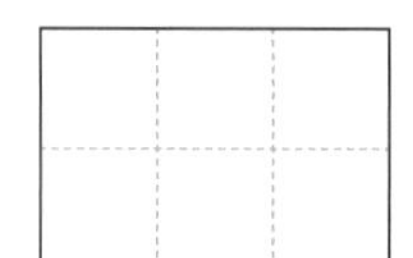

a　面积 = ______ cm^2

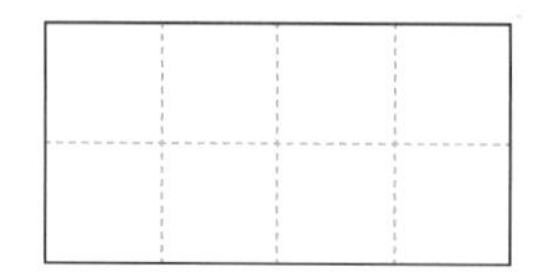

b　面积 = ______ cm^2

c　面积 = ______ cm^2

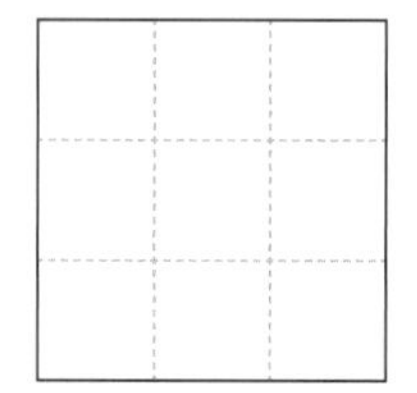

d　面积 = ______ cm^2

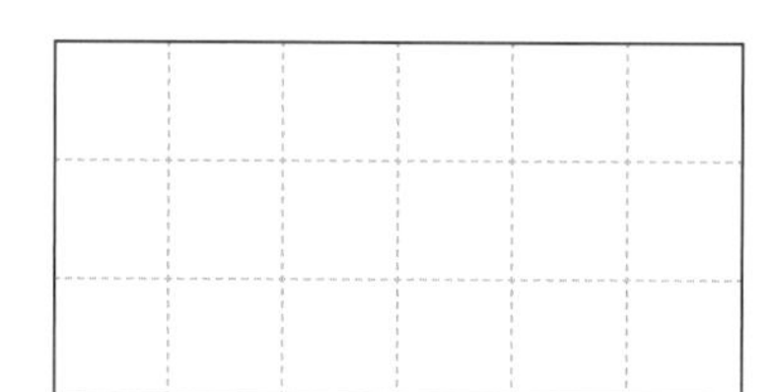

e　面积 = ______ cm^2

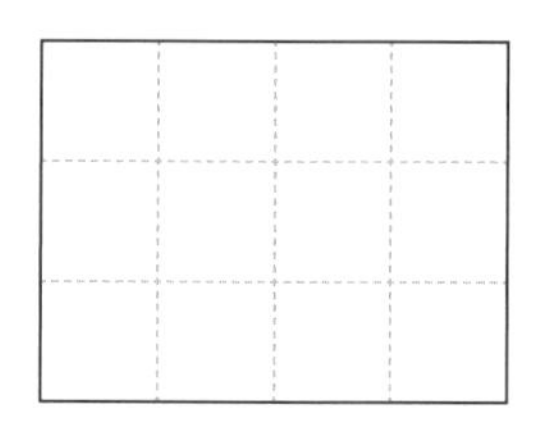

独立练习

为了得到矩形的面积，你需要知道：

- 有几行。
- 每行有几个方格；

例子

有 2 行

每行 3 个方格

总面积 = 2 行×每行面积 3 cm^2

= 6 cm^2

1 计算下列矩形的面积（假设每个小方格的面积是1 cm^2）。

a

有 ____ 行，每行有 ____ 个方格

每行面积大小为 ____ cm^2，总面积 = ________

b

c

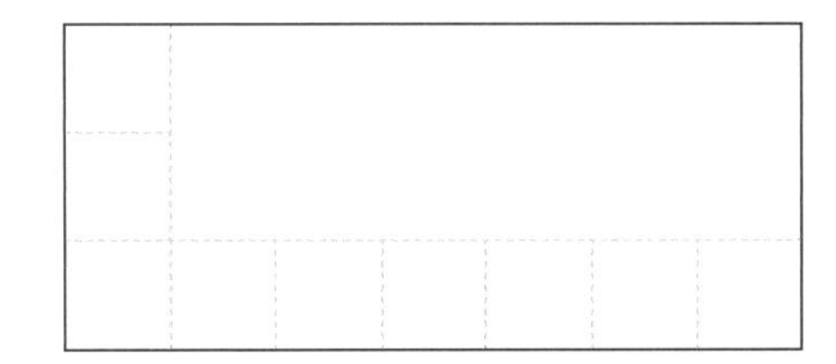

有 ____ 行，每行有 ____ 个方格

每行面积大小为 ____ cm^2

总面积 = ________

有 ____ 行，每行有 ____ 个方格

每行面积大小为 ____ cm^2

总面积 = ________

d

e

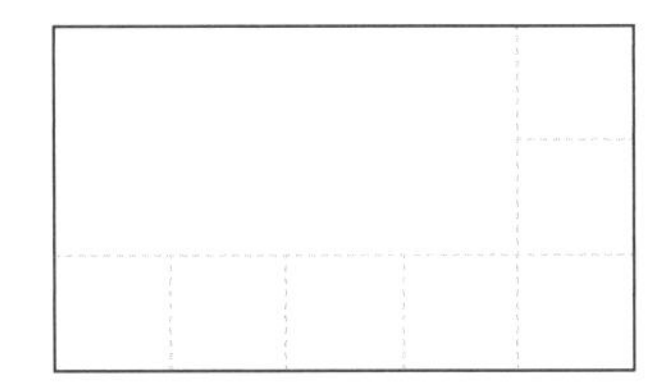

总面积 = ________

总面积 = ________

f

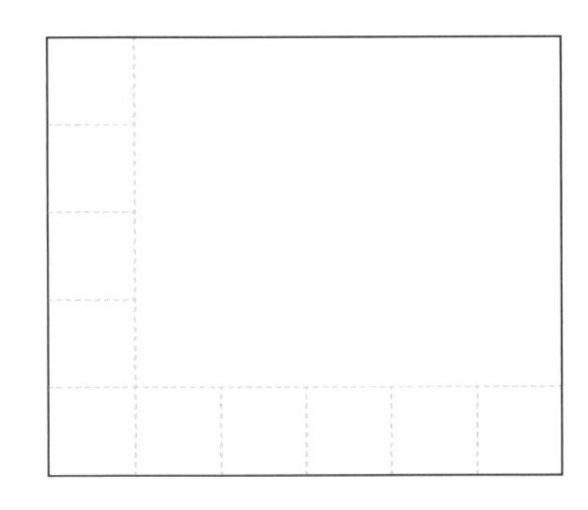

g

总面积 = ________

总面积 = ________

如果知道矩形的长和宽，可以估算一下每行有几个方块，共有几行。看看如何应用到下面的矩形上。

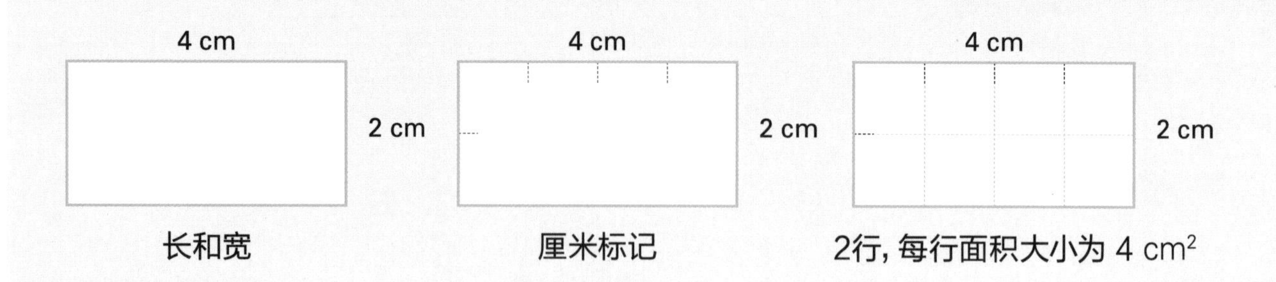

2 用恰当的方法求出下列每个矩形的面积。

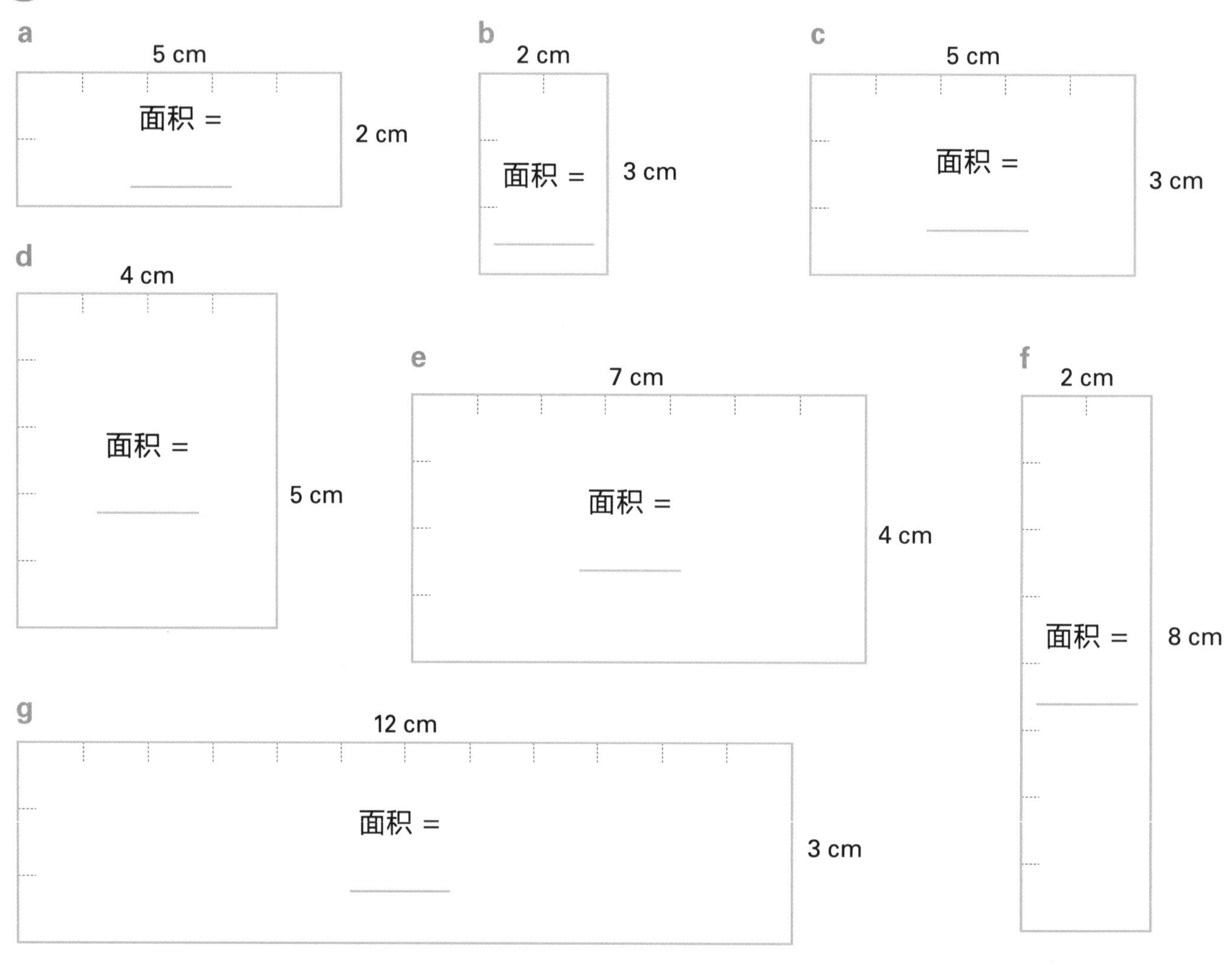

3 求出每个矩形的面积。

a 3 cm × 4 cm

面积 = ______

b 8 cm × 4 cm

面积 = ______

拓展运用

1 自己动手测量各个矩形的边长，并计算面积。

a

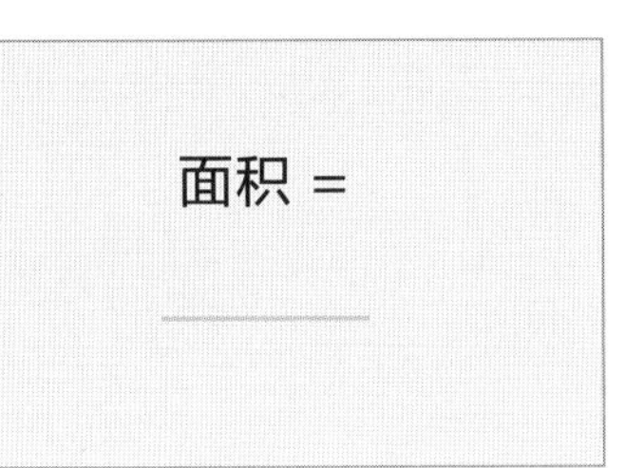

b

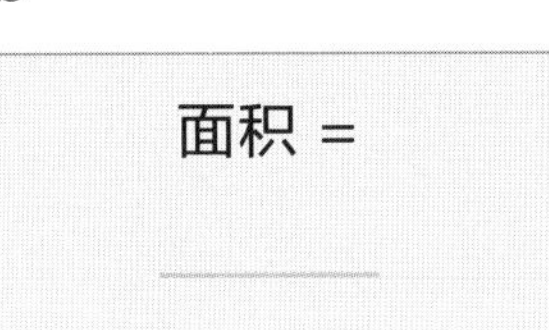

c

面积 = ______

2 可以将任意形状分割成矩形，来求出它的面积。求下列图形的面积。

a

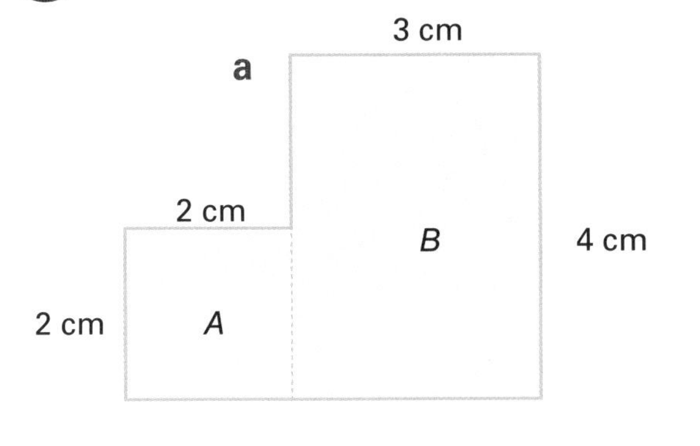

*A*的面积 = ______

*B*的面积 = ______

总面积 = ______

b

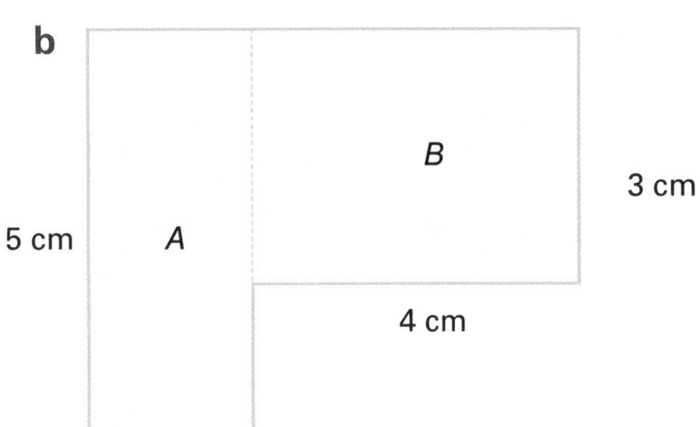

*A*的面积 = ______

*B*的面积 = ______

总面积 = ______

c

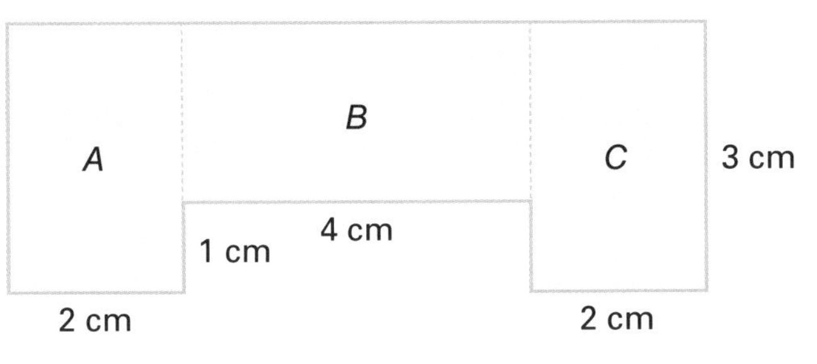

*A*的面积 = ______　　*B*的面积 = ______

*C*的面积 = ______　　总面积 = ______

d

3 cm　A　2 cm　1 cm　B　2 cm　2 cm　C

*A*的面积 = ______

*B*的面积 = ______

*C*的面积 = ______

总面积 = ______

e

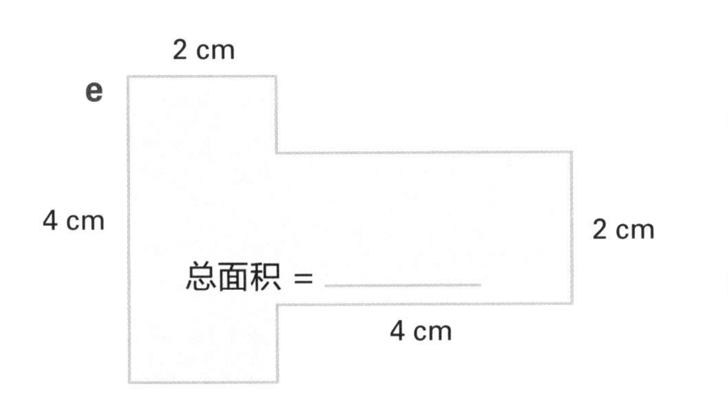

总面积 = ______

f

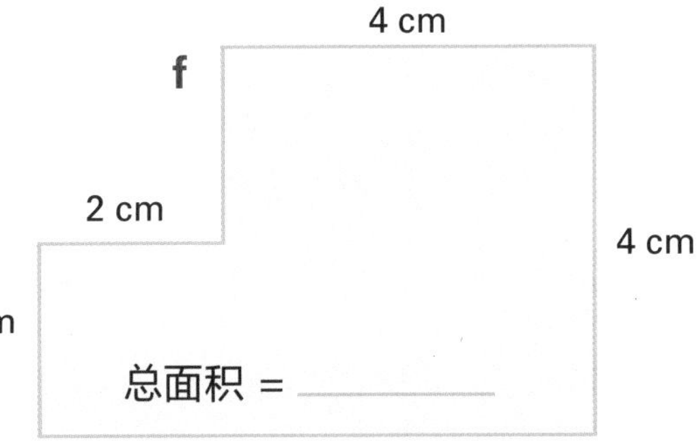

总面积 = ______

5.3 体积和容积

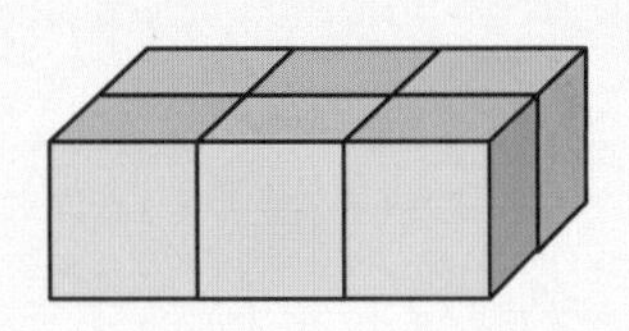

体积是指物体所占空间的大小，常用的体积单位有立方厘米、立方分米和立方米。左侧这个厘米立方体模型的体积是6立方厘米（6 cm^3）。

箱子、油桶、仓库等所能容纳物体的体积，通常被称为它们的容积。容积通常用升（L）和毫升（mL）作为测量单位。这个勺子的容积是5 mL。

任何物体都有体积——我也是。

趣味学习

1 写出下列模型的体积（假设每个小立方体的边长为1 cm）。

例

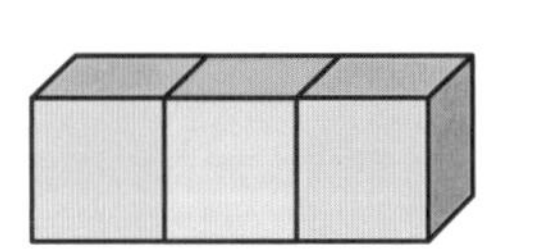

体积 = 3 cm^3

a

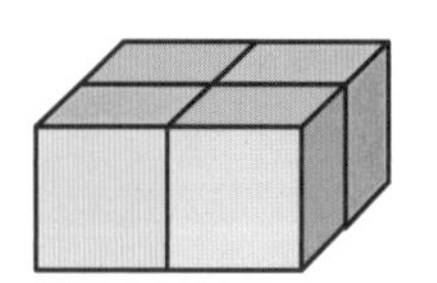

体积 = ______ cm^3

b

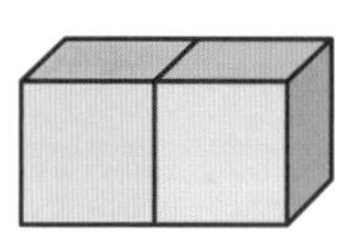

体积 = ______ cm^3

c

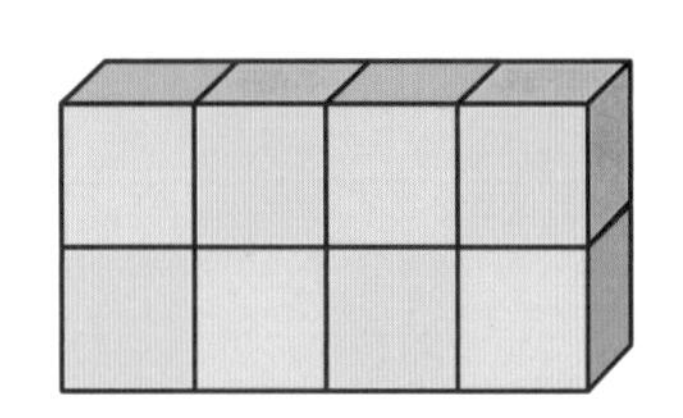

体积 = ______ cm^3

d

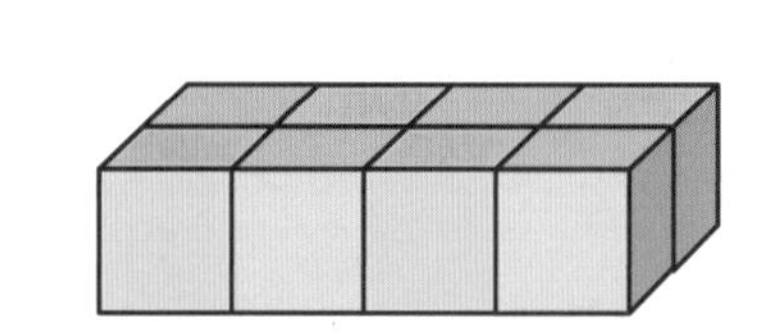

体积 = ______ cm^3

e

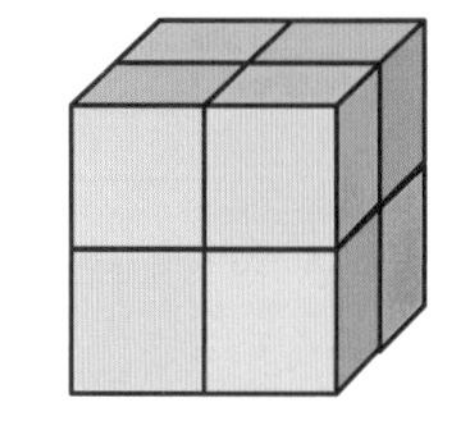

体积 = ______ cm^3

2 根据你的生活经验，圈出下列容器最接近的容积。

a

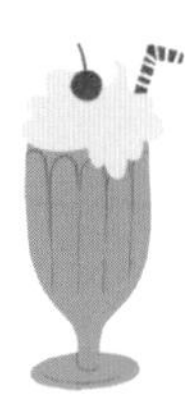

6 mL　60 mL　600 mL　6 L

b

2 mL　20 mL　200 mL　2 L

c

30 mL　300 mL　3 L　30 L

d

80 mL　800 mL　8 L　80 L

3 哪种物体的容积大约是1升？ ______

独立练习

1 写出下列模型的体积（假设每个小立方体的边长为1 cm）。

a

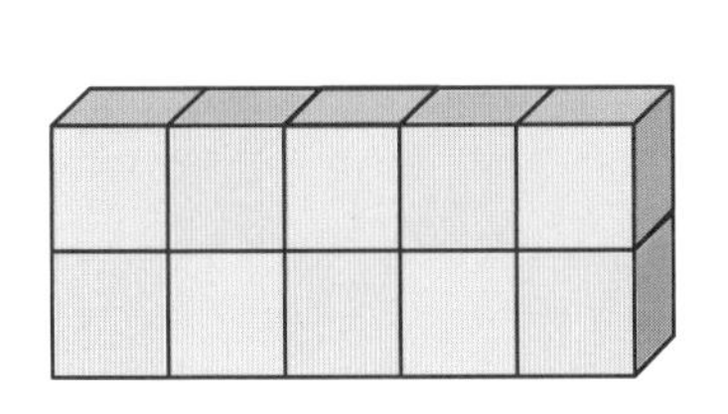

体积 = ______ cm^3

b

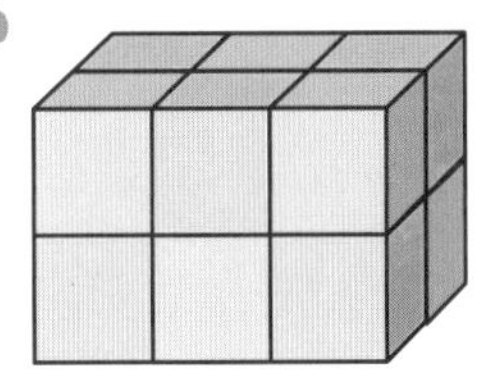

体积 = ______ cm^3

c

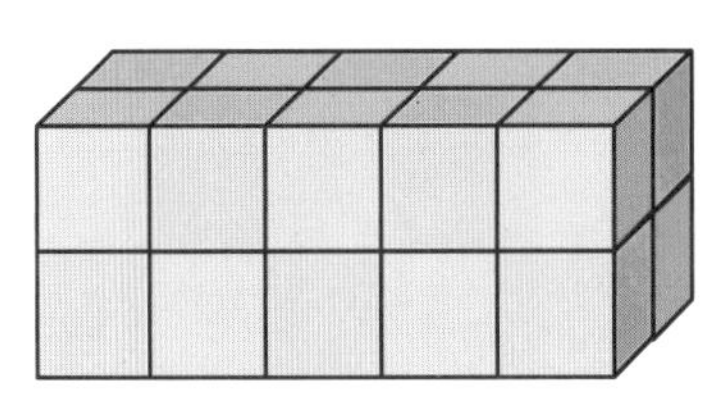

体积 = ______ cm^3

d

体积 = ______ cm^3

e

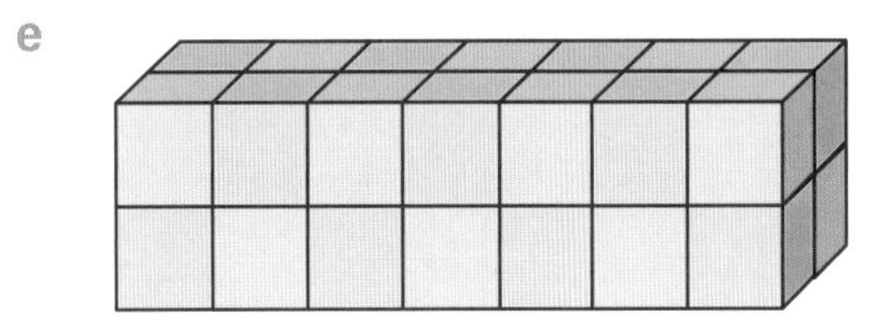

体积 = ______ cm^3

2

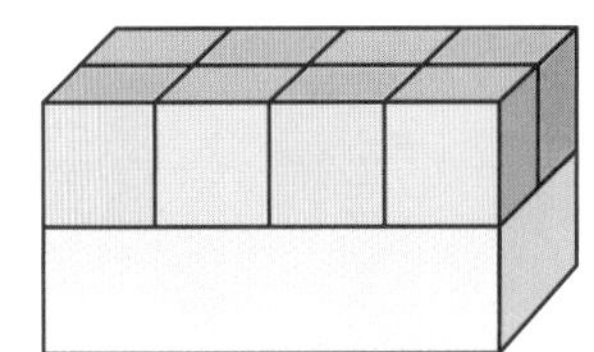

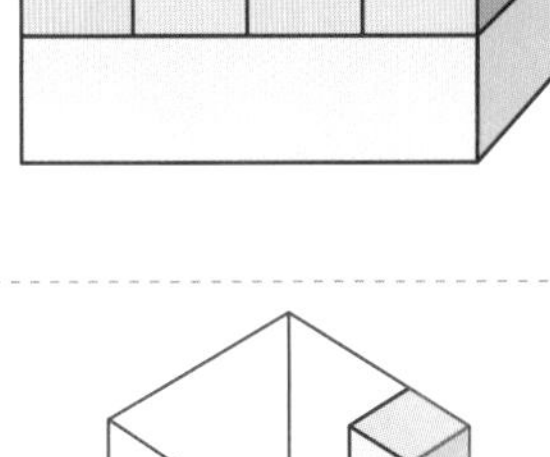

a 拼出这个模型需要多少个厘米立方体块？ ______

b 它的体积是多少？ ______

c 如果模型的层数变成3层，体积是多少？ ______

3

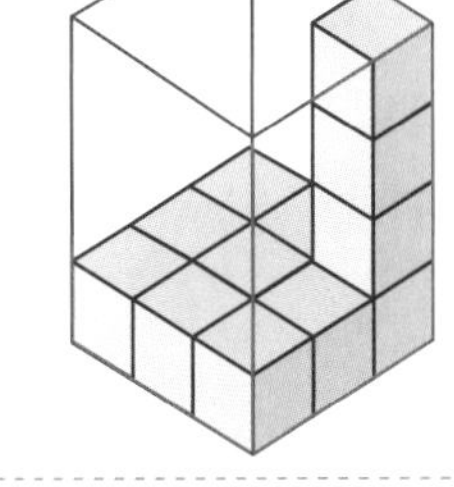

a 这个盒子的底部有几个厘米立方体块？ ______

b 这个盒子有几层？ ______

c 这个盒子的体积是多少？ ______

---

4 如何得到这个模型的体积是8 cm^3？

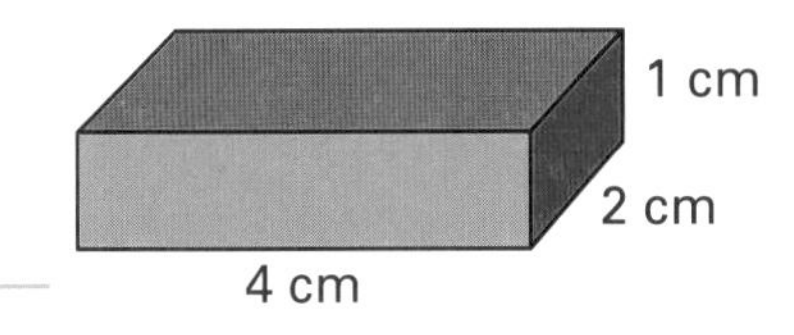

______

---

5 回到上面的第4题，如果模型的高变成以下数值，它的体积分别是多少？

a 2 cm ______ b 3 cm ______ c 4 cm ______ d 5 cm ______

6 牛奶盒的容积还可以写成1000 mL，因为1 L等于1000 mL。

转换单位并填表。

×1000
升 ⇄ 毫升
÷1000

例子	1 L	1000 mL
a		2000 mL
b	3 L	
c		9000 mL
d	5.5 L	
e		2500 mL
f	1.25 L	
g		3750 mL

7 将下列数据按从小到大的顺序排列。

a　2 L 400 mL，2.5 L，2350 mL　＿＿＿＿＿＿

b　$\frac{1}{2}$ L，450 mL，0.35 L　＿＿＿＿＿＿

c　1850 mL，$1\frac{3}{4}$ L，1.8 L　＿＿＿＿＿＿

d　$\frac{1}{4}$ L，200 mL，20 mL　＿＿＿＿＿＿

8 下列哪个容器的容积最接近半升？＿＿＿＿＿＿

A

B

C
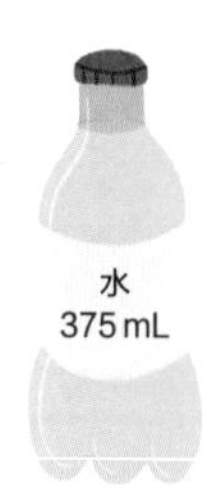

D

9 将第8题中相应的饮料倒入以下量杯，请画出液面所在的刻度，并以毫升为单位写出液体的量。

a　1份果汁和1份苹果汁

总量：＿＿＿＿ mL

2 L
1 L

b　2份橙汁

总量：＿＿＿＿ mL

2 L
1 L

c　1份水和1份苹果汁

总量：＿＿＿＿ mL

2 L
1 L

拓展运用

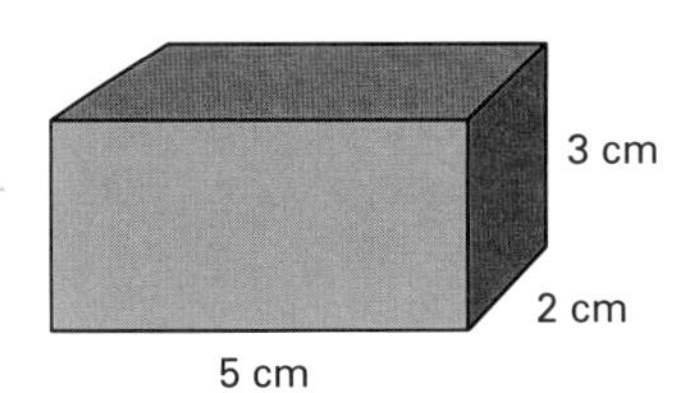

1 a 这个长方体的体积是多少？________

b 解释为什么可以用“长×宽×高”的方法求体积。

____

2 计算下列各个长方体的体积。

a

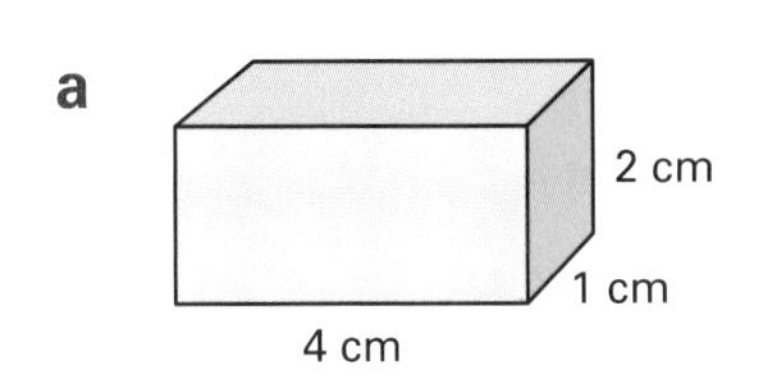

体积：________

b

4 cm
3 cm
3 cm

体积：________

c

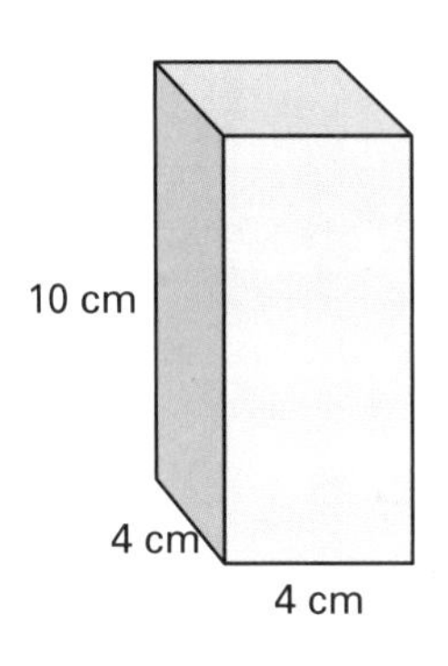

体积：________

d

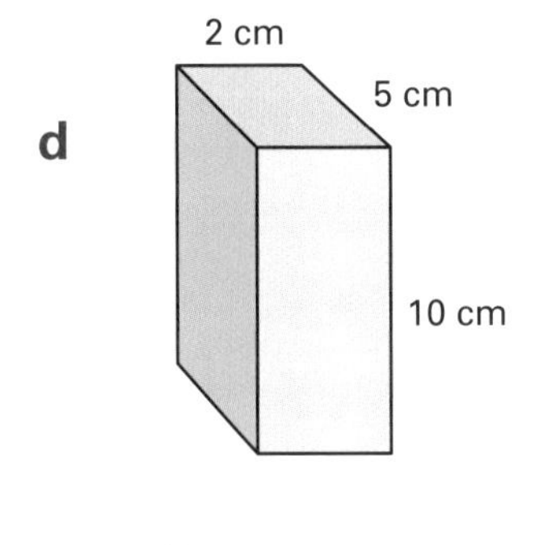

体积：________

e

2 cm
3 cm
12 cm

体积：________

f

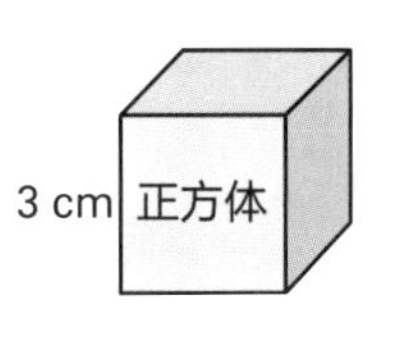

体积：________

3 科学家证明了1 cm^3的大小和1 mL水的体积相同，你也来尝试一下。

你需要20个厘米立方体以及一个量杯。

做法：

- 将30 mL水倒入量杯。
- 将10个立方体放入水中，水面刻度是多少？
- 再放入5个立方体，水面刻度是多少？
- 再放入5个立方体，水面刻度是多少？
- 实际结果和你设想的一样吗？简单记录一下你是怎么做的。如果实验失败，请思考原因。

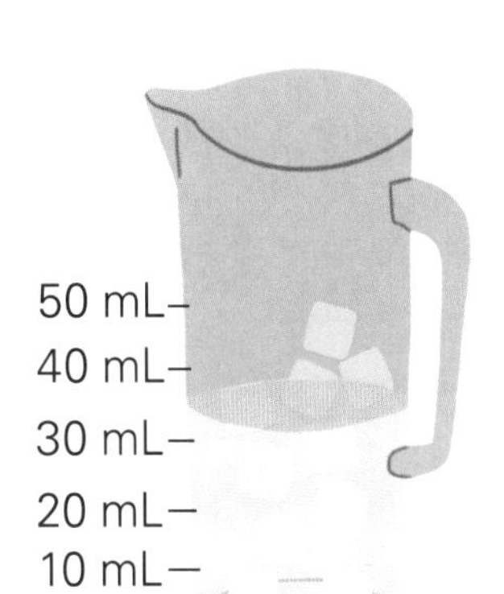

5.4 质　量

质量用来表示物体含有物质的多少，常用的质量单位有4种。

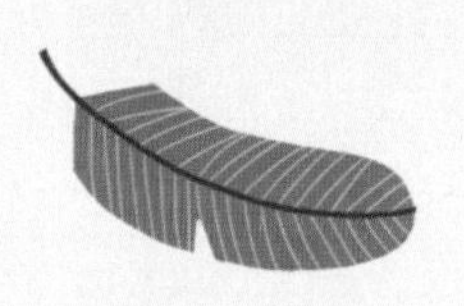
毫克（mg）

克（g）

千克（kg）

吨（t）

趣味学习

1 右图中的物体最可能用到哪个质量单位?

狗

苹果

火车

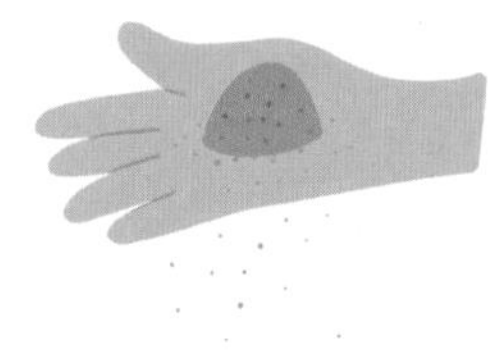
沙粒

a ________ b ________ c ________ d ________

2 转换质量单位，并填表。

吨 （× 1000 → / ÷ 1000 ←）	千克
1 t	1000 kg
2 t	
	4000 kg
	1500 kg
3.5 t	
1.25 t	

千克 （× 1000 → / ÷ 1000 ←）	克
1 kg	1000 g
	2000 g
5 kg	
3.5 kg	
	1250 g
0.5 kg	

克 （× 1000 → / ÷ 1000 ←）	毫克
1 g	1000 mg
5 g	
	3000 mg
1.5 g	
	2500 mg
0.5 g	

3 以克为单位将下列物体的质量填入空格。

a
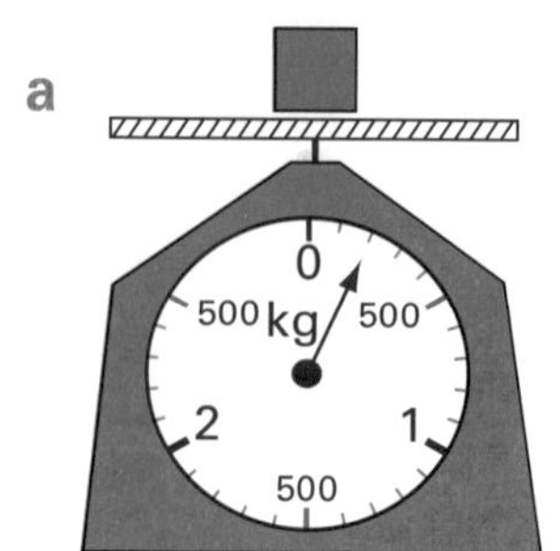

质量：

b
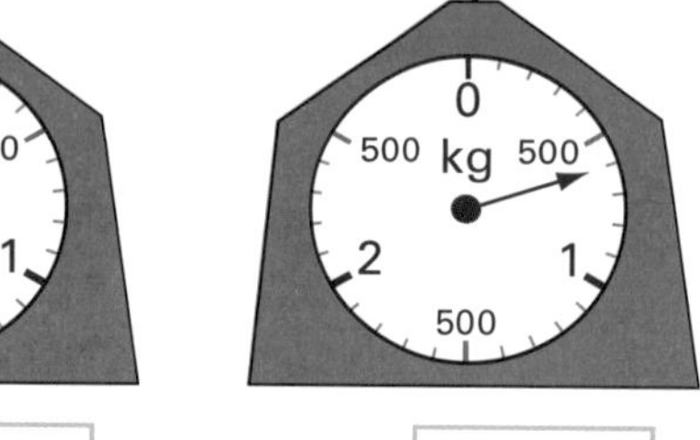
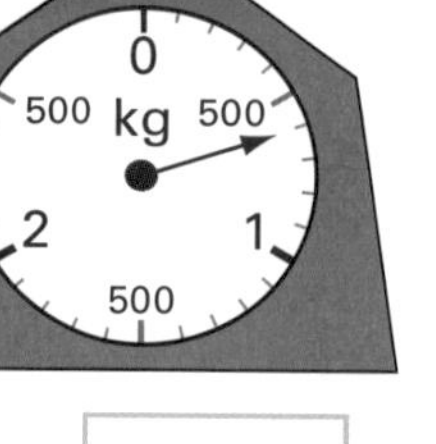

质量：

c
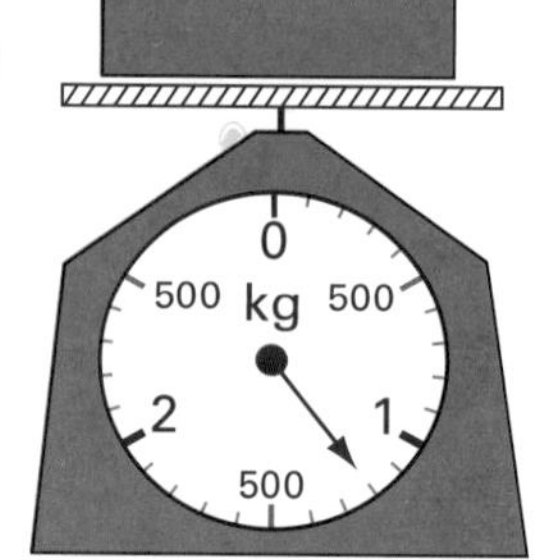

质量：

d
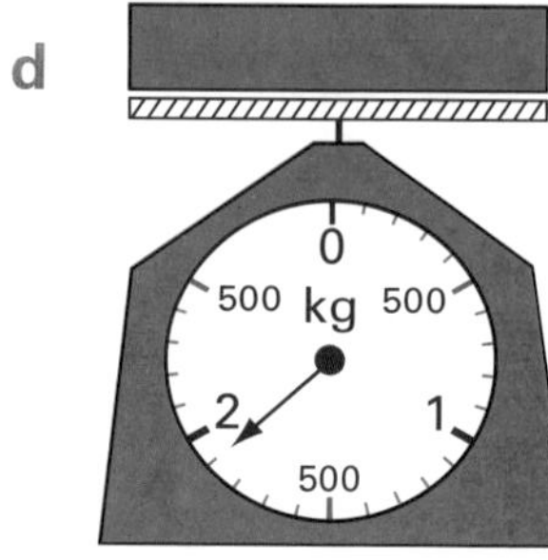

质量：

独立练习

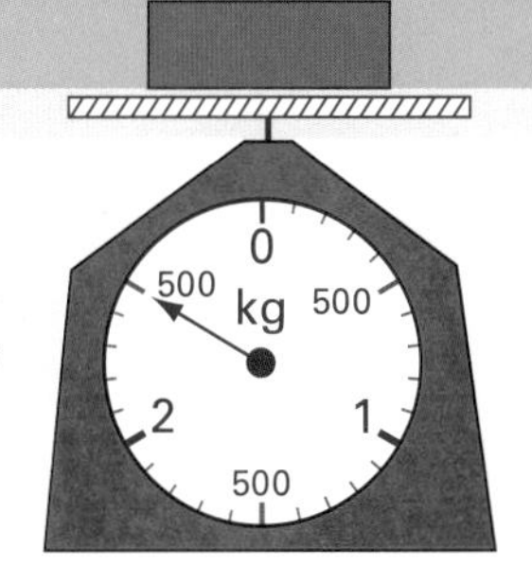

这个盒子的质量可以写作 $2\frac{1}{2}$ kg，2.5 kg或者 2 kg 500 g。

1 填表。

	千克和分数	千克和小数	千克和克
例子	$2\frac{1}{2}$ kg	2.5 kg	2 kg 500 g
a		1.5 kg	1 kg 500 g
b	$2\frac{1}{4}$ kg		
c		4.75 kg	
d		1.3 kg	

2 不是所有秤的刻度都相同。仔细观察下列秤，将所示的质量分别用千克和克，以及带小数的千克两种形式写出。

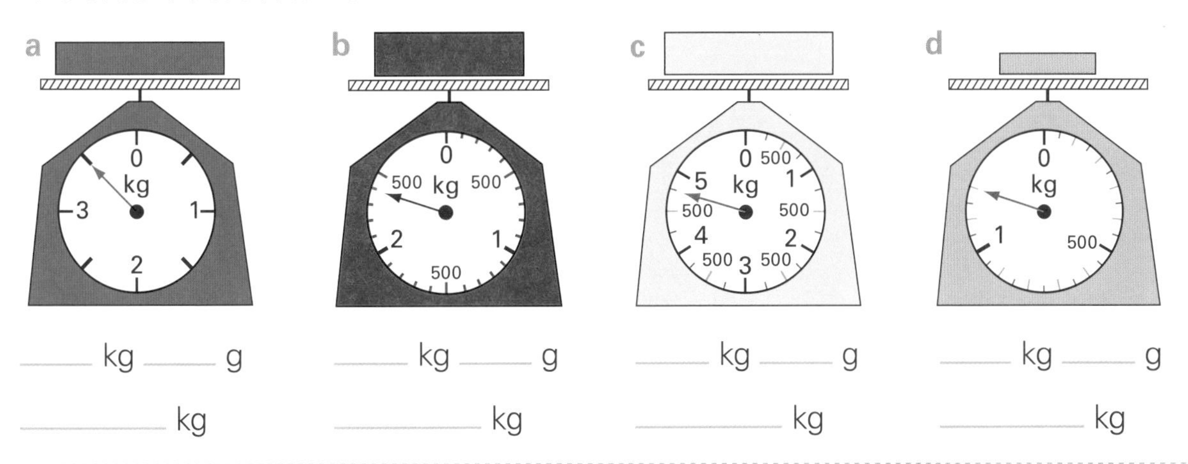

3 如果要称量以下物品，你会用第2题中的哪台秤？

a 100 g黄油　　b 650克面粉　　c 4.25 kg土豆　　d 2.5 kg苹果

4 根据相应的质量在秤上画出指针。

a

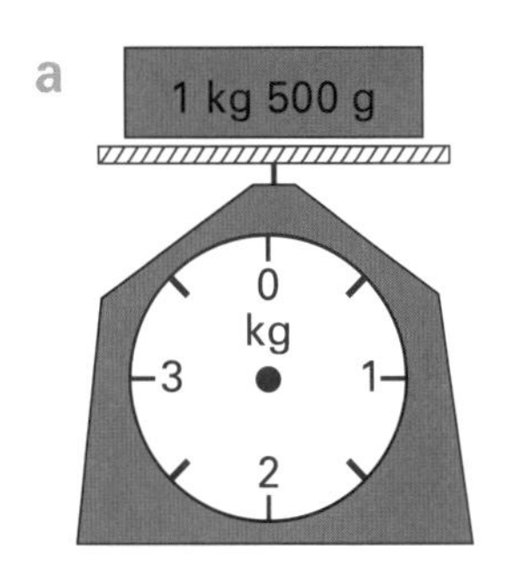

b

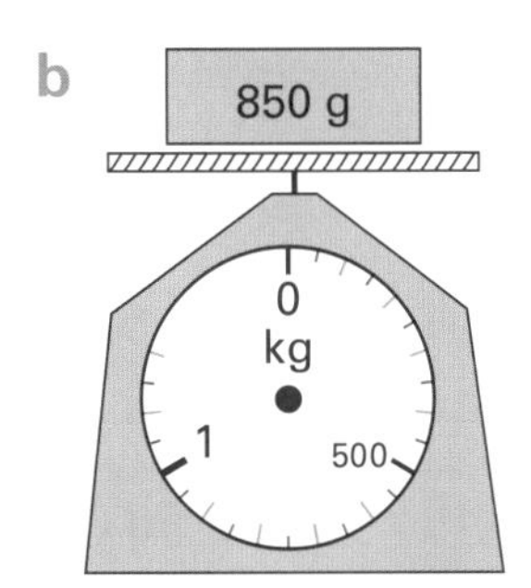

c

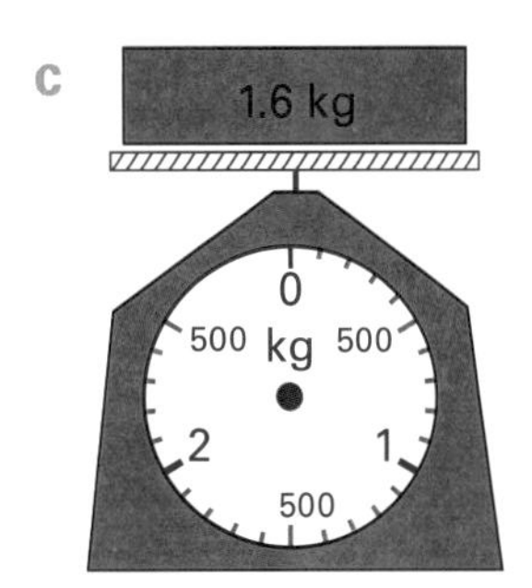

d

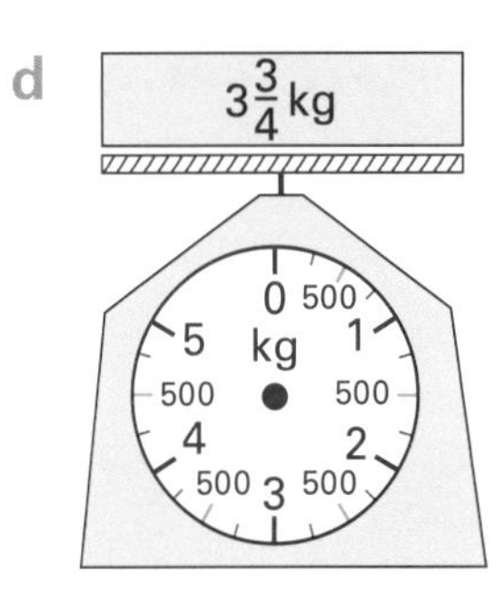

5 a　将这些卡车按载重量从小到大的顺序重新排列。

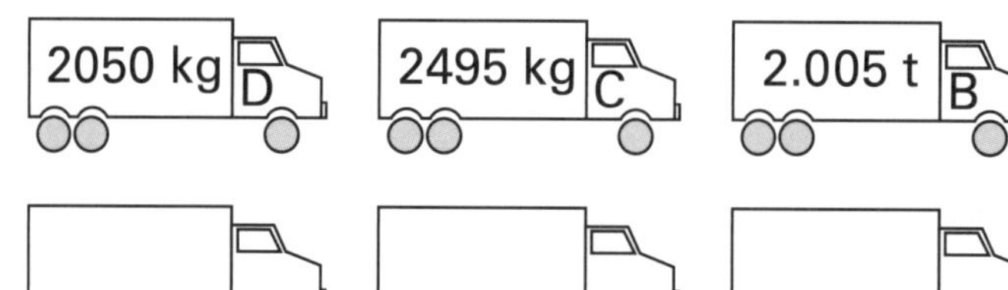

b　哪几辆卡车的载重量小于$2\frac{1}{2}$吨？________________

c　哪两辆卡车的总载重量为4.5吨？________________

d　判断对错：所有卡车的总载重量大于9吨。________________

6 四个苹果的总质量是0.5千克，每个苹果的质量都不相同。为每个苹果写出可能的质量。

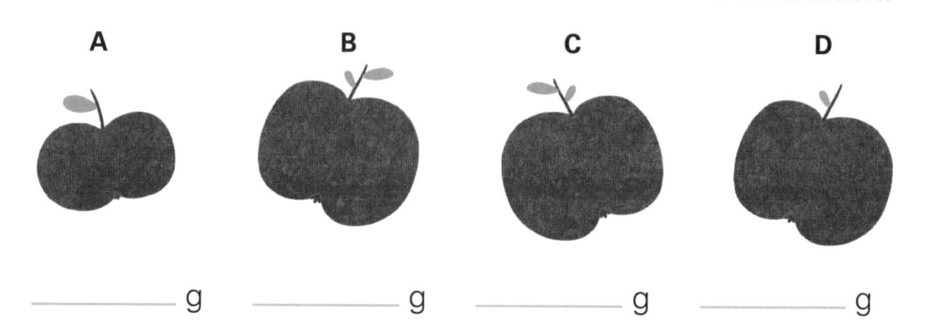

______ g　______ g　______ g　______ g

7 圈出最接近下列事物质量的估值。

一头大象

a　45 kg
　450 kg
　4500 kg

1罐饮料

b　3.5 g
　35 g
　350 g

一个转笔刀

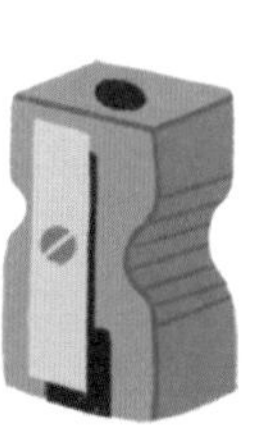

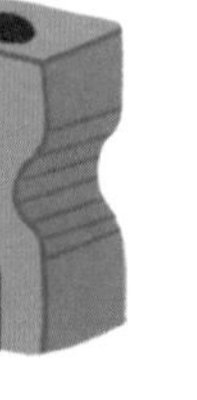

c　1 g
　15 g
　150 g

一名5年级学生

d　35 kg
　350 kg
　3500 kg

8 这辆卡车能装载下这三个箱子吗？

____

卡车的载重量为 2 吨

拓展运用

用表中的信息回答问题。

最大的水果或蔬菜	记录时间和地点	质量/kg
苹果	2005年，日本	1.849
卷心菜	1999年，英国	57.61
柠檬	2003年，以色列	5.265
桃子	2002年，美国	0.725
南瓜	2009年，美国	782.45
草莓	1983年，英国	0.231
梨	1999年，澳大利亚	2.1
蓝莓	2008年，波兰	0.01128

注：表格中数据均为当年历史数据。

1 a 将水果和蔬菜按质量从小到大排序。

b 南瓜比卷心菜重多少?

c 柠檬比梨重多少?

d 表中哪种水果的质量比最大的桃子重1124克?

e 一个盒子里装了大约1千克的草莓，且每一颗都接近最大的草莓。盒子里装了多少颗草莓?

f 最大的草莓比最大的蓝莓重多少克?

2 7名5年级同学发现他们体重的总和是273.854千克。

a 将总体重除以人数，求出这组学生的平均体重。

b 使用估算，求出第1题中最重的南瓜的质量相当于几名同学的总体重。

3 索尔买了3个苹果，第一个重125克，第二个重133克，第三个重117克。求出这3个苹果的平均质量。

5.5 时 间

指针时钟

数字时钟

有两种常见的时钟：指针时钟和数字时钟。
指针时钟已经出现几百年了，数字时钟则是后来才出现的。

正午前的时间用a.m.表示，正午到午夜间的时间用p.m.表示。

趣味学习

1 写出下列时钟所示时间，并标记上a.m.或p.m.。

例子：起床

6:30 a.m.

a 上学

b 做作业

c 睡觉

d 吃午饭

e 穿衣服

f 回家

g 午休

2 将下列数字时间画到指针时钟上，并标出a.m.或p.m.。

9:35

p.m.指示灯熄灭

9:35

p.m.指示灯亮起

a 8:35

b 6:20

c 11:26

d 2:47

独立练习

1 在24小时制的时钟上，12时以后的时间是13时、14时，等等。24小时制的时间经常用4位数字表示，比如，午夜的时间是00:00。在时间线上填写24小时制时间和a.m./p.m.制时间。

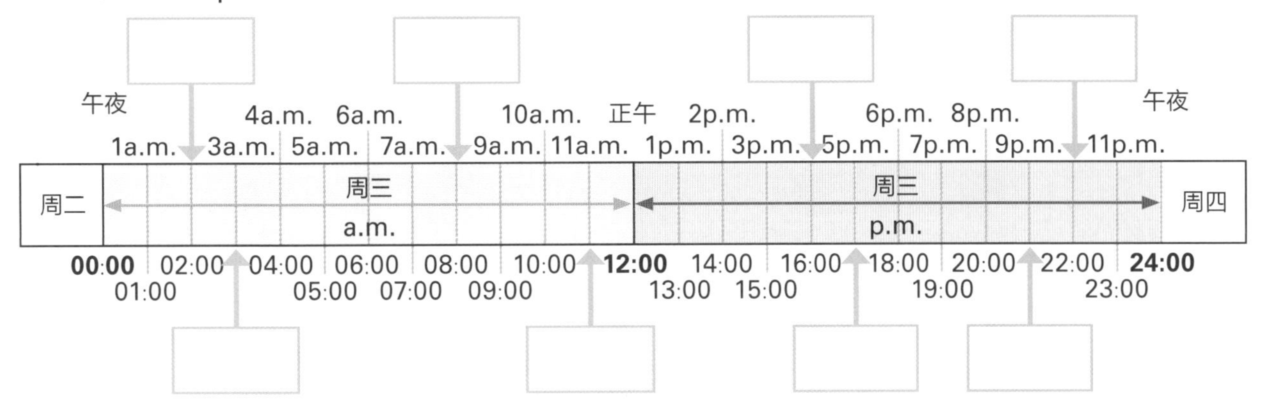

2 将下列时间写成24小时制。例如，8:15a.m.写作08:15。

a 10 a.m. ____________

b 3:30 p.m. ____________

c 2:20 p.m. ____________

d 7:11 a.m. ____________

e 9:48 p.m. ____________

f 7:11 p.m. ____________

g 9:48 a.m. ____________

h 12:29 a.m. ____________

3 用a.m./p.m.制和24小时制两种方式表示下列事件发生的时间。

事件	a.m./p.m.制	24小时制
上学		
吃晚饭		
放学回家		
上床睡觉		

4 欧文的足球比赛14:20开始，持续了45分钟。将比赛开始和结束的时间画在指针时钟和数字时钟上。

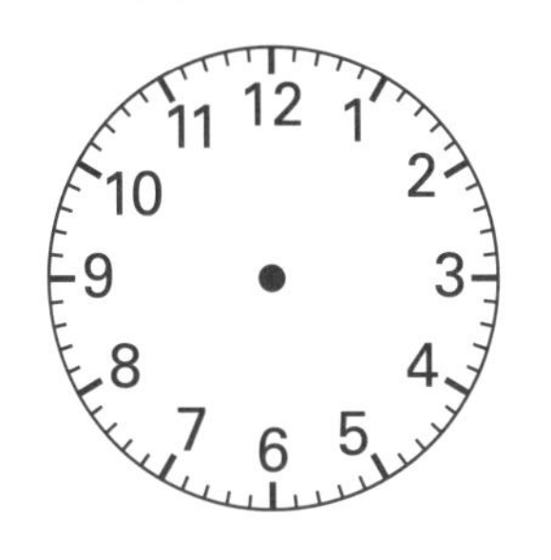

开始时间

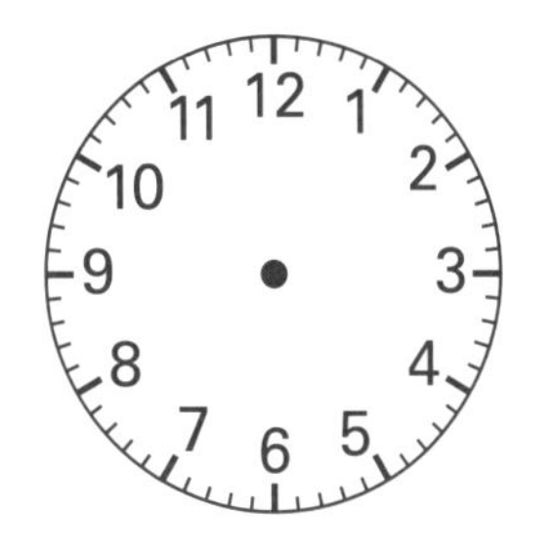

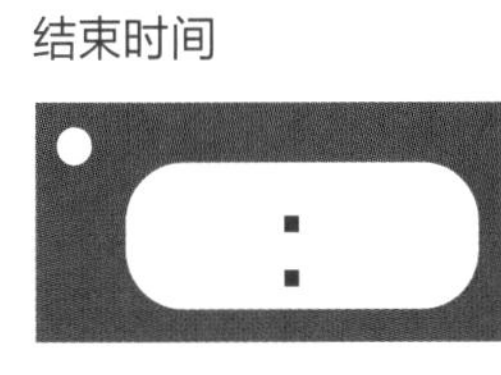

结束时间

5 用4种方法填写下面的时间（注意标注p.m.指示灯）。

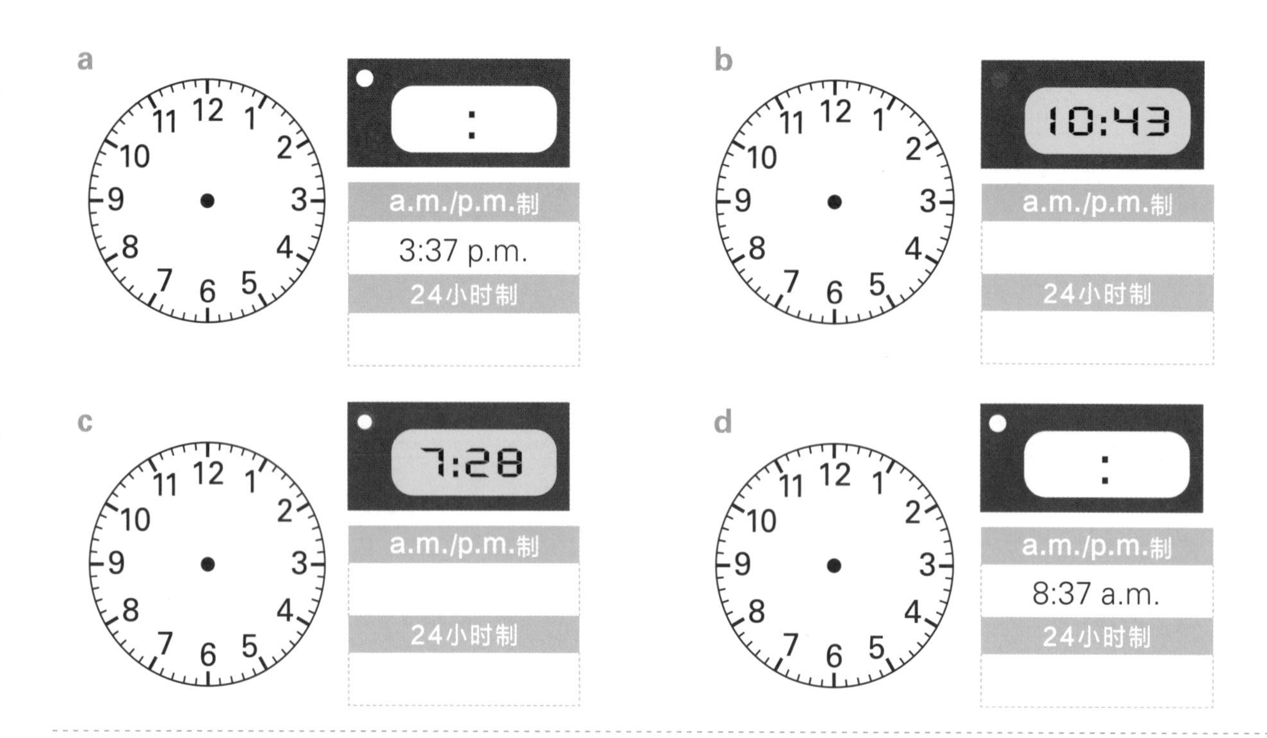

6 这是山姆周五在学校的时间表，用上面的信息回答问题。

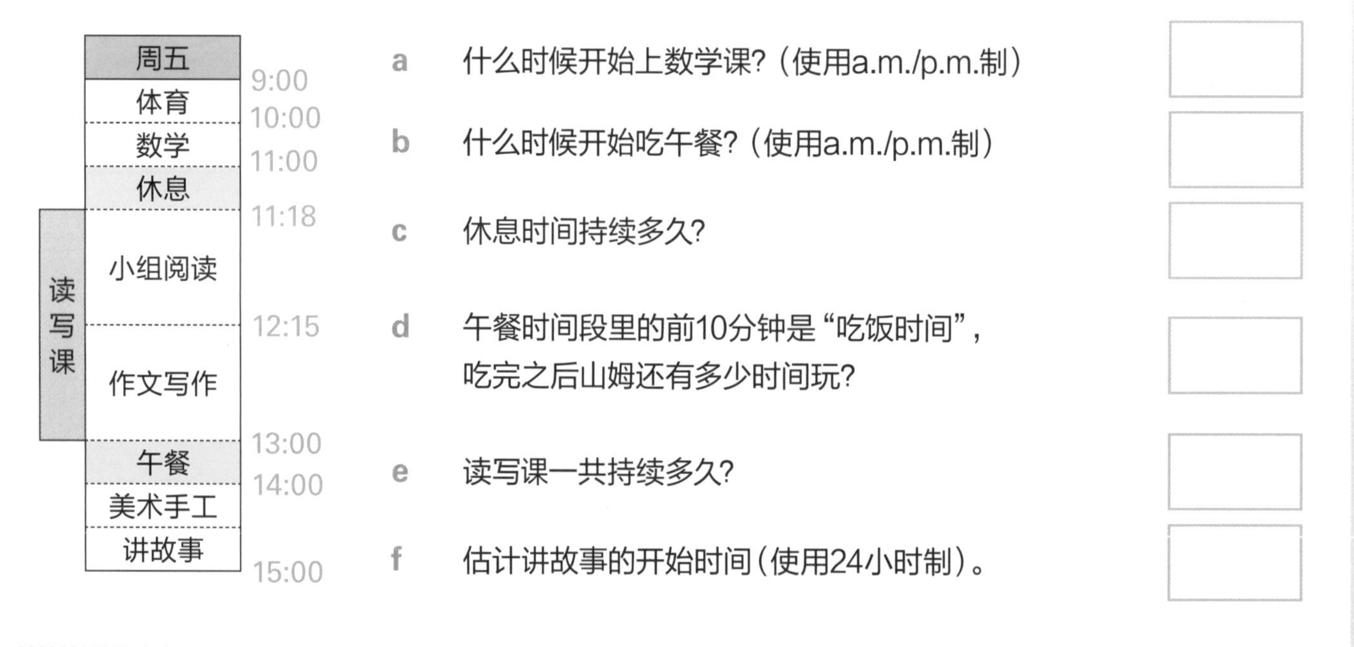

a 什么时候开始上数学课?（使用a.m./p.m.制）

b 什么时候开始吃午餐?（使用a.m./p.m.制）

c 休息时间持续多久?

d 午餐时间段里的前10分钟是“吃饭时间”，吃完之后山姆还有多少时间玩?

e 读写课一共持续多久?

f 估计讲故事的开始时间（使用24小时制）。

7 数字时钟既可以显示a.m./p.m.制时间，也可以显示24小时制时间。将下列时间重新写到24小时制时钟上。

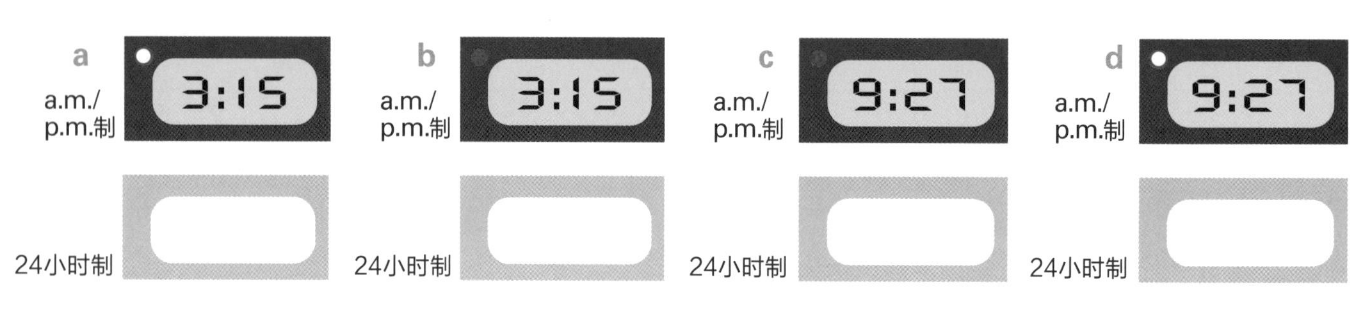

拓展运用

普芬比利铁路

起始站：贝尔格雷夫站			
贝尔格雷夫站	离站	10:30	11:10
敏志溪站	到站	10:53	11:33
敏志溪站	离站	11:05	11:35
艾莫瑞德站	离站	11:20	11:53
湖滨站	到站	11:30	12:08
湖滨站	离站	…	12:20
鹦鹉岛站	到站	…	12:35
简布鲁克站	到站	…	13:00

普芬比利铁路修建于100多年前。上表是该铁路列车时刻表的一部分，用其中的信息回答问题。

a 10:30的列车从贝尔格雷夫站出发，开到敏志溪站需要多久？

b 11:10的这趟列车在敏志溪站停留多久？

c 10:30的列车从贝尔格雷夫站出发，开到湖滨站需要多久？

d 11:10的列车在湖滨站停留多久？

e 11:10的列车从贝尔格雷夫站到简布鲁克站需要多久？

f 假设从贝尔格雷夫站到简布鲁克站新开了一趟夏季列车，列车4:05p.m.始发，路上所用时间与11:10的列车相同，用24小时制写出列车到达简布鲁克站的时间。

g 11:10的列车在简布鲁克站停留1个小时，然后返回贝尔格雷夫站，路上所用的时间和驶来时相同，用24小时制写出列车到达贝尔格雷夫站的时间。

圆形是平面图形，但不是多边形。

多边形是在平面内，由一些线段首尾顺次相接组成的封闭图形。
这个多边形有相互平行的边，
平行线的方向是一致的。

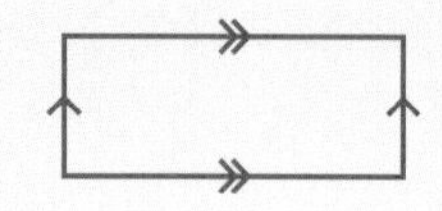

这是多边形。

趣味学习

1 a 将多边形涂色，并在有平行边的多边形上打钩。

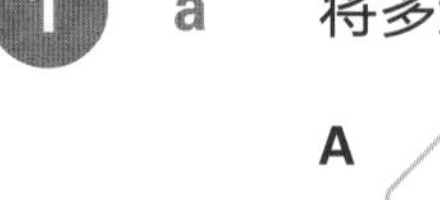

A 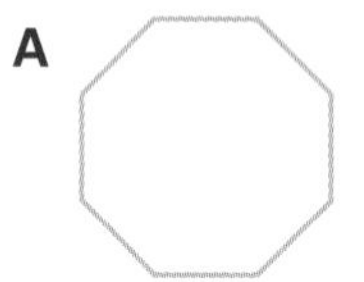 B 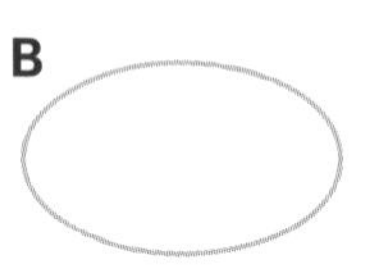 C 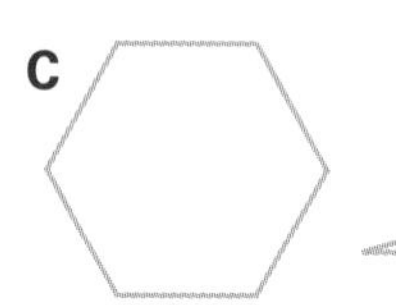 D 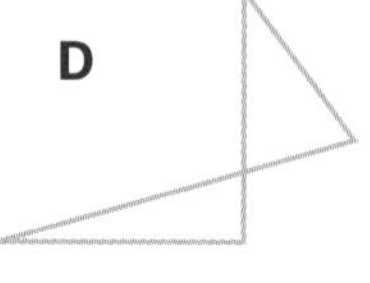 E 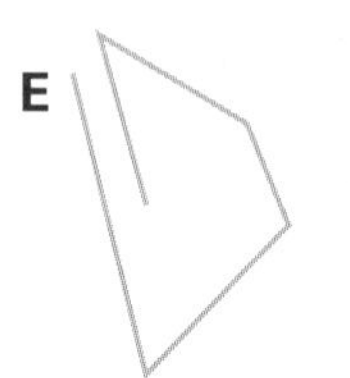 F 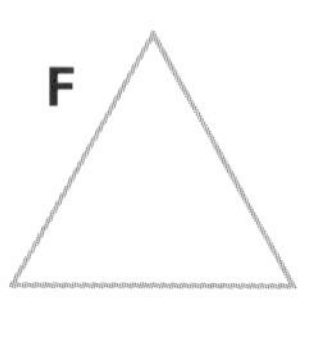

b 为什么没有涂色的图形不是多边形。

- B 不是多边形，因为 ______________________
- ______ 不是多边形，因为 ______________________
- ______ 不是多边形，因为 ______________________

2 大部分多边形都是以图形中角或边的数量命名的。从词汇表中选出正确的图形名称并写在横线上。

词汇表
三角形 八边形 六边形
五边形 四边形

a b 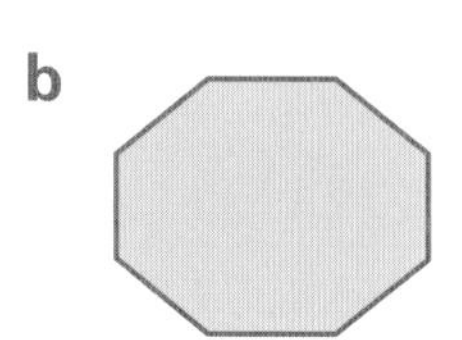 c 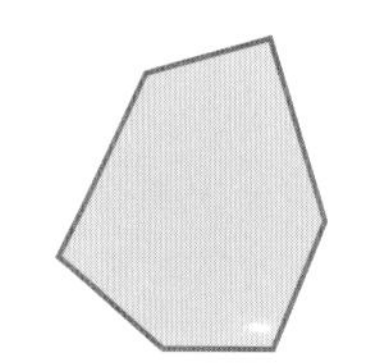 d 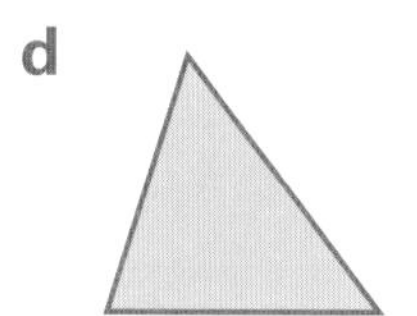 e 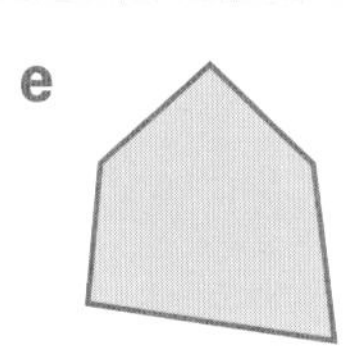

______ ______ ______ ______ ______

3 多边形可以是规则的，也可以是不规则的。大部分规则图形有相同的边或角，不规则图形则不是这样。将下面规则的多边形涂色，将不规则的多边形画上斜线，并在规则图形平行的边上标上箭头。

A B C D E

F G  H  I 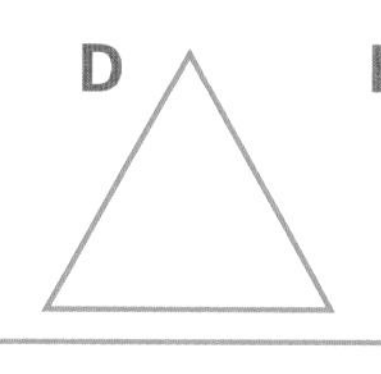 J 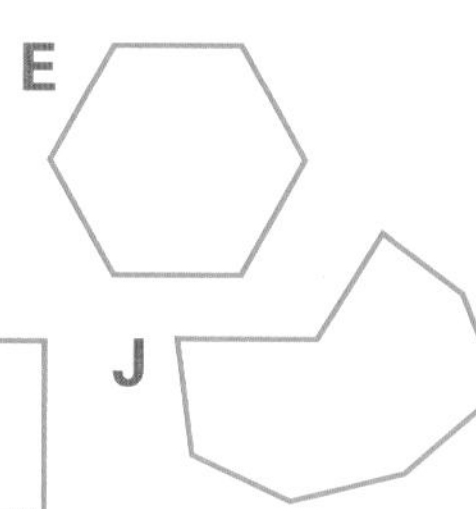

独立练习

三角形都有3条边，可以根据边的长度和角的大小命名。

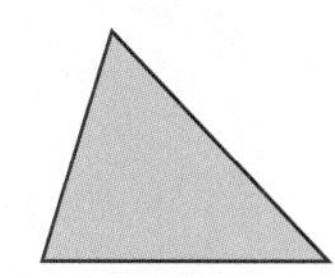

一般三角形：没有相同长度的边，没有相同大小的角。

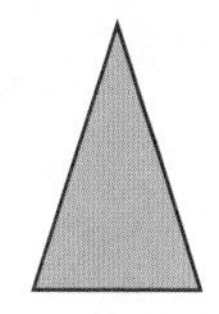

等腰三角形：2条边的长度相同，2个角大小相同。

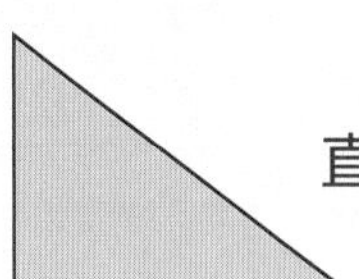

直角三角形：有一个角是直角。

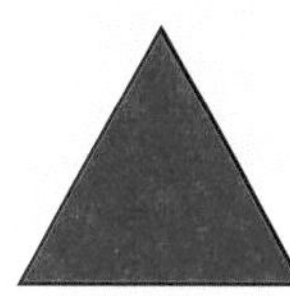

等边三角形：3条边的长度相同，3个角大小相同。

1 这个矩形图由多个三角形组成，按要求将相应的三角形涂色：

- 将一般三角形涂成绿色；
- 将直角三角形涂成黄色；
- 将等腰三角形涂成蓝色；
- 将等边三角形涂成红色。

全等图形

2 这几个三角形是全等三角形，因为它们在旋转、平移后能完全重合。

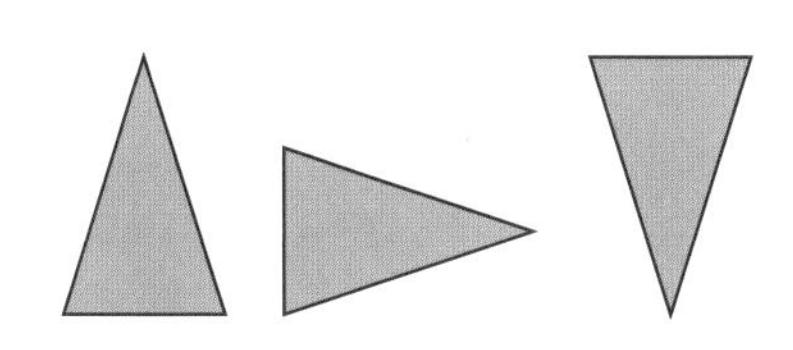

将全等三角形涂色。

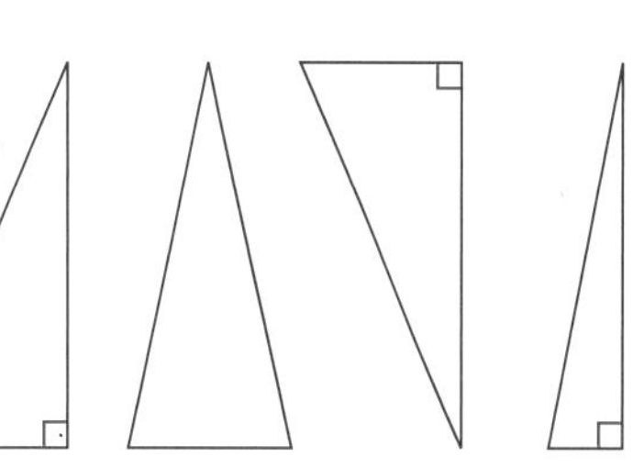

相似图形

3 图中有几个三角形相互之间的形状相同，但边的长度不同。它们是相似的，因为它们有相同大小的角。

将相似三角形涂色。

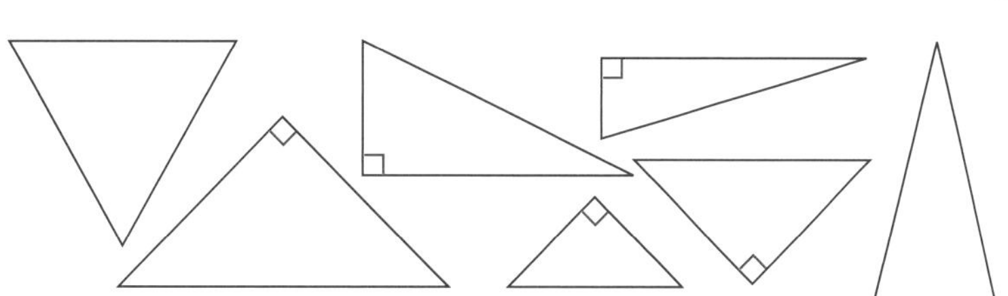

4 四边形有多种类型，从词汇表中选出正确的词，标记下面的四边形。

词汇表	
正方形	平行四边形
矩形	梯形
不规则四边形	菱形

a 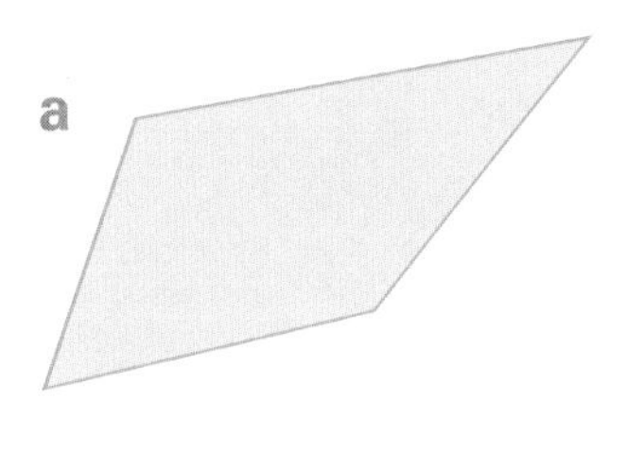

____

b

____

c

____

d 

____

e

____

f 

____

5 写出每组多边形的相似点和不同点。

	多边形	相似点	不同点
例子		都有4条边和4个角，都有2对平行的边。	一个四条边的长度都相同，另一个只有相对的边长度相同。
a			
b			
c			

拓展运用

1 根据描述写出多边形的名称。

a　一个多边形有3条边，1个直角和2个相等的角，这个多边形是 ______

b　一个多边形有6条相等的边，这个多边形是 ______

c　一个多边形有4条边，有一对边相互平行，另一对边不平行，这个多边形是 ______

______

d　一个多边形是一个平行四边形，它有2个锐角和2个钝角，并有4条相等的边，这个多边形是

______

2 描述一个多边形，语言要准确。

______

______

3 描述这个多边形。

______

______

______

4 这幅图是由以下图形组成的：

- 2个直角三角形
- 1个不规则五边形
- 1个梯形
- 1个矩形

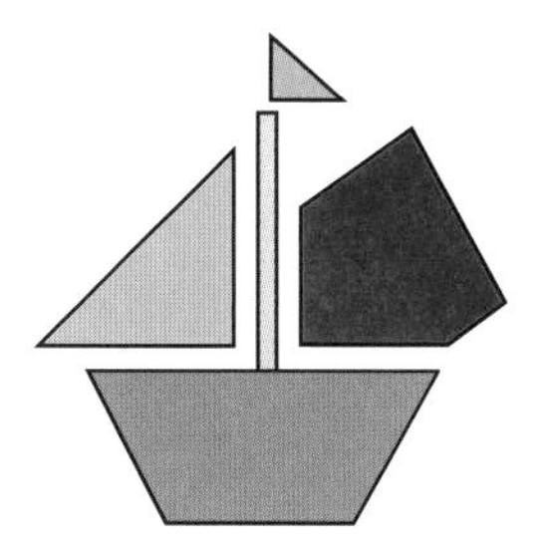

模仿上面的形式，画一幅由多边形组成的画，并写出用到的多边形。

6.2 立体图形

立方体有长、宽和高。多面体是指四个或四个以上多边形所围成的立体。立方体是多面体，但圆柱体不是多面体。

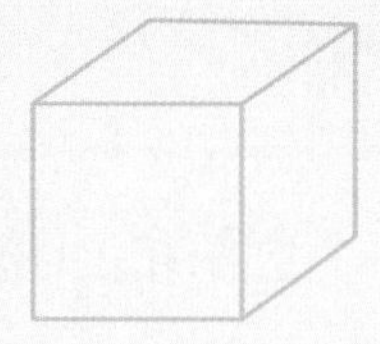
立方体（是多面体）

圆柱体（不是多面体）

趣味学习

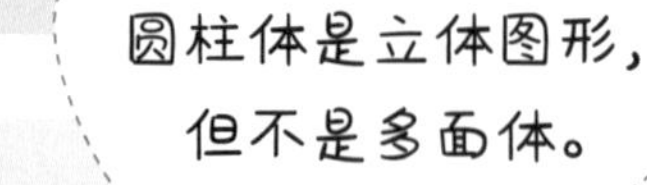

1 棱柱和棱锥是两类多面体。它们的名字与底面的形状有关。从词汇表中选择正确的词填空。

词汇表

三棱锥	四棱锥
四棱柱	三棱柱
六棱柱	五棱柱
八棱柱	

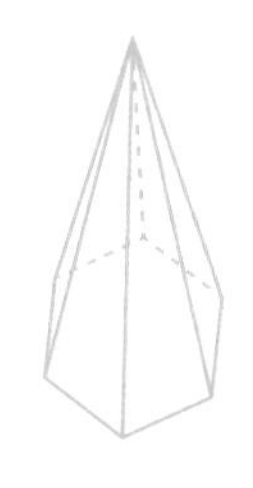
六棱锥

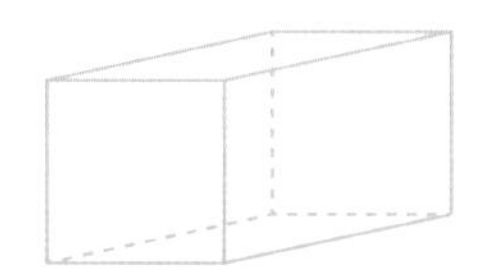
四棱柱

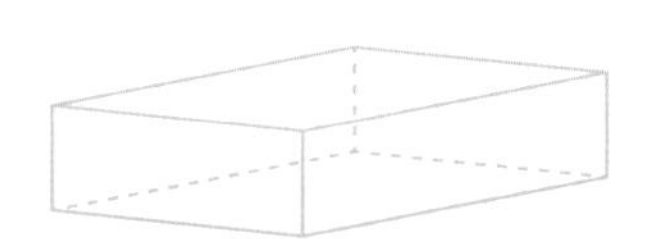
a ________________

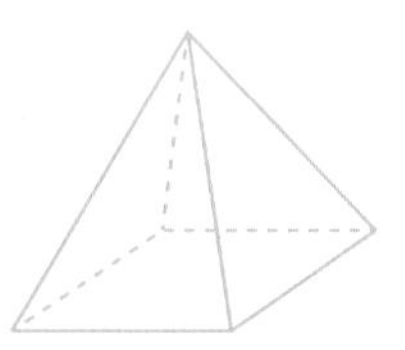
b ________________

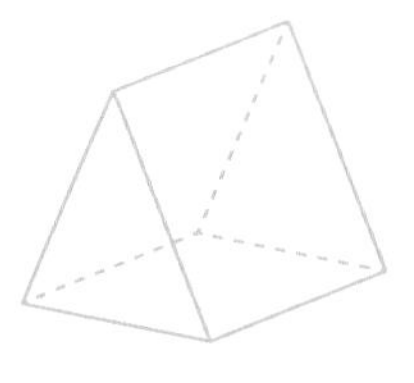
c ________________

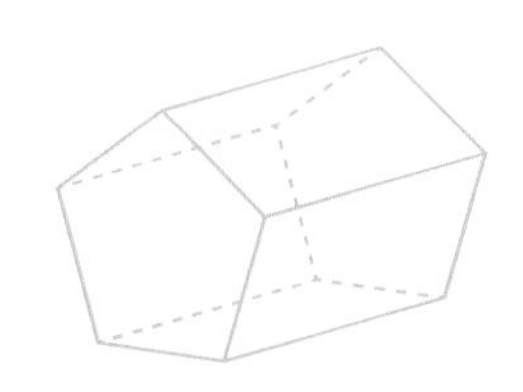
d ________________

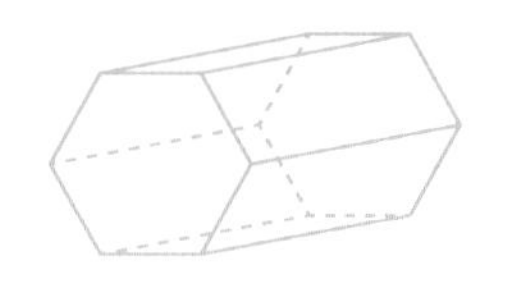
e ________________

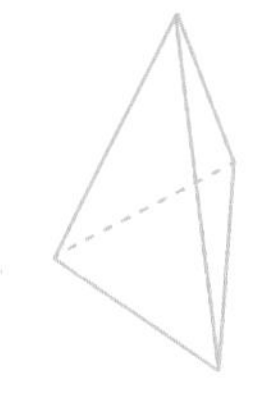
f ________________

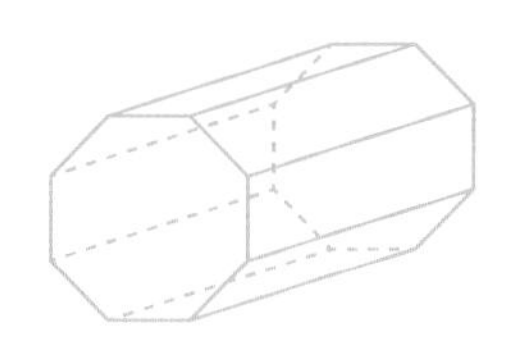
g ________________

2 棱柱的侧面都是矩形，那么棱锥的侧面都是什么平面图形？________________

独立练习

1 观察下面的立体图形，选择描述正确的一项，并说明原因。

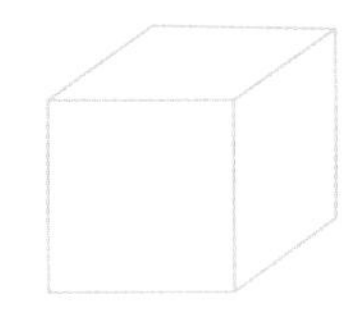

a 我认为这是一个多面体，因为 ______________________________

____

b 我认为这不是多面体，因为 ______________________________

____

2 写出下列立体图形的面数、棱数及顶点数。
可以借助真实的立体图形来完成。

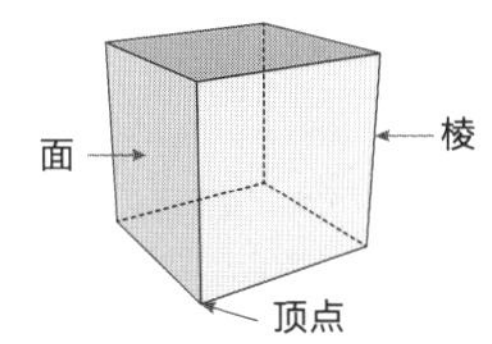

	立体图形	面数	棱数	顶点数	立体图形名称
例子		7	12	7	六棱锥
a					
b					
c					
d					
e					

棱锥只有1个底面，其他部分“坐”在底面上。棱柱有2个底面。

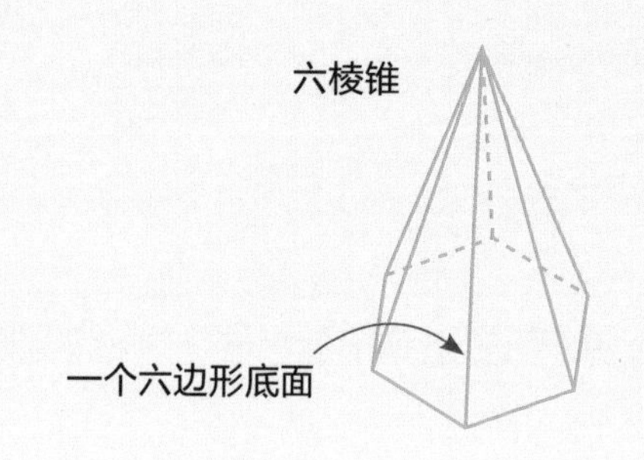

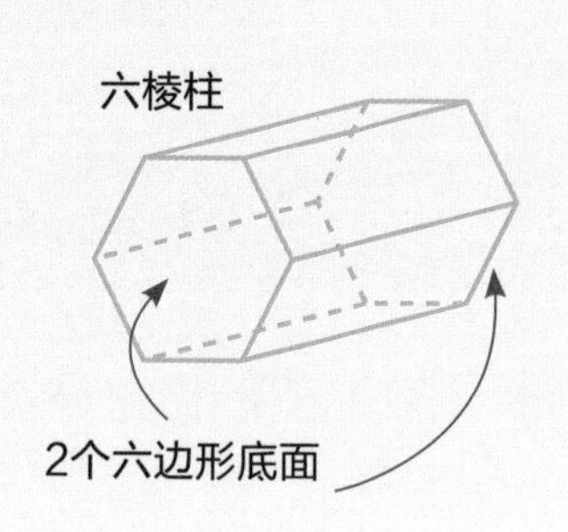

3 填表。

	立体图形	底面数	底面形状	侧面形状
例子	六棱锥	1	六边形	三角形
a	四棱锥			
b	三棱柱			
c	三棱锥			
d	四棱柱（长方体）			

4 四棱柱可以展开成这样：

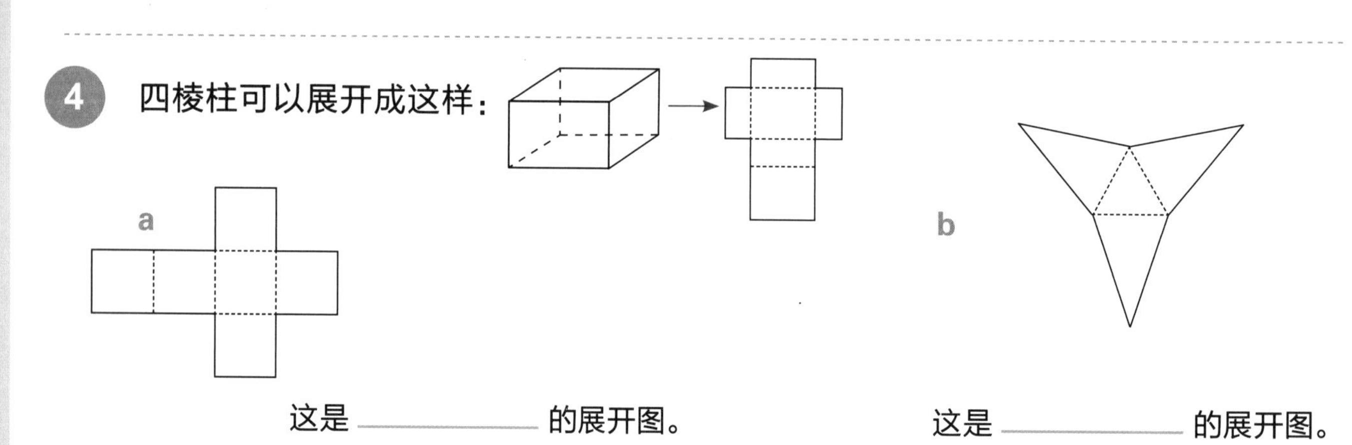

这是＿＿＿＿＿＿＿的展开图。　　这是＿＿＿＿＿＿＿的展开图。

拓展运用

1 尝试在等距点阵上画出下列物体。示例图中虚线表示的是“看不见的”边，可能需要多尝试几次才能画对。

a 这是一个

____

____

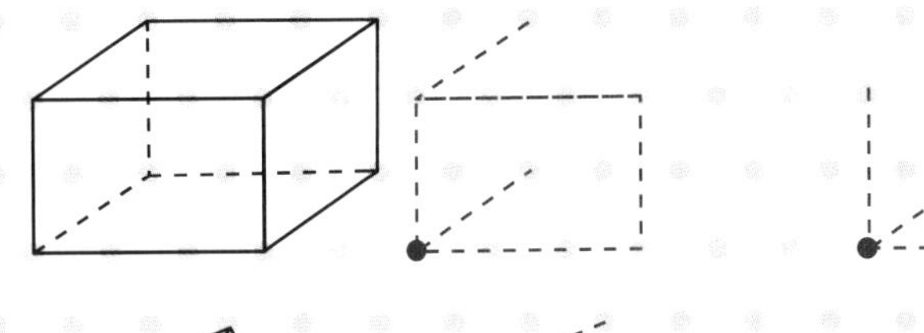

b 这是一个

____

____

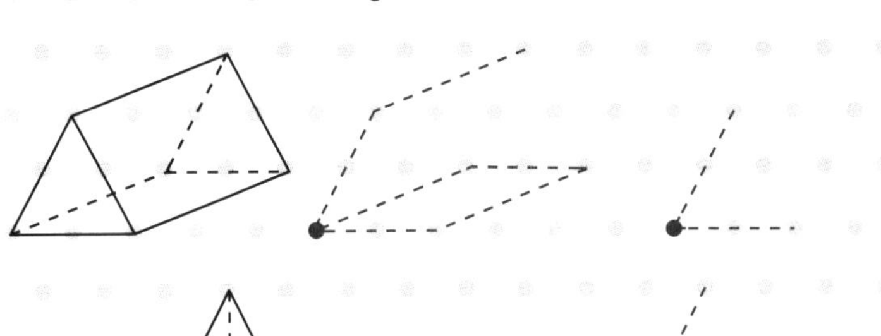

c 这是一个

____

____

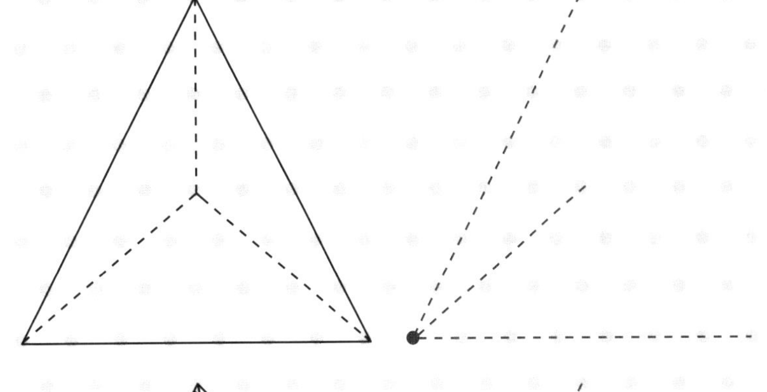

d 这是一个

____

____

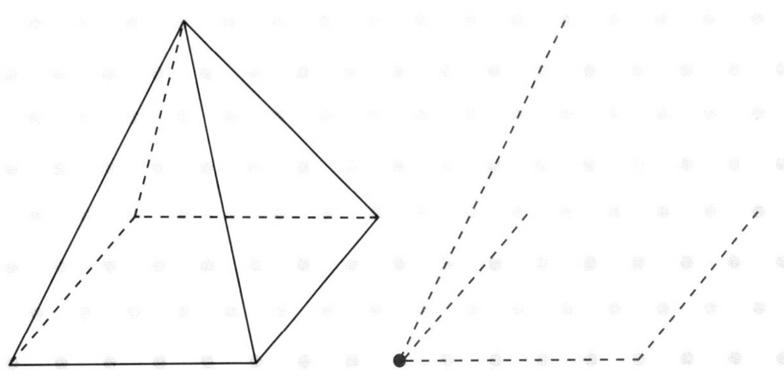

2 如果按箭头所示方向取圆锥的一个截面，你可以看到一个圆。如果按箭头方向切割下列立体图形，你会看到什么平面图形？

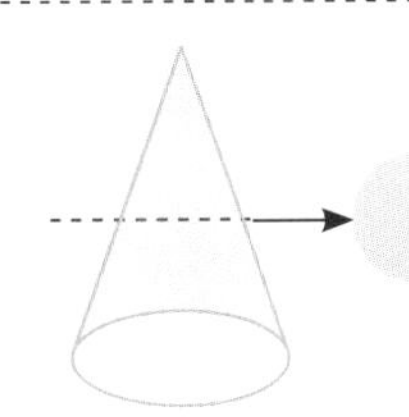

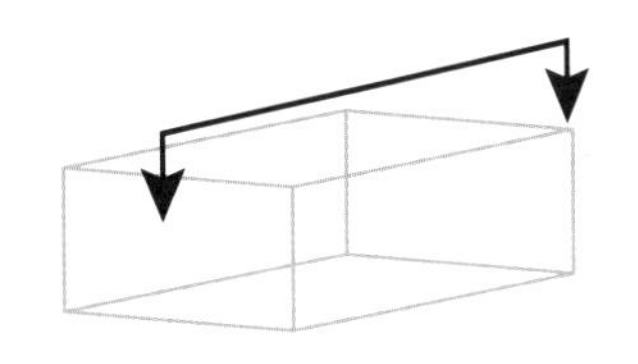

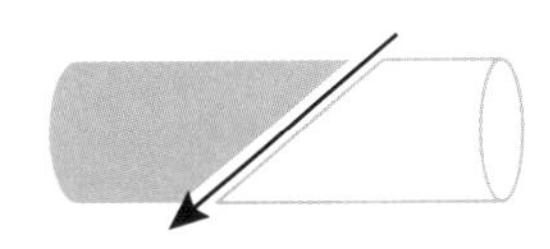

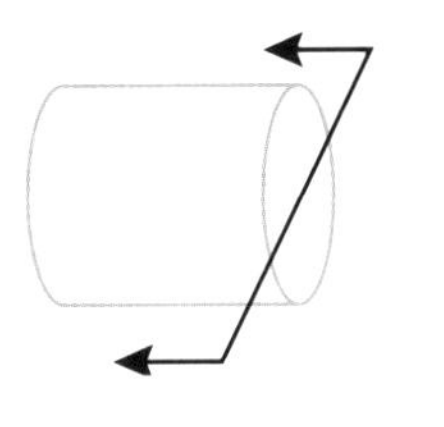

a ______________ b ______________ c ______________

7.1 角

角的单位是度，它用符号“°”表示。

一共有6种角：

锐角 大于0°　而小于90°

直角 90°

平角180°

钝角 大于90°　而小于180°

优角 大于180°　而小于360°

周角360°

互相垂直的线形成的角是直角。直角上的两条边互相垂直。

趣味学习

1 写出下列角的种类。

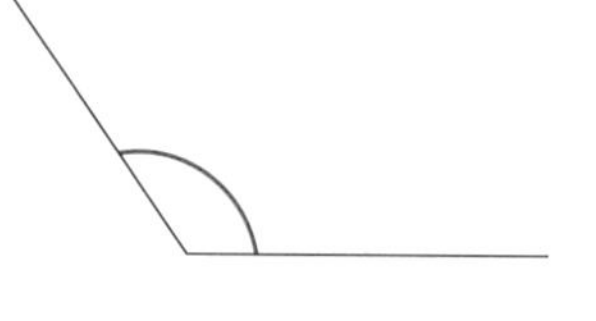

a ____________

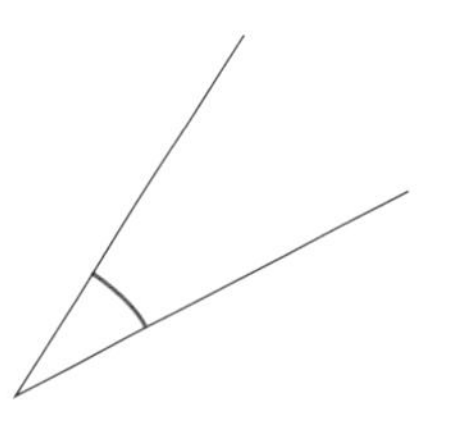
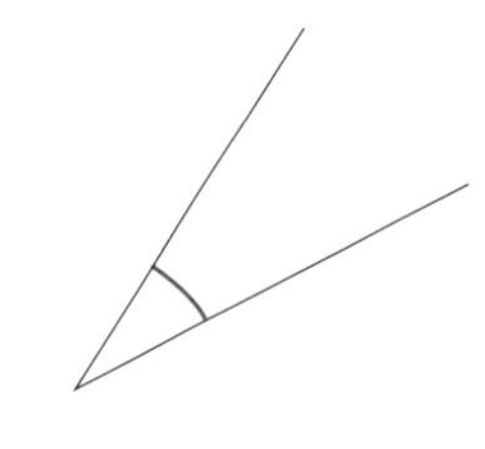

b ____________

c ____________

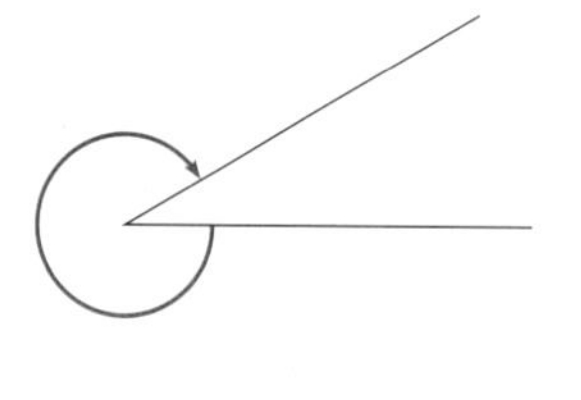

d ____________

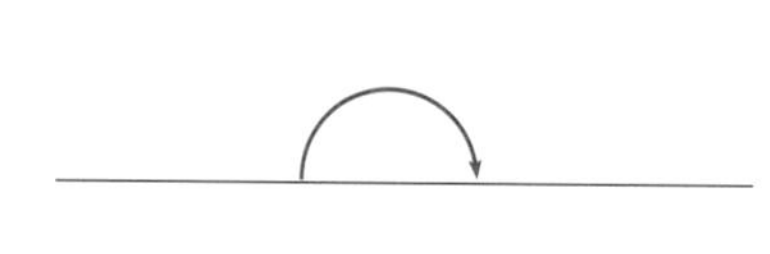

e ____________

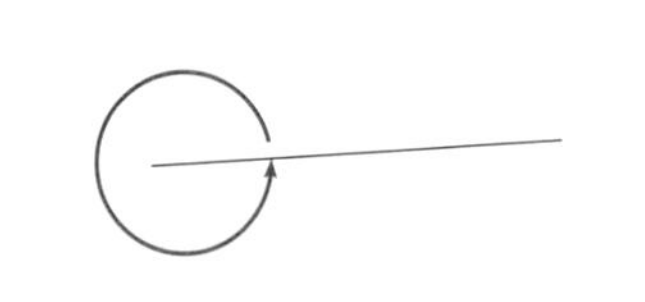

f ____________

2 分别画出与右侧两条线垂直的线。

3 根据给出的点和底边画出相应的角。

a　1个锐角

b　1个直角

c　1个钝角

独立练习

角的大小可以用量角器来测量。量角器的0刻度线要和角的一条边重合，中心与角的顶点重合，才能确保你读的刻度是正确的。右图这个角需要读内圈的刻度。

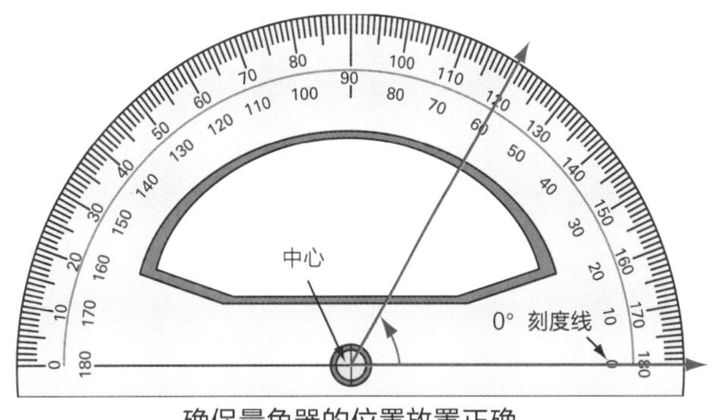

确保量角器的位置放置正确

1 写出角的种类和度数。

a 锐角　　b ______角

c ______角　　d ______角

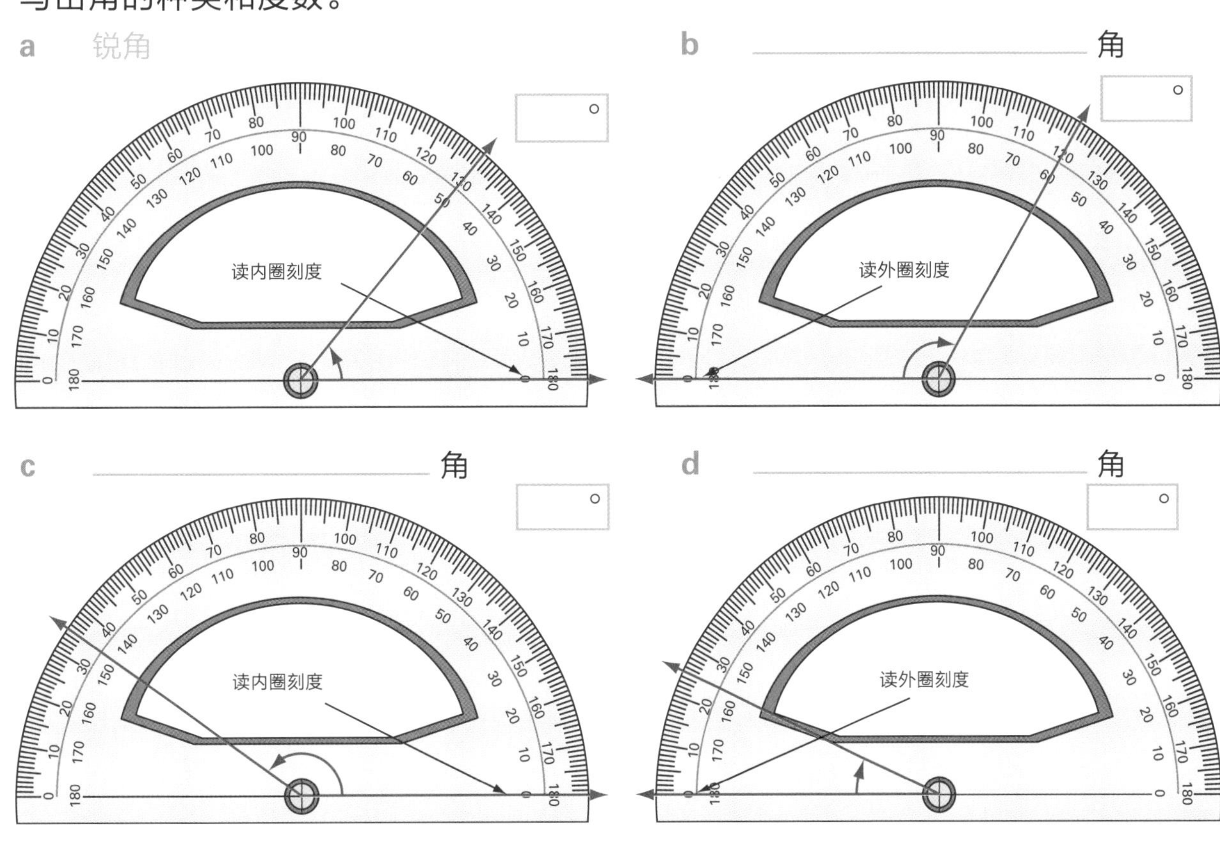

2 写出角的种类，并圈出对角度大小的最佳估值。

a 锐角　100°　80°　40°

b ______角　100°　140°　170°

c ______角　20°　120°　60°

d ______角　20°　60°　80°

e ______角　80°　90°　100°

f ______角　70°　90°　110°

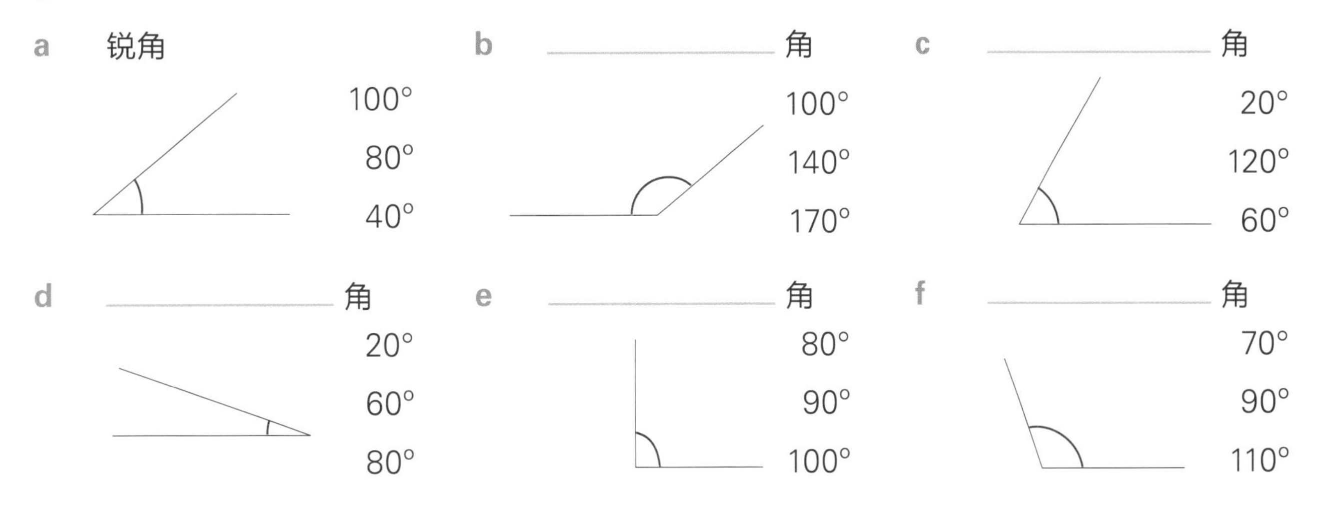

3 写出角的种类，通过与直角的大小关系来估计角的大小。

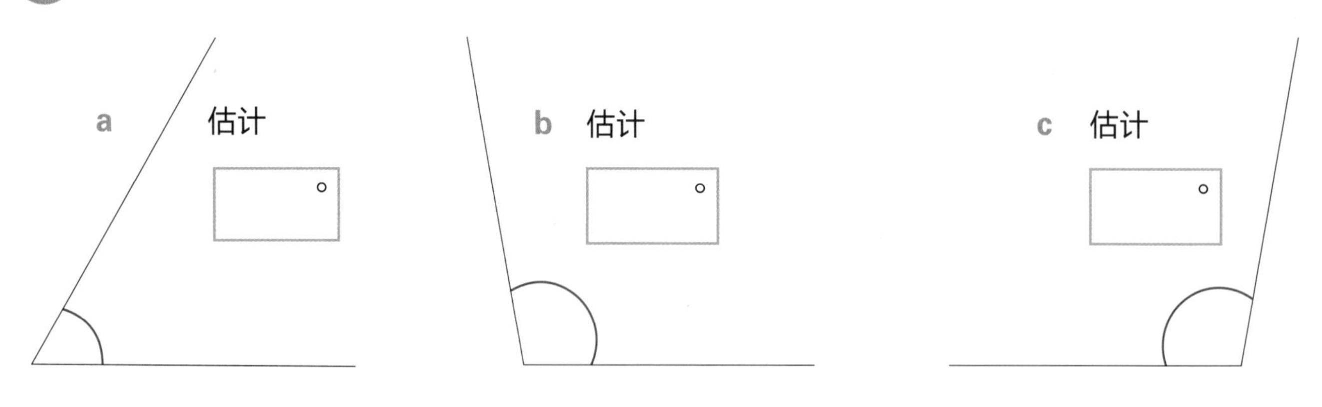

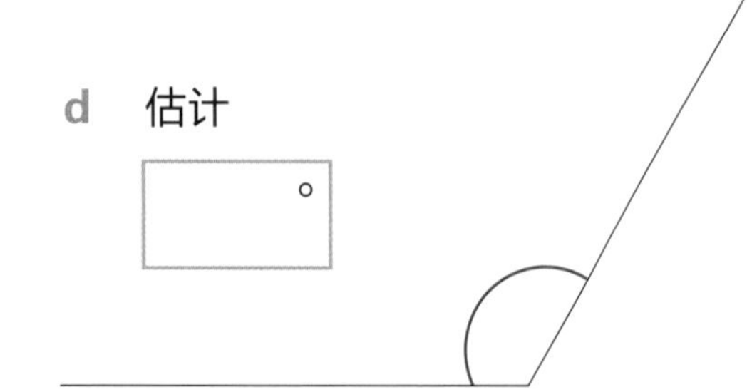

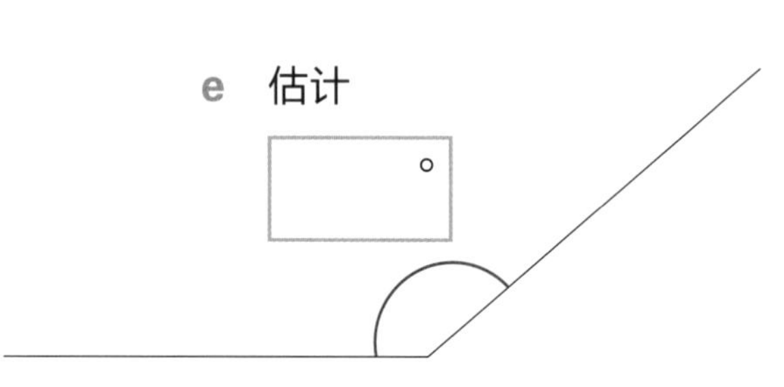

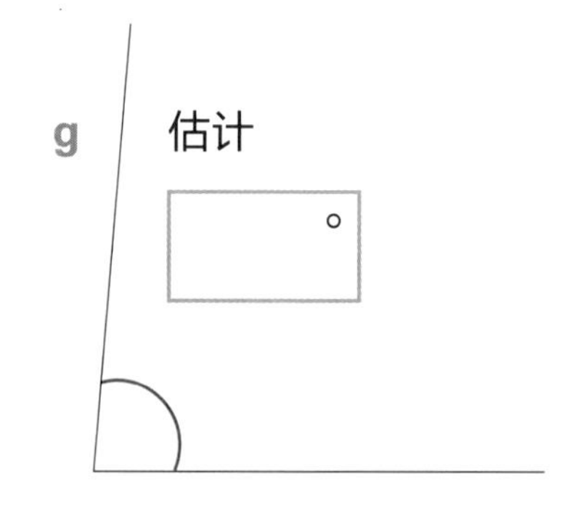

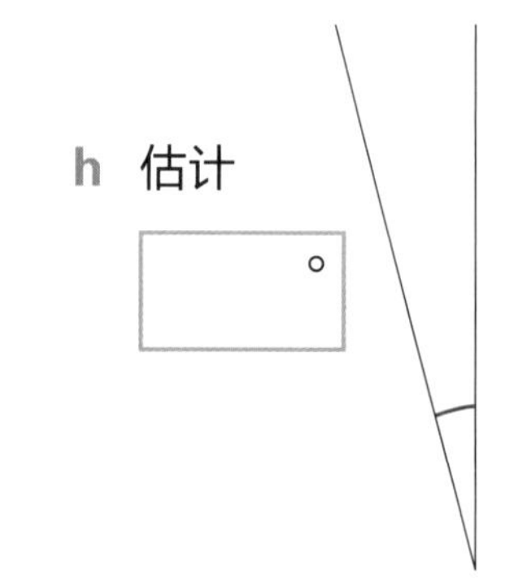

---

4 使用量角器量出第3题中每个角的大小。

a ________ b ________ c ________ d ________

e ________ f ________ g ________ h ________

---

5 以给出的点作为顶点，使用量角器画出相应大小的角。

a 70°

b 115°

拓展运用

图中展示了一种可以找出优角（大于180° 而小于360° ）的方法。

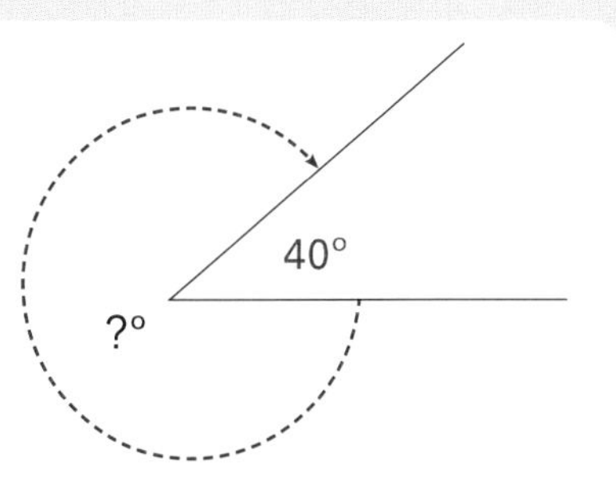

1 不使用量角器，写出图中所示优角的大小。 ________

2 使用恰当的方法求优角的角度。

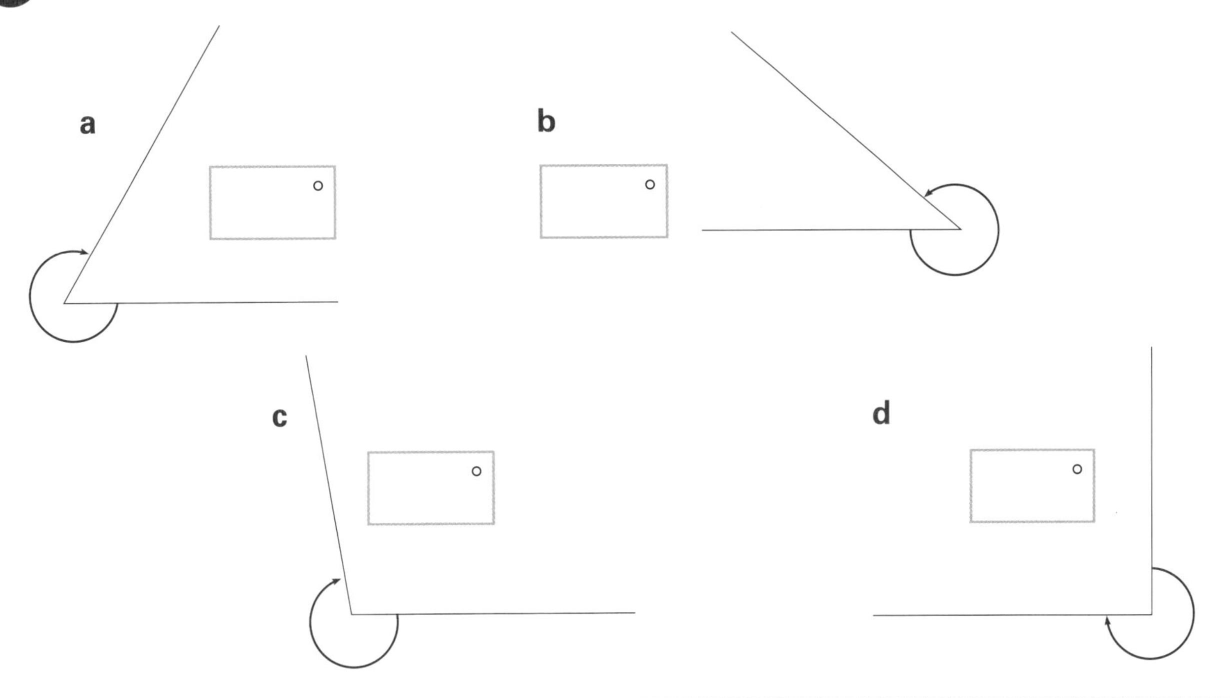

3 图中显示了2个角。

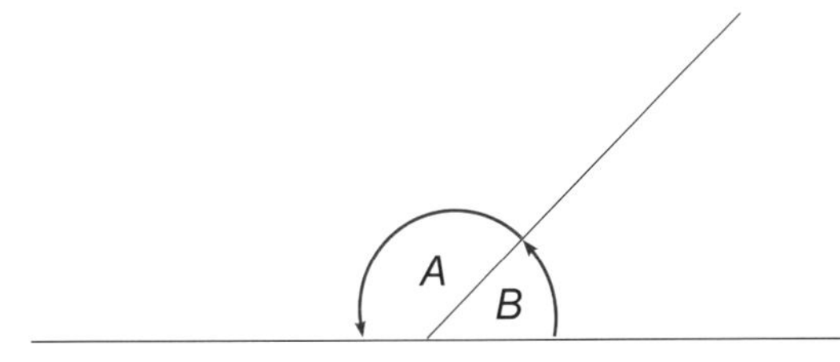

a 估计2个角的大小。

角*A*：

角*B*：

b 解释你是如何估计这两个角的大小的。

____

c 测量其中1个角的大小，并根据这个角的度数写出另一个角的大小。

$\angle A =$ ________ $\angle B =$ ________

d 解释你是如何不通过测量而得出另一个角的大小的。

____

将图形按照特定的路线移动就可以生成不同的图案。图案生成后，形状必须与原图形保持一致，这意味着它的形状和大小都不能改变。下面是几种通过图形变换生成的图案：

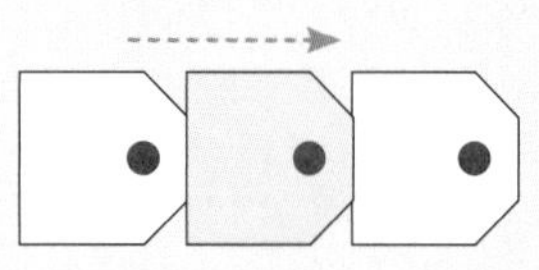
平移（将图形滑动）

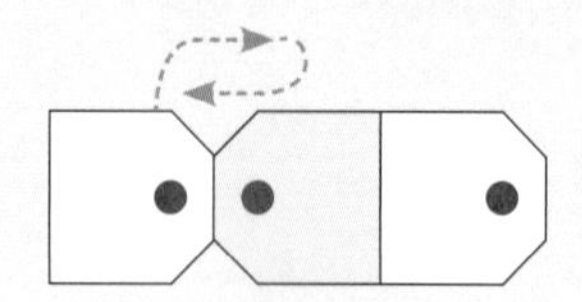
翻转（将图形翻过来）

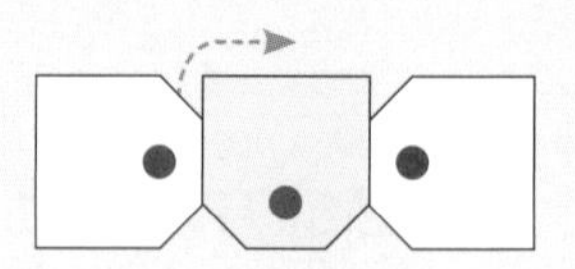
旋转（转动图形）

趣味学习

1 下列图案各用到了哪种图形变换方法？

a 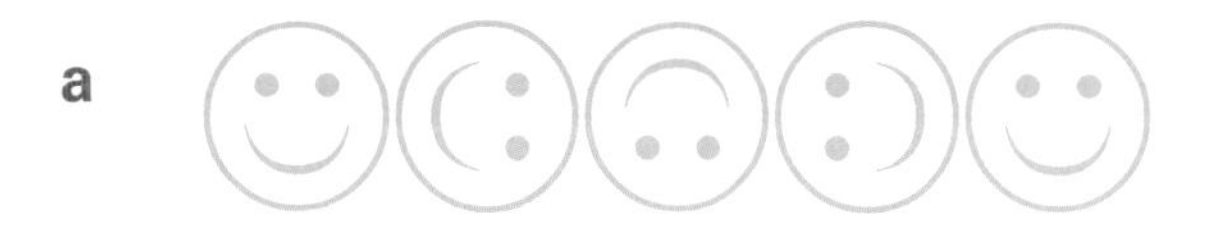 ____________

b 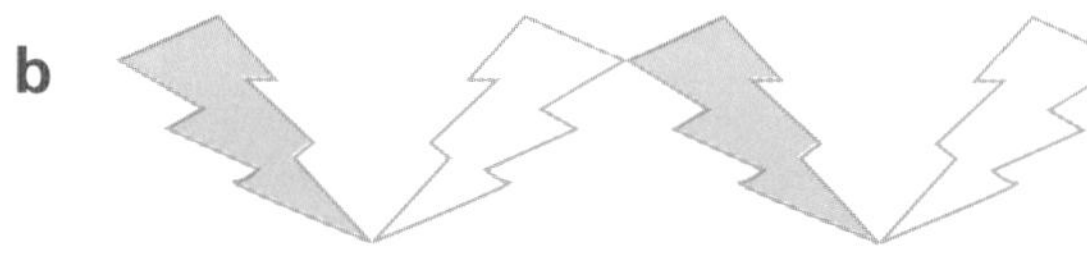 ____________

c 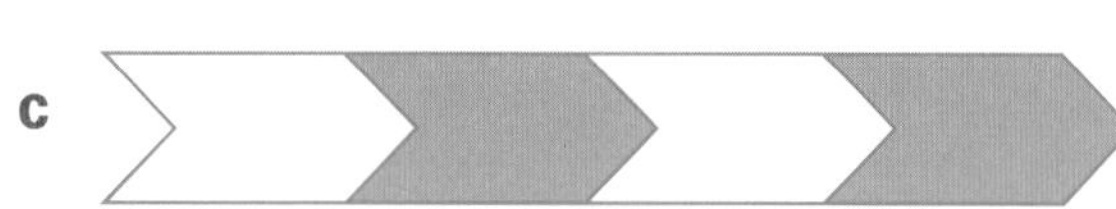 ____________

2 画出变换后的图案。

a 旋转三角形

b 平移三角形

c 翻转三角形

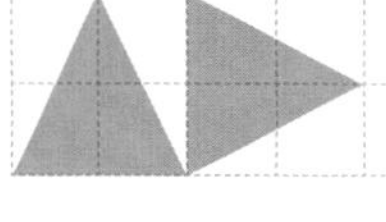
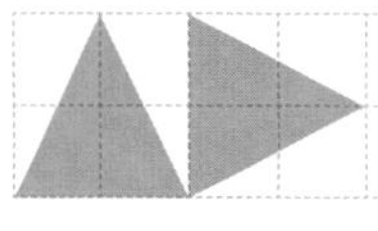

d 按照你想象的方法画出图案

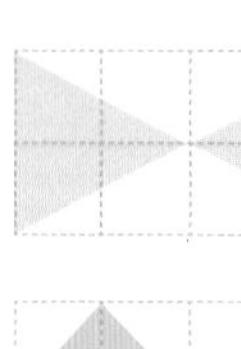

e 你是如何变换这个五边形的？

____

独立练习

可以在水平、竖直或对角方向进行图形变换来生成图案。

平移：水平　竖直　对角

翻转：水平　竖直　对角

1 描述下列图案的位置变换。

	图案	描述
例子		竖直翻转三角形。
a		
b		
c		
d		
e		
f		

2 继续画出后续图案，并描述生成规则。

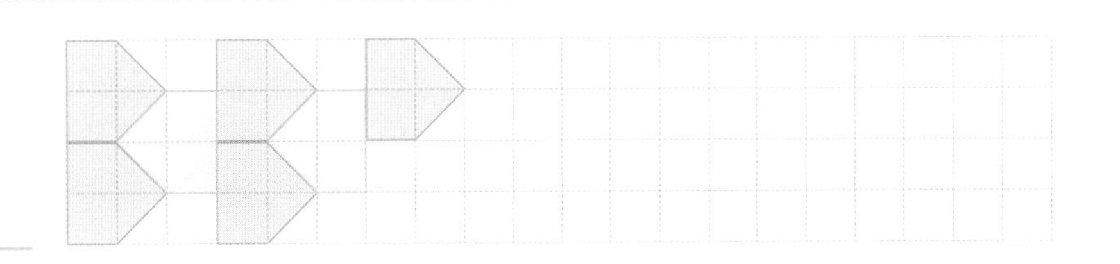

3 观察这些图案的生成方式，完成后续图案并描述生成规则（以单个图形为一个单位）。

a

b

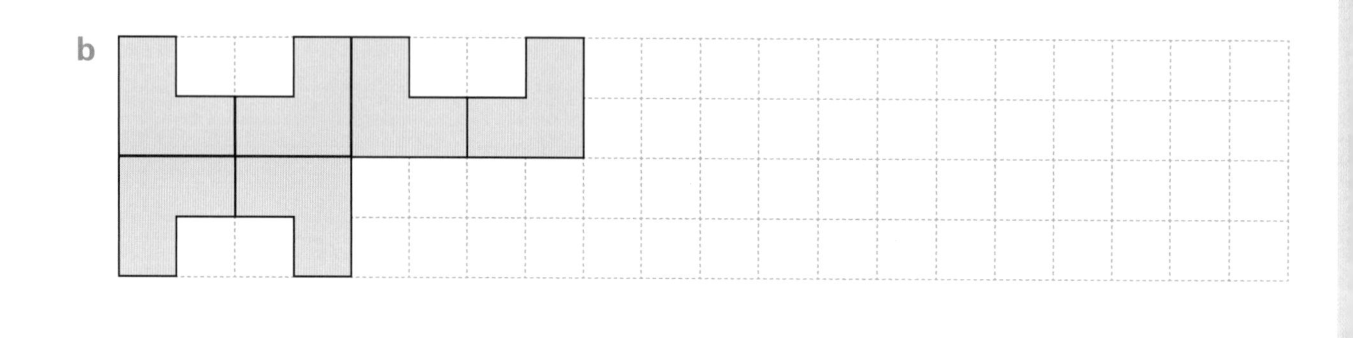

c

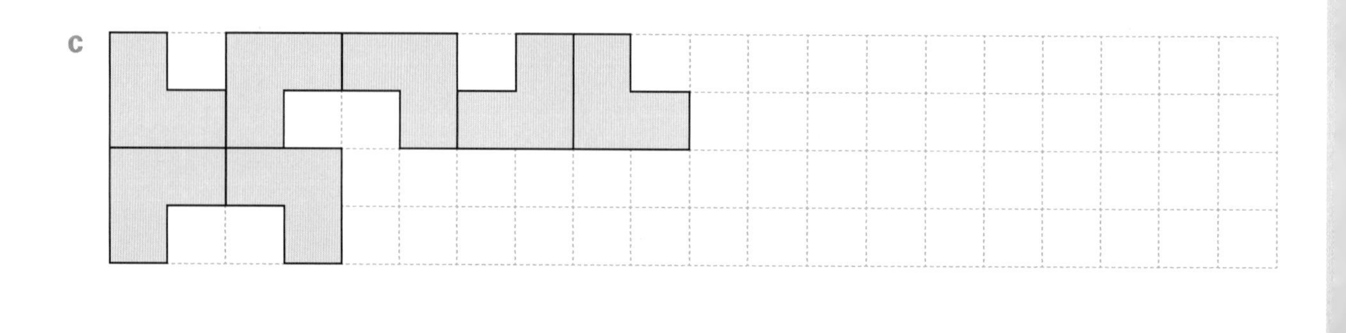

4 a 用这个图形设计一种图案。

b 描述图案的生成规则。

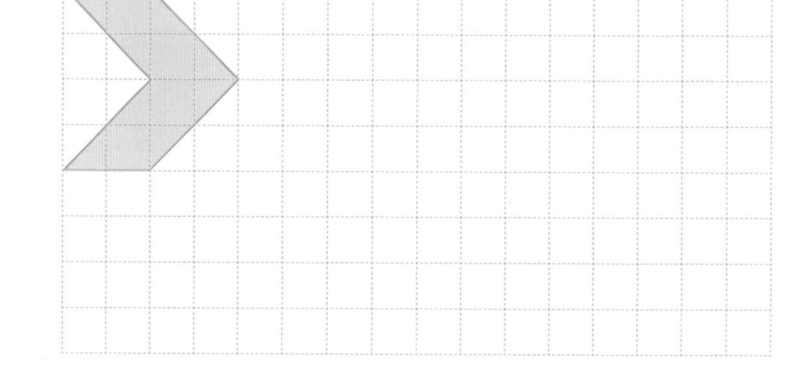

拓展运用

1 运用电脑软件（如微软Word），可以在几分钟内设计一种图案。

- **a** 打开一个空白文档；
- **b** 点击"插入"选项卡中的"形状"按钮，选择一个你感兴趣的形状；
- **c** 通过点击和拖拽，在页面中画出这个形状；
- **d** 复制这个形状；
- **e** 粘贴；
- **f** 使用键盘上的方向键移动图形，使新图形的左边缘与原图形的右边缘相接，像这样：

- **g** 重复步骤d–f。

2 学习如何旋转简单图形。

- **a** 打开一个空白文档；
- **b** 从"插入"选项卡中的"形状"中选择一个双向箭头；
- **c** 通过点击和拖拽，画出这个箭头；
- **d** 按第1题中的步骤复制、粘贴；
- **e** 用方向键移动图形，使新图案与原图重叠；
- **f** 选择图形并编辑（双击图形）；
- **g** 在"大小"选项卡中找到"旋转"；
- **h** 将旋转角度从0°改为30°，并点击"确定"；

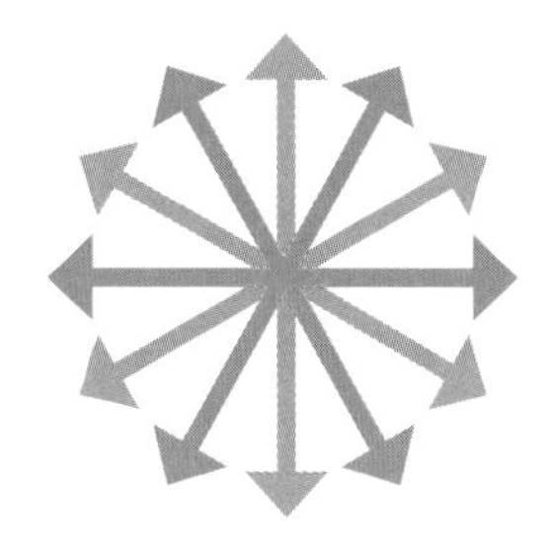

- **i** 重复步骤e–h，复制、粘贴并移动新图形；
- **j** 重复各步骤，每次增加旋转角度30°。

8.2 对称性

图形的对称性最常见的有两种：轴对称（镜像）和中心对称（围绕中点旋转180°）。有些图形既是轴对称图形，又是中心对称图形。

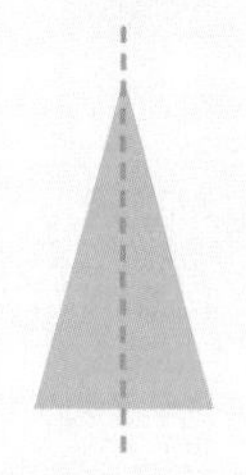

轴对称：
一侧与另一侧相同。

中心对称：
旋转180° 可以与原图重叠。

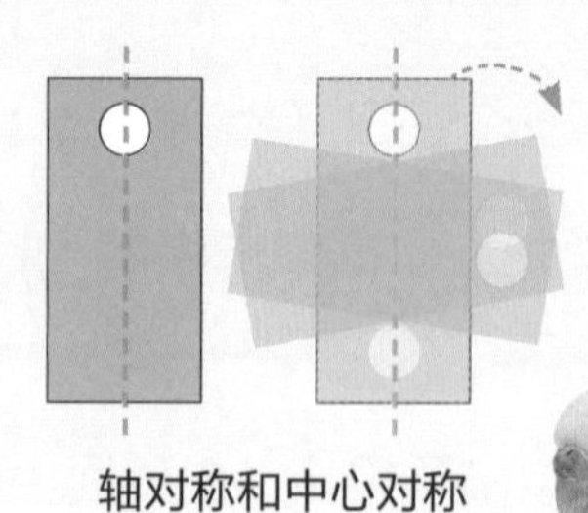

轴对称和中心对称

有些图形没有对称轴。

趣味学习

1 选出有轴对称性的图形并画“√”。

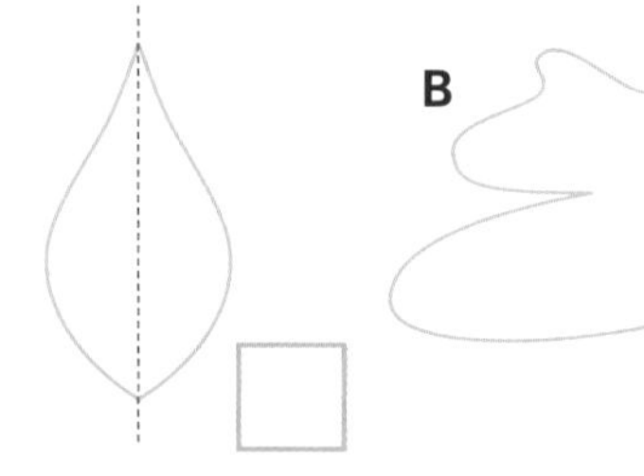

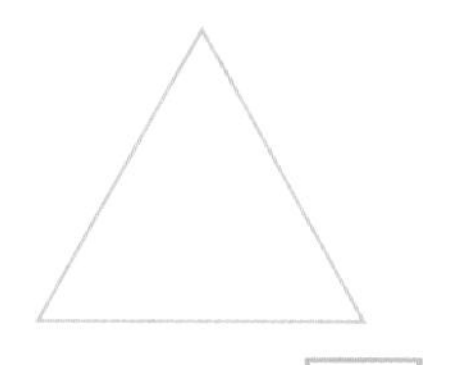

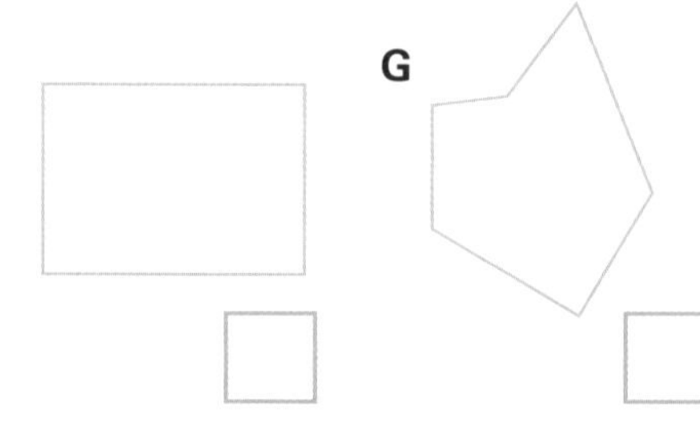

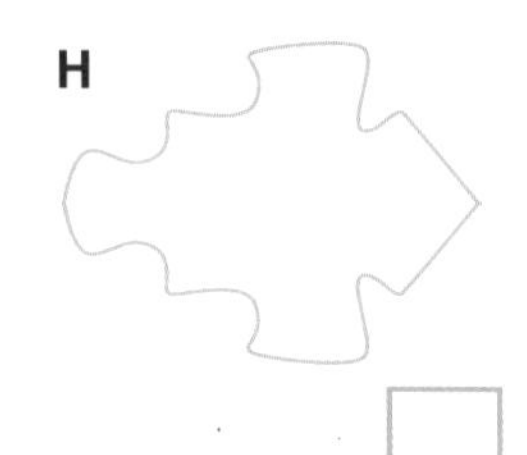

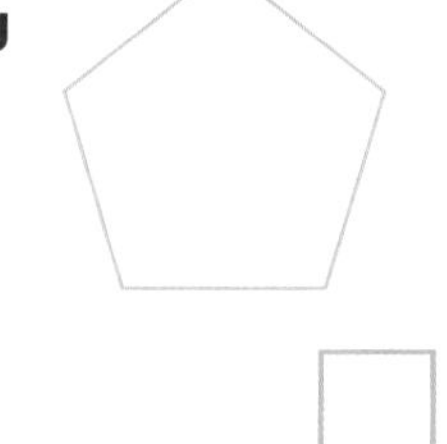

2 下列图形都具有轴对称性。

a 为每个图形画出至少1条对称轴。

b 有些图形还具有中心对称性，将这些图形涂色。

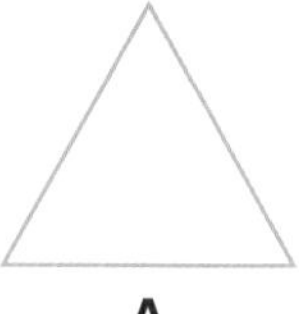

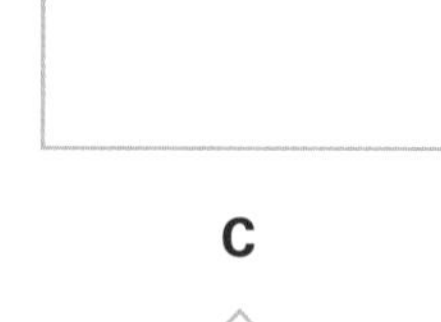

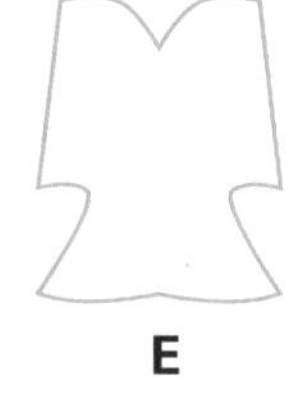

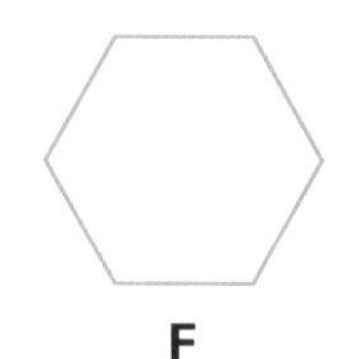

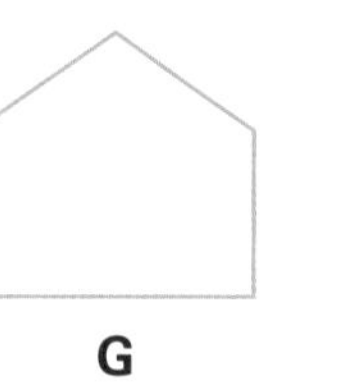

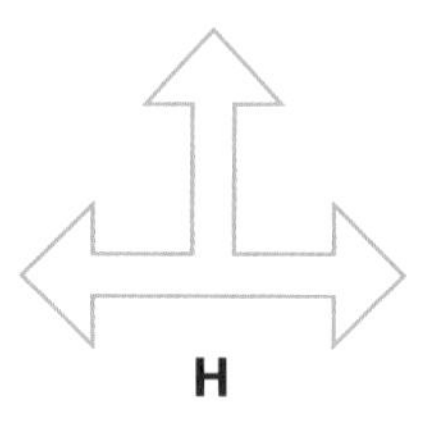

独立练习

有些图形有1条以上的对称轴。右图中红色虚线显示这个图形有2条对称轴。

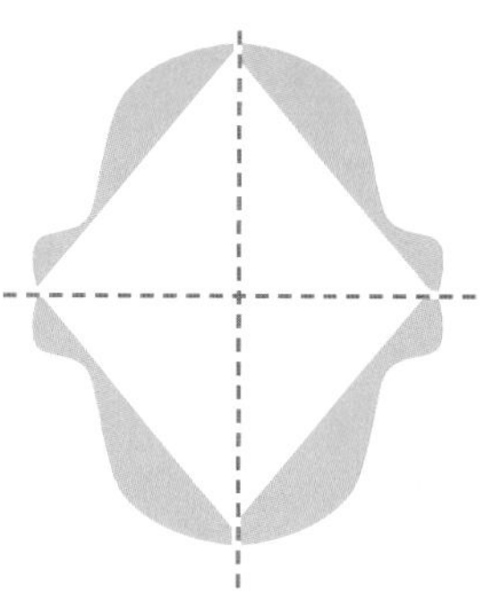

1 下列图形都有轴对称性，用恰当的方法找到并画出对称轴。有些图形有1条对称轴，有些有2条，有些甚至有4条。

a 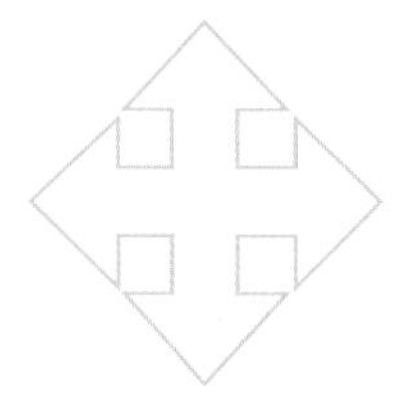
b 
c 
d 

e 
f 
g 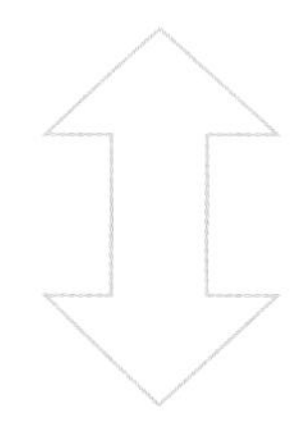
h 

i 
j 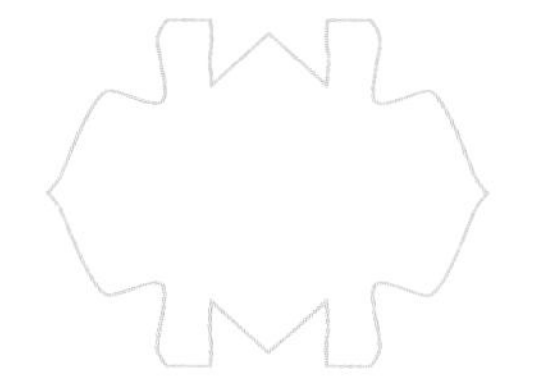
k 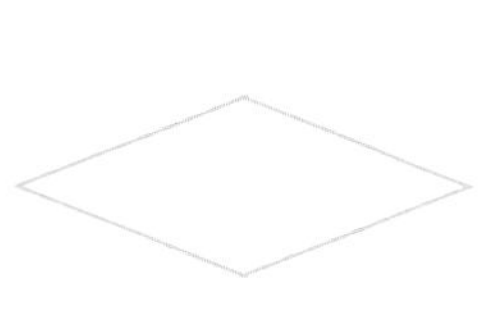
l 

2 所有的平面规则图形都有对称轴。找到并画出下列规则图形所有的对称轴。

a 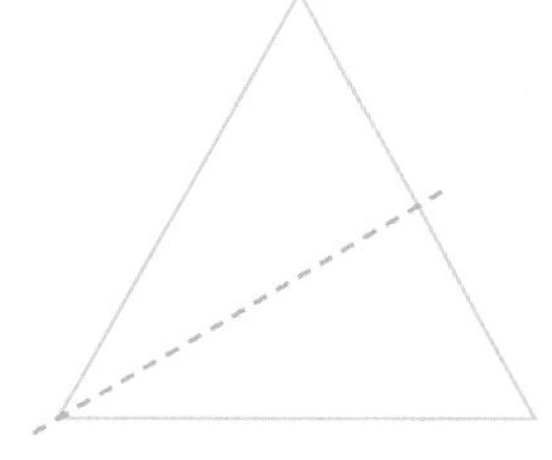
b 
c 

d 
e 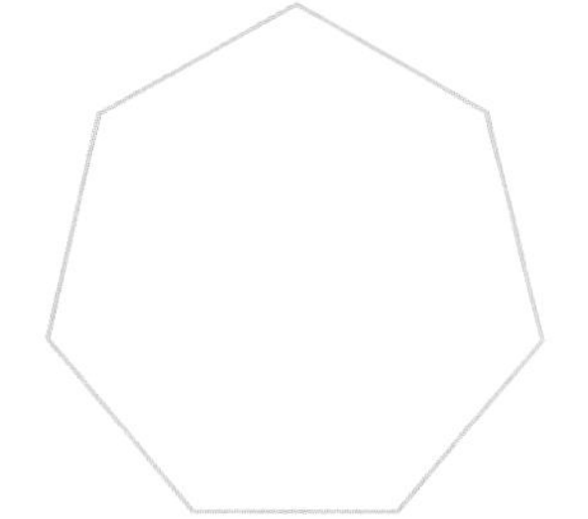
f 

这个图形拥有“2阶”中心对称性，这意味着如果将图形绕中心点旋转一周可以与原图重合2次。

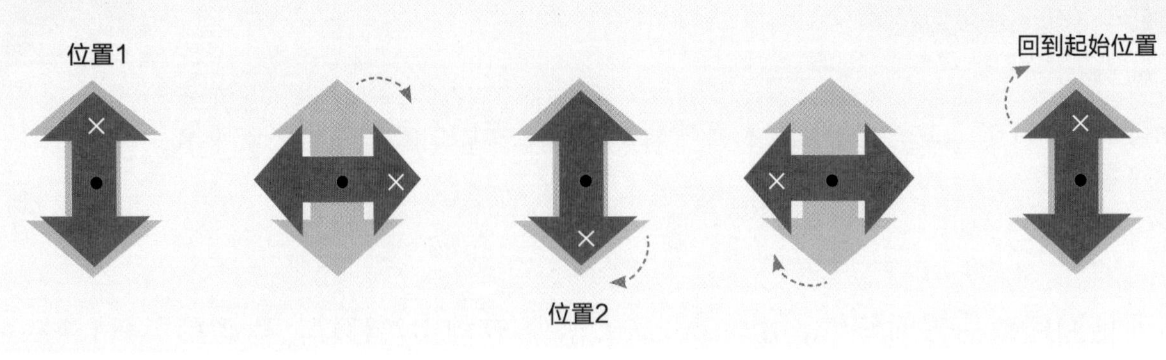

3 找出下列图形中心对称性的阶数，可以剪出相应的图案，并观察其旋转过程，回答问题。

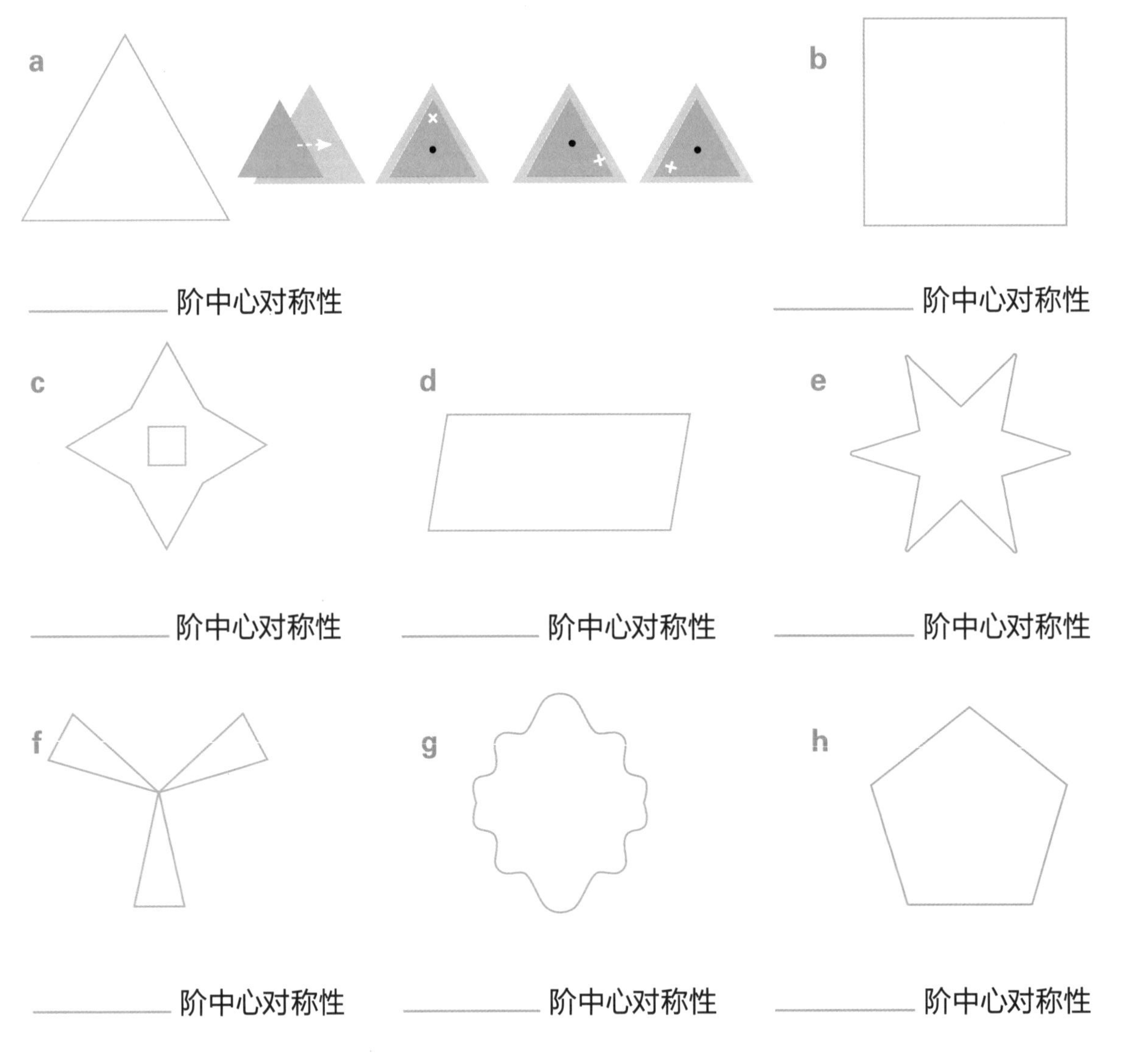

4 判断对错：每个中心对称图形至少有1阶中心对称性。______

拓展运用

1 有些数字也具有对称性，但这取决于我们的写法。

1　2　3　4　5　6　7　8　9　0

a　画出具有对称性的数字的对称轴。

b　10个数字中有一个可以被写得对称，但是在上图中它是不对称的。这个数字是几？重新写出这个数字，并画出对称轴。

c　10个数字中有一个可以写成具有无数个对称轴的形式，重新写出这个数字。

---

2 a　有些大写字母有对称轴，如大写字母A。还有哪些字母也有1条对称轴？______

b　字母S没有对称轴，但有中心对称性，它的中心对称阶数是多少？

c　其他对称性像S一样的字母有哪些？______

d　有些字母既有轴对称性，也有中心对称性，如大写字母H有2条对称轴，并有2阶中心对称性。按要求填写韦恩图：

- 轴对称性
- 中心对称性
- 既有轴对称性又有中心对称性

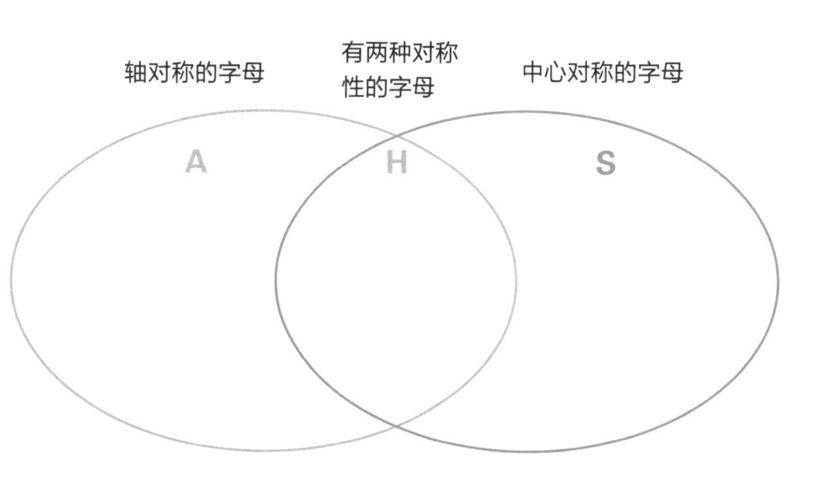

---

3 大自然中的对称性随处可见，但真是这样吗？仔细观察树叶，说说使其不对称的因素是什么。

______

8.3 放大与缩小

放大会使物体变得更大。借助方形网格，有2种简单的方法可以放大平面图形：可以将图形画在更大的方格上，或者将图形上每条边的长度放大同样的倍数。

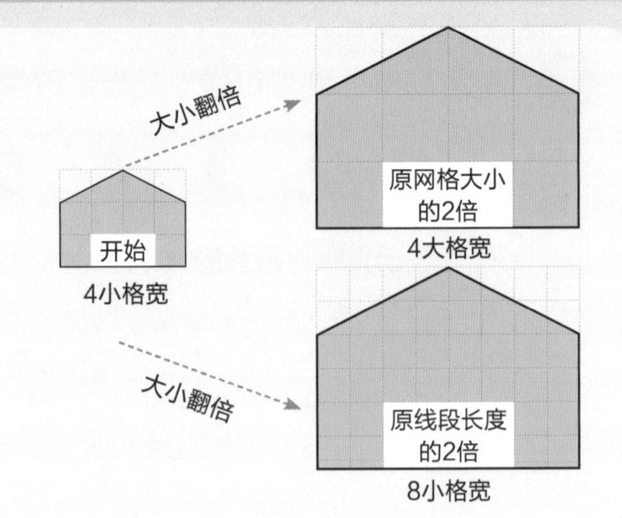

使用与"放大"相反的方法，可以缩小图像。

趣味学习

1 在更大的方格上画出放大后的下列图形。

a

b

c

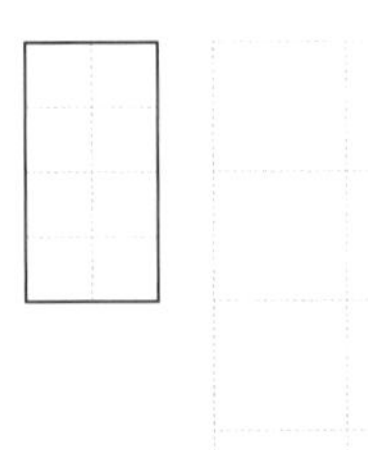

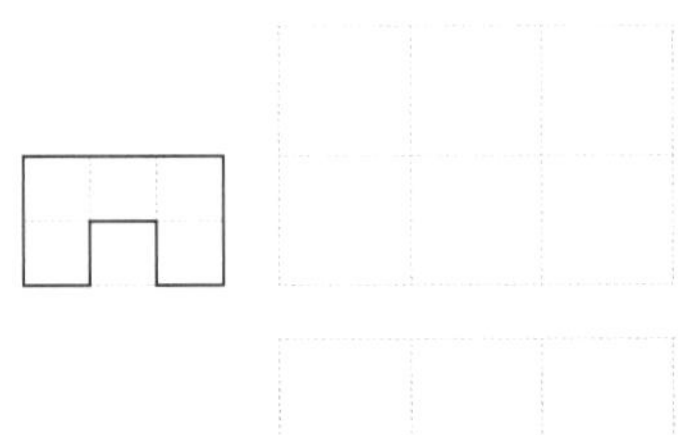

d

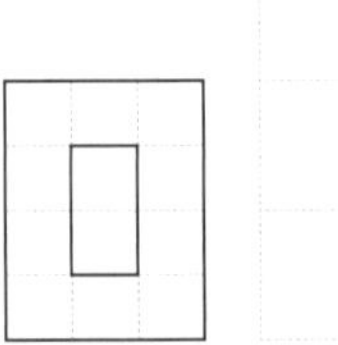

e

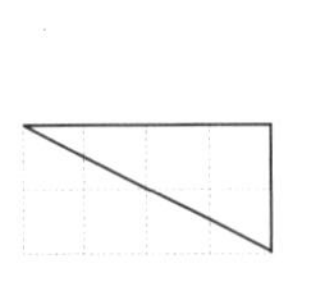

f

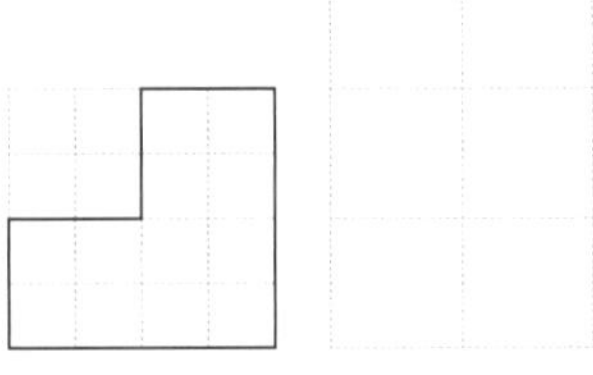

2 将所有边长的长度翻倍来放大下列图形。从红点处开始画。

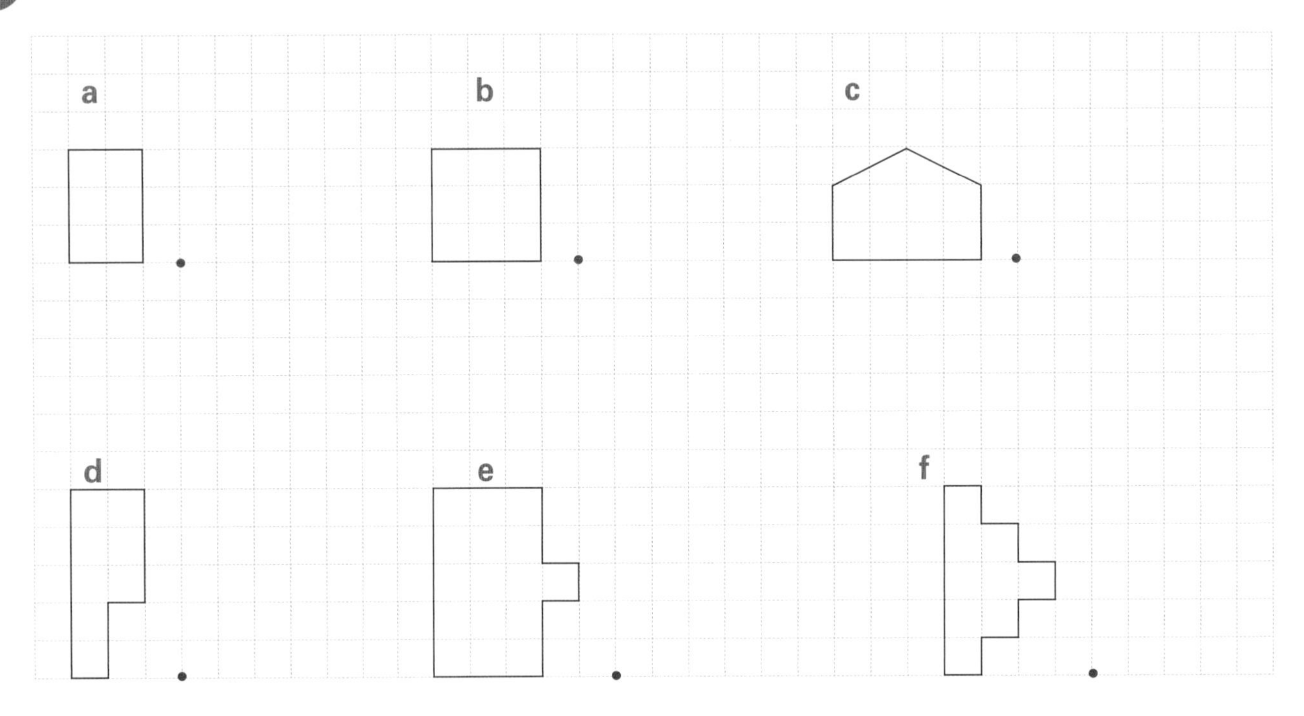

独立练习

1 在更大的方格上画出放大后的下列图形。

A　　B

2 在更大的方格上画出放大后的下列图形。

A　　B

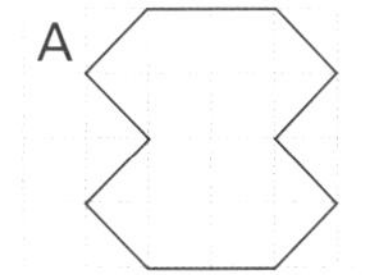

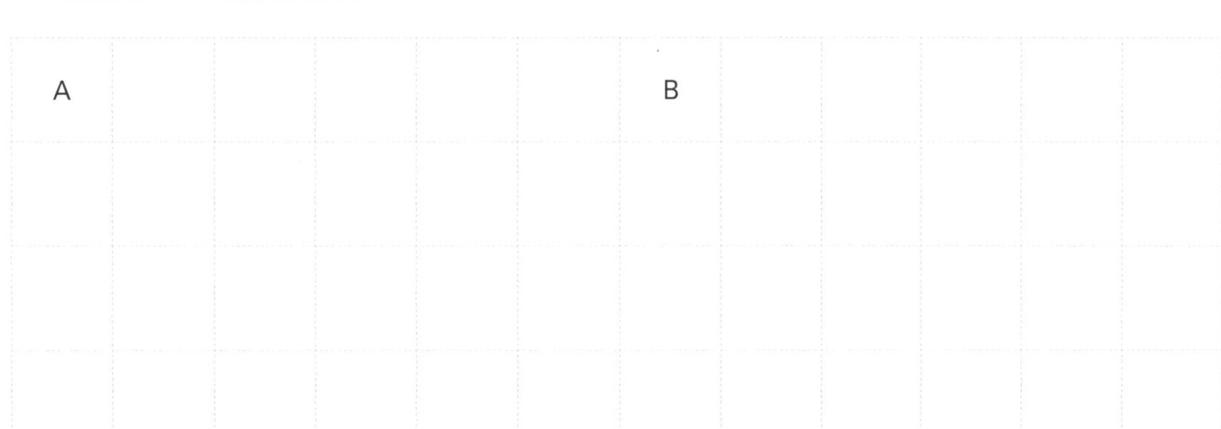

3 在较小的方格上画出缩小后的下列图形。

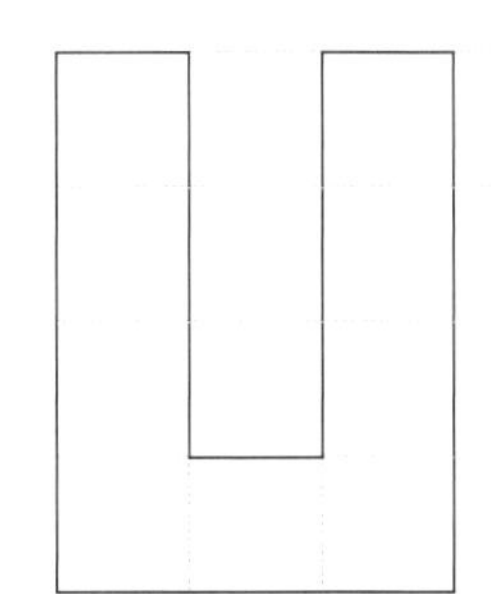

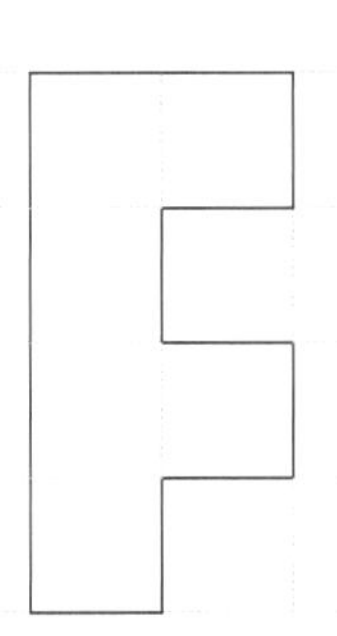

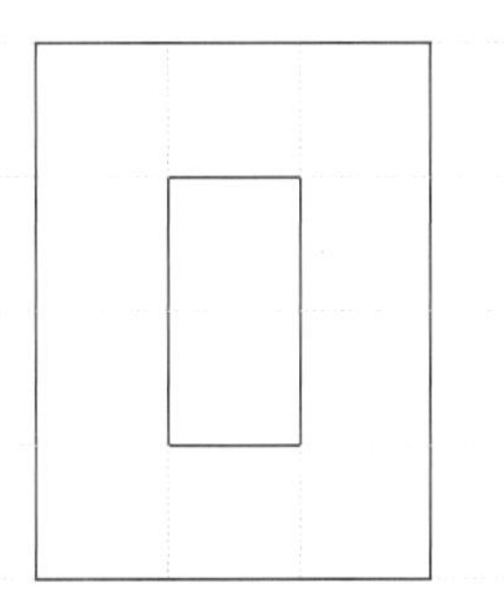

可以按照比例系数放大或缩小图像。例如，你想将图像放大3倍，相当于把它按比例系数3来放大。

4 根据给出的比例系数重画下列图形。从红点处开始画。

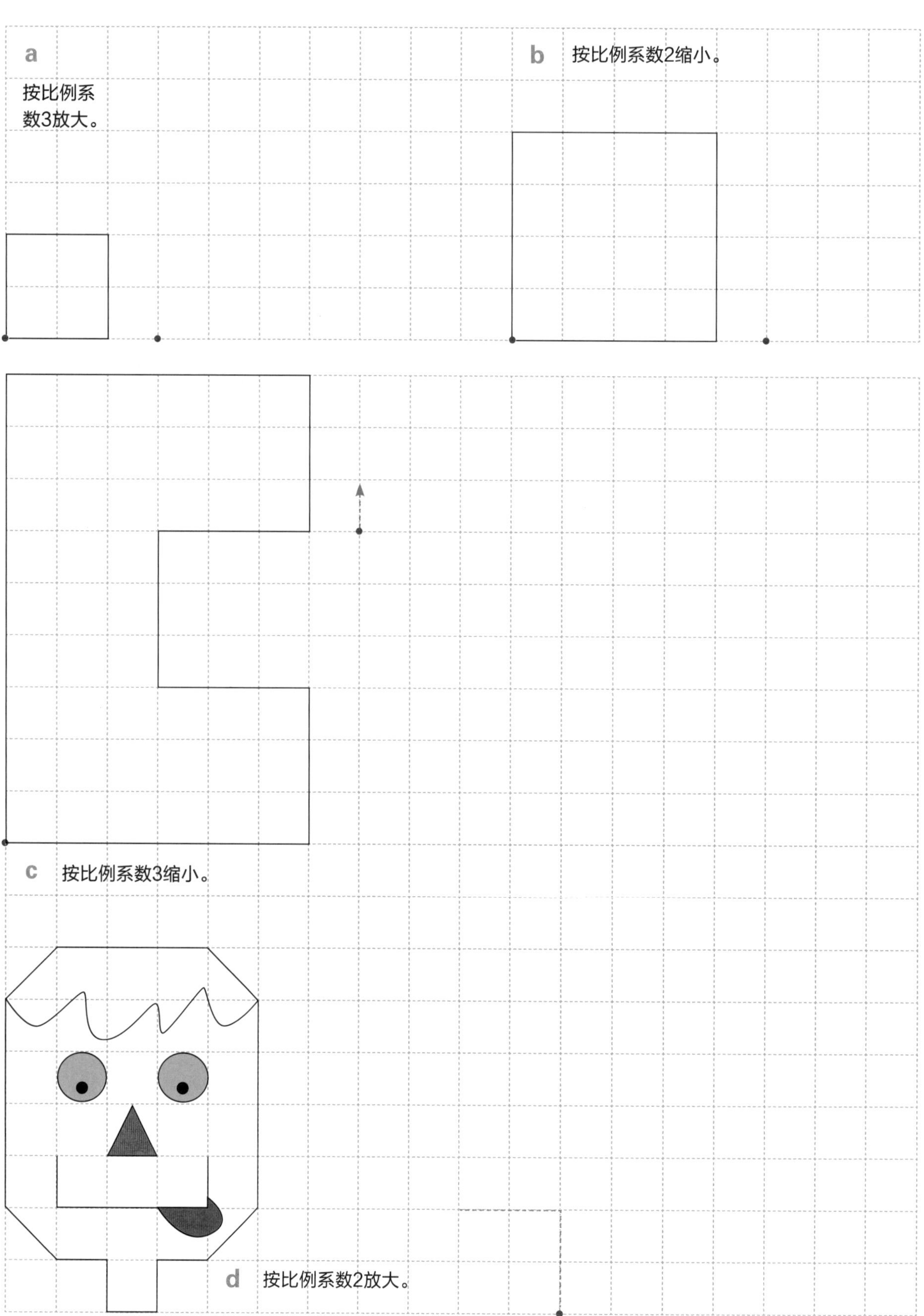

拓展运用

1 1个边长为2 cm的正方形面积是4 cm^2。如果按比例系数2将边长放大，它的面积会怎样变化？在草稿纸上试一下，并写下答案。

____

2 下面的练习需要用到电脑。在微软Word软件中，可以通过点击和拖拽来放大图片，还可以通过改变图片的百分比大小来更准确地缩放。

a 打开空白Word文档；

b 插入1张图片；

c 选中图片并编辑；

d 点击“大小”选项卡，并找到“缩放”；

e 将“缩放”数值100%改为200%（如果勾中“锁定纵横比”，图片的高度和宽度会同时改变）；

f 点击确定，观察图片变化。

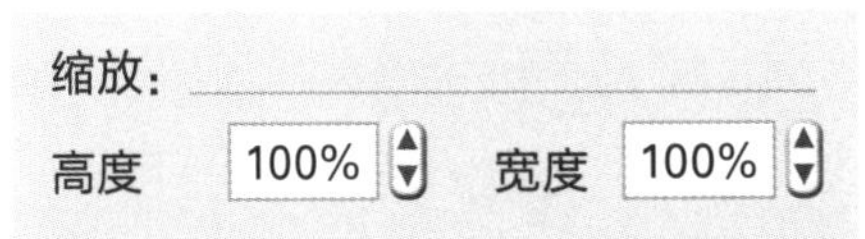

3 **a** 如果在编辑图片大小时，点击“100%”，图片的大小发生了怎样的变化？

____

b 如何按比例系数3放大图片？

____

c 插入另一张图片，找到将其缩小一半的方法，并描述你的方法。

____

4 在Word中，如果不锁定纵横比，图片的高度和宽度会不成比例地变化，这可能会使图片看起来很奇怪，但也可能很有趣。你可以自己尝试将图片的高度和宽度放大不同的倍数。

8.4 网格坐标

网格坐标是一种描述位置的方法，它可以指某个方格内的区域，或者网格上的一个点。在右边的2个网格中，圆形都在*B*1位置。在像图B这样的网格图上，每个坐标点只能有1个物体。

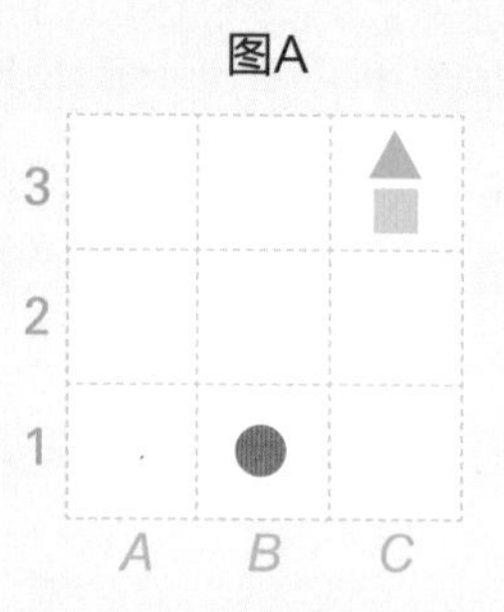

显示的是方格内的位置

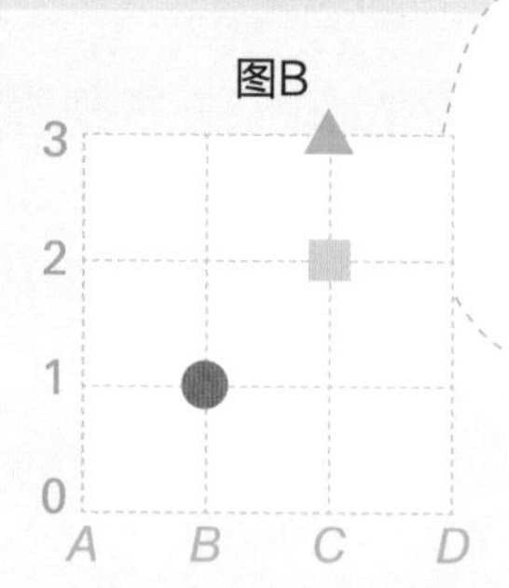

显示了每个点的位置

趣味学习

1 下列图形在相应网格图中的位置。

图A中的方块: ________ 图B中的方块: ________

图A中的三角: ________ 图B中的三角: ________

2 下列图形在图C中的位置。

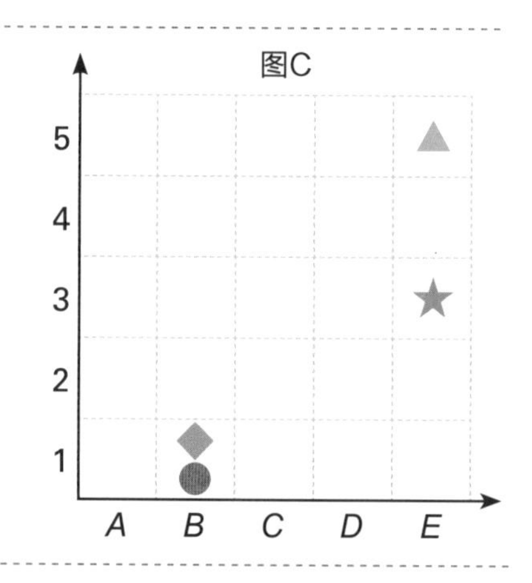

a 菱形: ________

b 星形: ________

c 三角形: ________

d 圆形: ________

3 在图C的相应位置上画出:

a 字母O在*A*4 **b** 笑脸在*B*3

c 字母K在*B*4 **d** 椭圆在*D*2

e 字母R在*B*5 **f** 字母U在*A*5

4 哪个图形在图C和图D上的坐标不同? ________

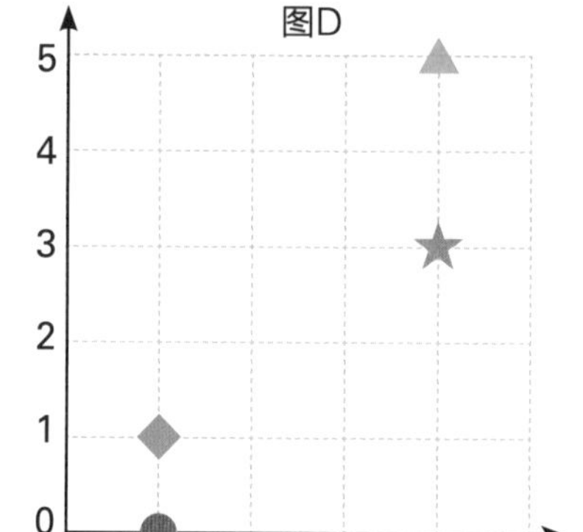

5 在图D的下列位置画字母X。

(*B*, 4) (*C*, 3) (*D*, 2) (*E*, 1)

6 写出一个能够和图D上所有字母X连成一条线的点的坐标。

____

独立练习

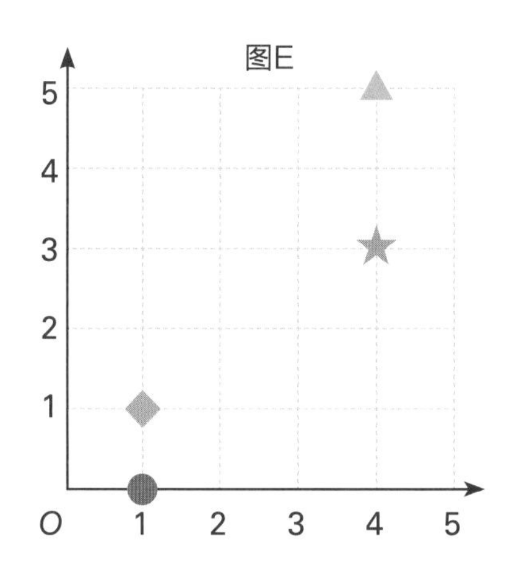

坐标点通常用2个数字表示，而不是一个字母和一个数字。记录坐标点时，先写出横向数轴对应的数字，再写出纵向数轴对应的数字；数字写在括号里，然后用逗号分隔。例如，图E中圆形的坐标是(1,0)。

1 写出下列图形的位置。

a 星形 ________　　b 三角形 ________　　c 菱形 ________

2 在图E上画出相应图形：

a 在(2, 3)处画方块。　　b 在(1, 4)和(3, 4)处画圆形。

c 在(1, 2)、(2, 2)和(3, 2)处画六角星。

3 a 在图E中任意的空白处写下你的姓氏的首字母。

b 所写字母的位置坐标是 ________

4 将2个坐标点之间用箭头相连，意味着在图上用一条直线将它们连接起来。据此填空。

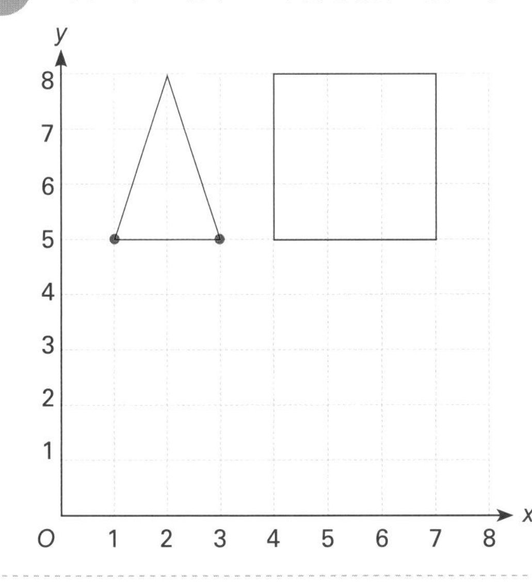

a 三角形的坐标点是 (1, 5) ↔ (3, 5) ↔ (2, 8) ↔ ________

b 正方形的坐标点是 (4, 5) ↔ ________ ↔ ________ ↔ ________ ↔ ________

5 a 在上图的三角形和正方形下方画一个大矩形。

b 写出所画矩形的四个点的坐标，记得将起始点写在结尾处。________

____

6 a 写出各关键点的坐标位置，来说明如何画出字母N。

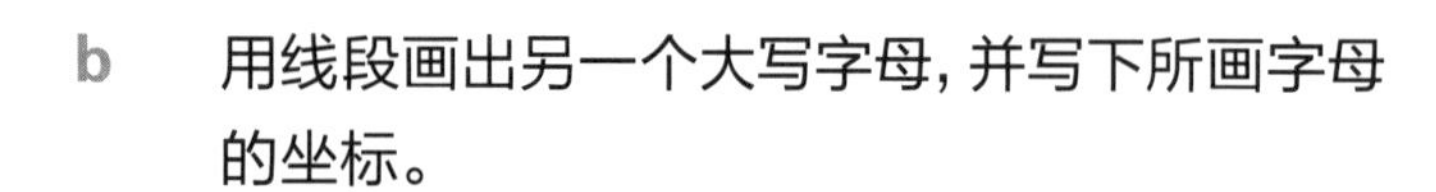

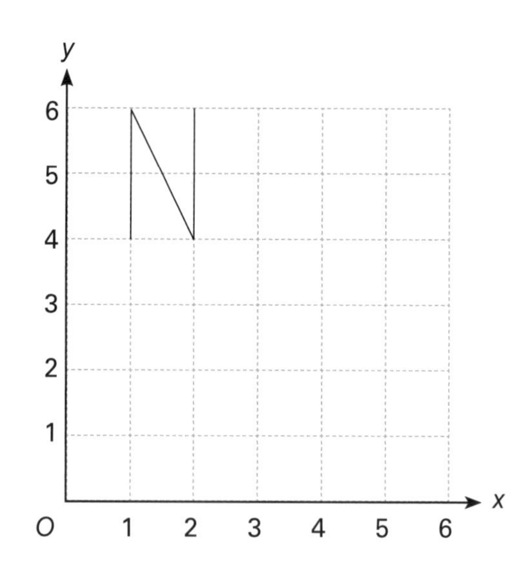

b 用线段画出另一个大写字母，并写下所画字母的坐标。

____

7 a 按下列坐标画图：

(1, 1) ↔ (4, 1) ↔ (4, 4) ↔ (5, 4) ↔ (5, 1) ↔ (8, 1) ↔ (6, 2) ↔ (6, 6) ↔ (8, 4) ↔ (8, 5) ↔ (6, 7) ↔ (5, 7) ↔ (5, 8) ↔ (7, 8) ↔ (7, 9) ↔ (8, 9) ↔ (8, 10) ↔ (7, 10) ↔ (7, 11) ↔ (6, 12) ↔ (3, 12) ↔ (2, 11) ↔ (2, 10) ↔ (1, 10) ↔ (1, 9) ↔ (2, 9) ↔ (2, 8) ↔ (4, 8) ↔ (4, 7) ↔ (3, 7) ↔ (1, 5) ↔ (1, 4) ↔ (3, 6) ↔ (3, 2) ↔ (1, 1)，结束!

b 画一张嘴巴：(3, 10) ↔ (3, 9) ↔ (6, 9) ↔ (6, 10)。

c 画一个鼻子：(4, 10) ↔ (5, 10)，然后围绕线段画一个椭圆。

d 在你认为合适的位置上画两只眼睛，它们的坐标分别是什么？

____

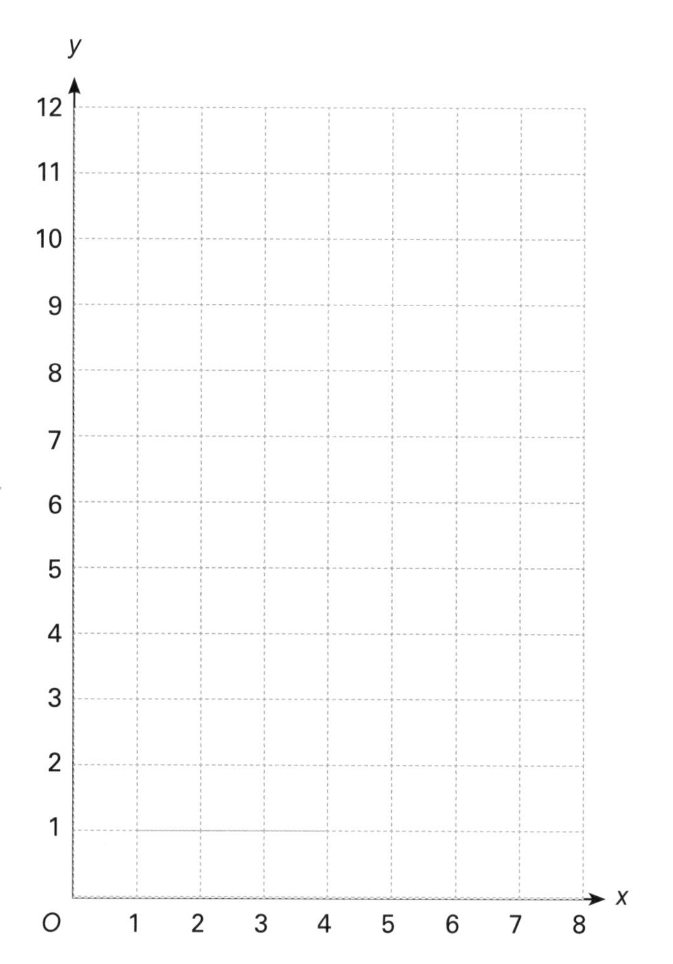

拓展运用

1 在网格图上设计一幅图，然后给出画这幅图的方法，你需要考虑：

- 别画得太复杂;
- 确保坐标点是正确的;
- 尽可能使用直线，不用曲线。

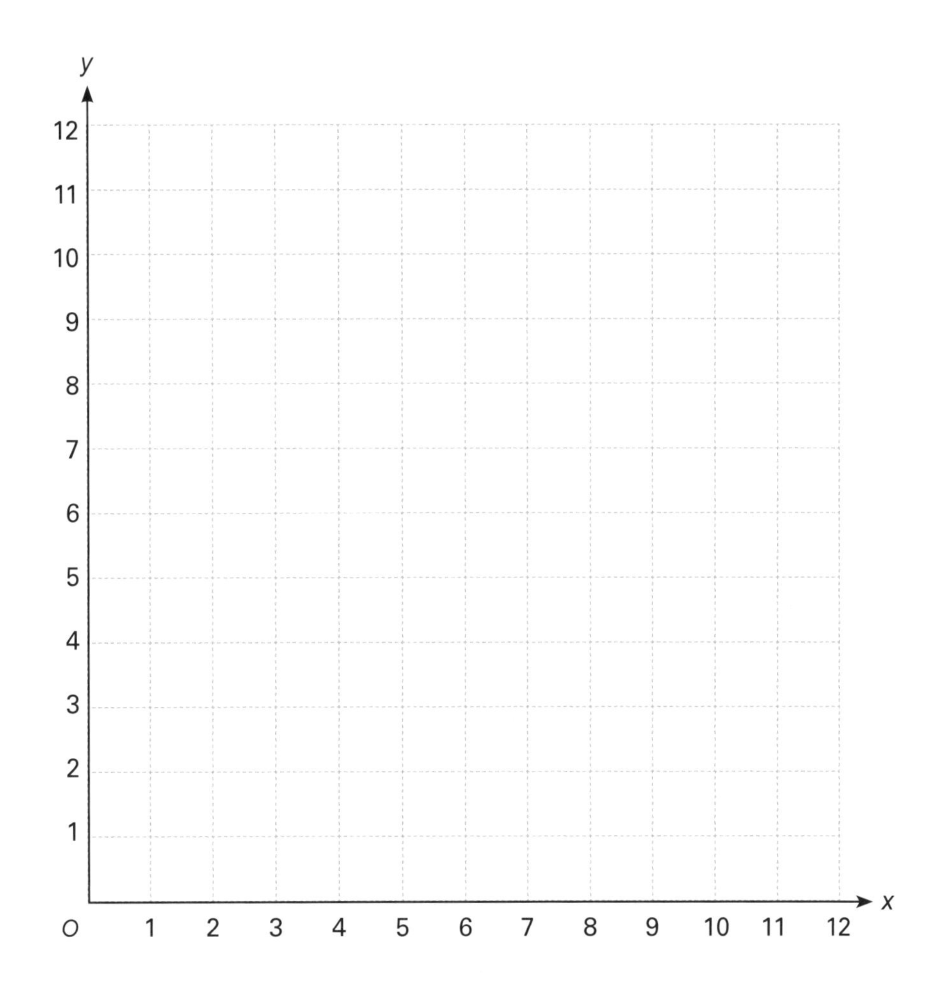

2 结合上图写出绘图步骤。

8.5 辨别方向

指南针上有4种主要方向，分别是东、南、西、北。为了方便记住它们的位置，可以记住口诀“上北下南，左西右东”。

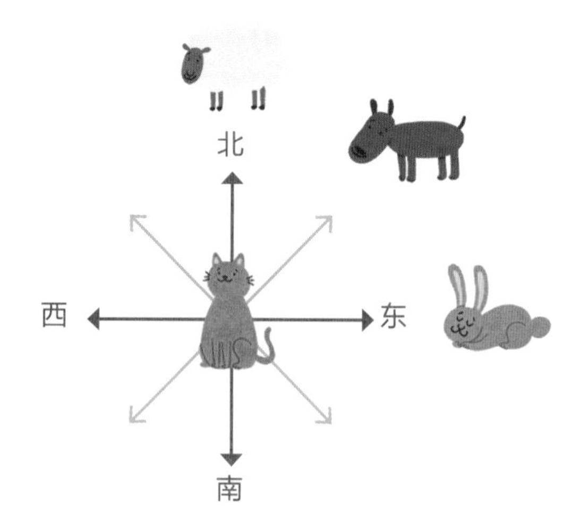

趣味学习

1 在指南针上，狗在猫的东北方向。

a 在指南针的4个空白指针处写下东北、东南、西南和西北。

b 在西南方向画一个三角形，在西北方向画一个圆形，在东南方向画一个方块。

2 老师在教室的中间，用字母“T”表示，根据分布图回答问题。

a 谁在老师的东北方向？ ____________

b 谁在老师的西南方向？ ____________

c 用指南针上的方向描述山姆相对于老师的位置：

____

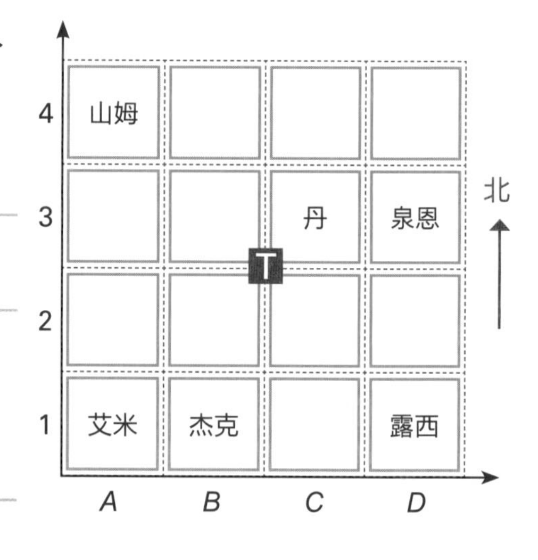

3 第2题中，杰克的位置无法用8种指南针上的方向描述，但可以用坐标描述：杰克在$B1$处。

a 用坐标描述泉恩的位置。 ____________

b 伊娃在$A2$处，在分布图上写出她的名字。

c 在山姆的东边选一个位置，写下你名字的首字母。

d 你名字的首字母所在位置的坐标是什么？ ____________

e 在山姆和露西之间的一个位置写下乔的名字。使用指南针方位描述这个位置相对老师的方向，并写下坐标。 ____________

独立练习

根据乔所居住镇子的地图回答问题。

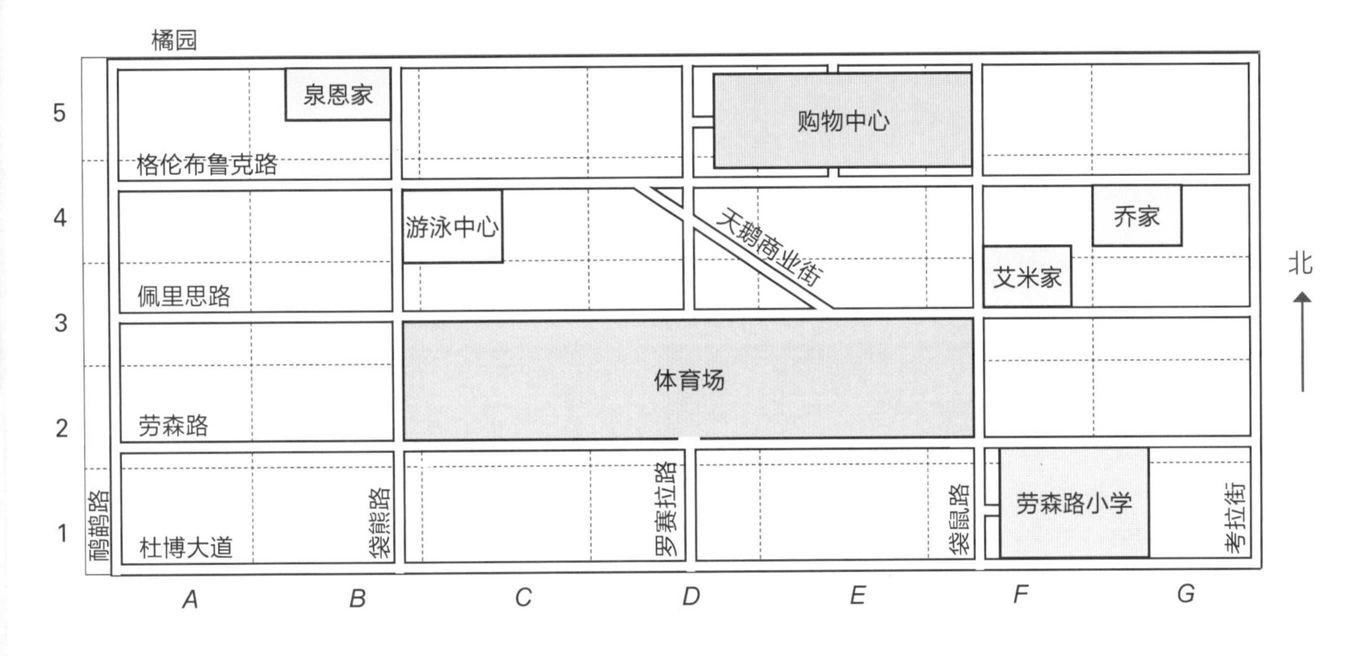

1

a 乔从家到游泳中心，应该沿哪个方向走？________________

b 泉恩家的坐标是什么？

____

c 假如你在罗塞拉路的最北端，想去体育场的南门，画出最短的路线。

d 艾米家在佩里思路的东端，结合指南针方位和道路名，写出她如何从家去游泳中心。

____

____

e 判断对错：艾米家在乔家的东北方。________________

f 魔术电影院位于游泳中心北面，在袋熊路的右边，在地图上画出并标注。

g 写出劳森路小学东北角的坐标。________________

h 结合指南针方位和道路名，写出如何从泉恩家沿袋熊路出发，到达位于袋鼠路的劳森路小学入口。

____

2 图例给出了地图上地点的信息。如果地图有比例尺，你还可以算出地点之间实际的距离。在这张地图上，宝藏位于（4,1），距离蛇洞50米。

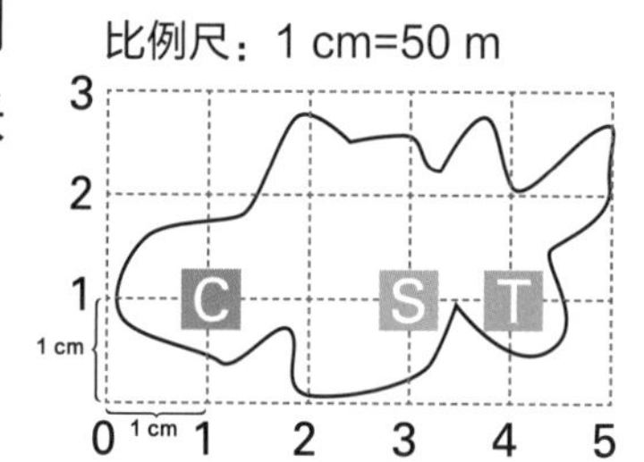

图例
T：宝藏
S：蛇洞
C：露营地

a　写出露营地的坐标。

b　露营地距离宝藏多远？

北

S 蛇谷

P P P

N

C

图例
S：蛇谷
C：鳄鱼
P：有毒植物
N：蝎子窝
T：宝藏

比例尺：1 cm=1 km

3 a　将下列地点填在地图上的方框内：巨虫滩在蝎子窝边上。锡壶洞在蛇谷东南方向6 km。蜘蛛头在蛇谷南方4 km。蟑螂崖在蜘蛛头北方7 km。

b　观鲨点在蛇谷西方5 km，用点标记它的位置，并在地图上写下“观鲨点”。

---

4 a　从蛇谷到观鲨点有一条曲线小径，这条路从南边绕过了有毒植物，在地图上将其画出。

b　估计沿这条路从蛇谷到观鲨点的距离。

---

5 a　巨蜥谷在蜘蛛头东北方2 km，在地图上用点和字母G标出它的位置。画一条从蜘蛛头到巨蜥谷的直线路径。

b　宝藏埋在巨蜥谷东南方向，直线距离500米处，用字母T将其标出。

拓展运用

1 CAT代表“电脑艺术家玩具”，它根据给出的方向移动，并记录下移动轨迹。CAT需要编程来画出正八边形。前2步已经给出，CAT可以接收距离和指南针方向两种指令。

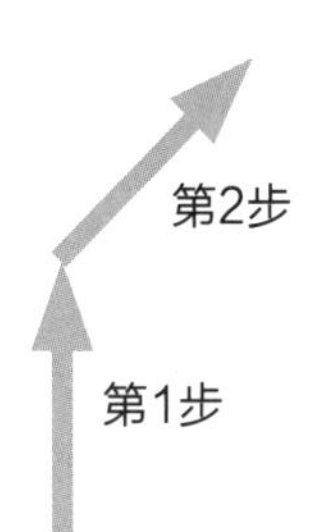

a 写下画正八边形的后续步骤。

第一步：向北移动 2 cm;

第二步：向东北移动 2 cm; ______________________________

____

____

b 根据你的步骤，能不能画出八边形？为了使画出的八边形更准确，你需要用到量角器，或者用微软Word之类的电脑软件中的画线工具。

---

2 画一幅《金银岛地图》，需要包含岛上一些有趣地点的图例，一个比例尺和一个方向标。在网格上做标记，以便可以给出地图上各个地点的坐标。

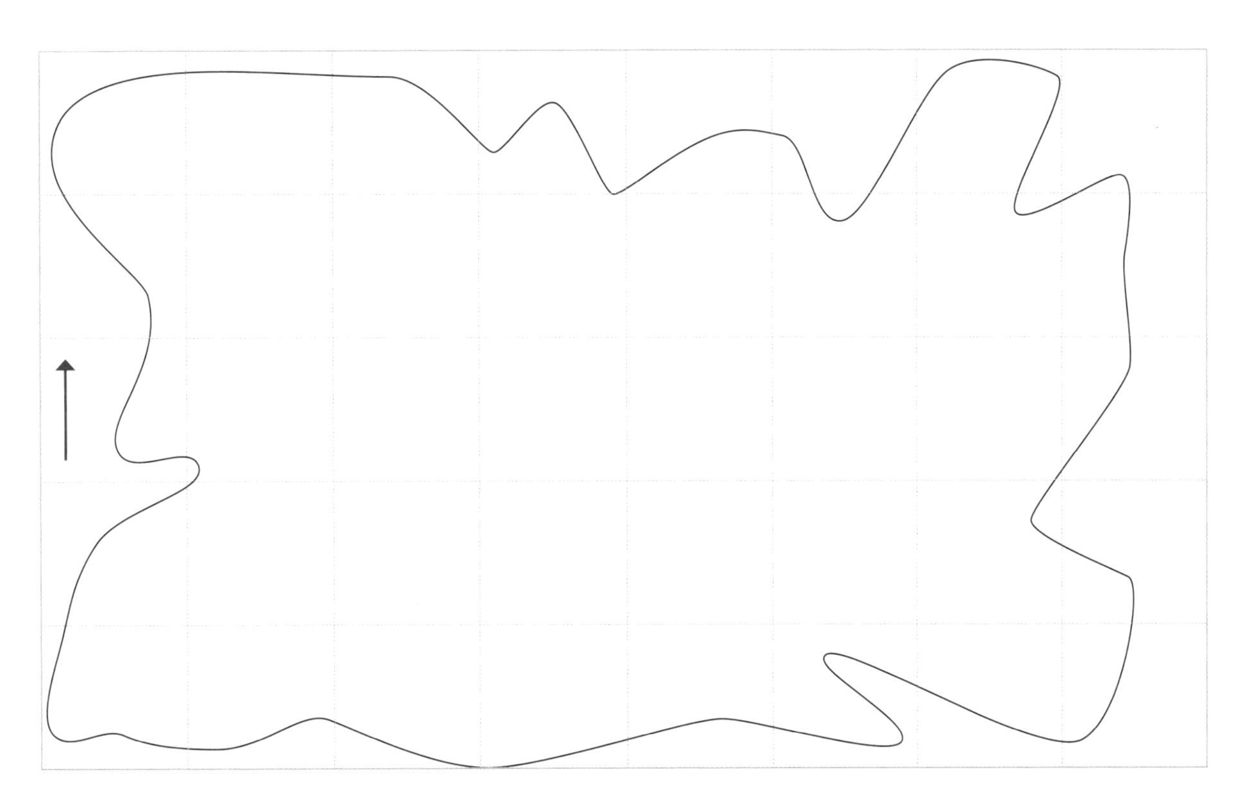

图例

比例尺：

第9单元 数据的表示和分析

9.1 数据收集与展示

展示数据的一种普遍做法是使用图表。图表有很多种，用哪一种取决于你想展示的内容。

趣味学习

垂直或水平条形图

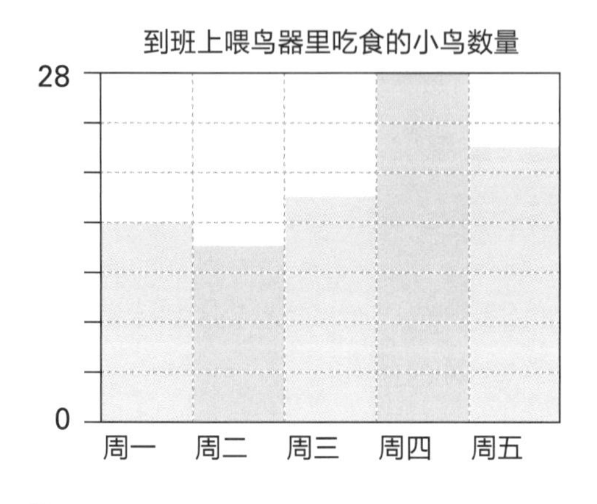

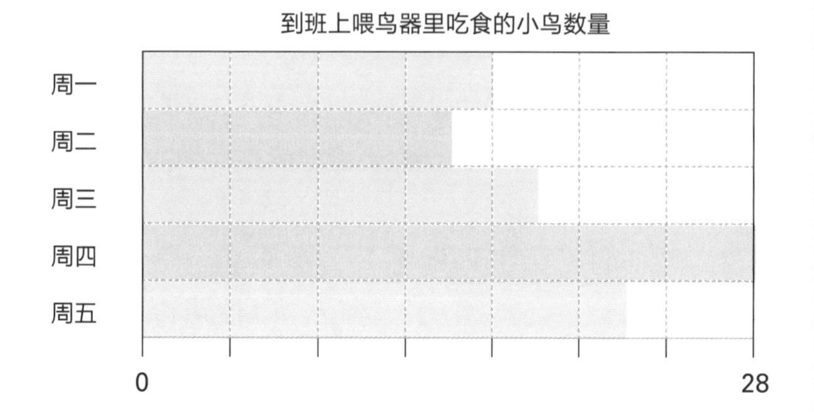

1 a 在两张表中数据轴的空白处填写数字。 b 周二比周一少来了几只鸟？ ________

2 散点图

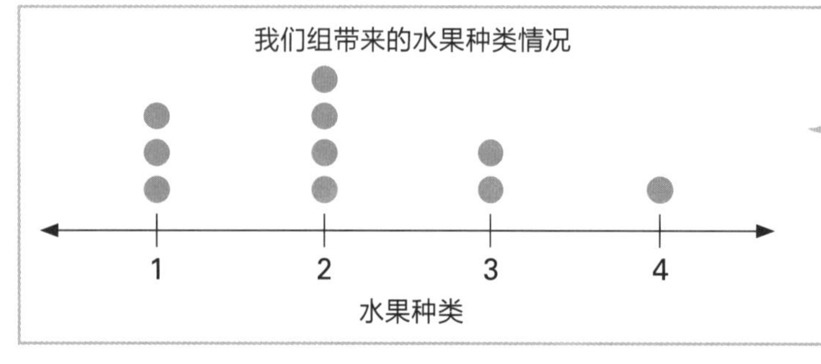

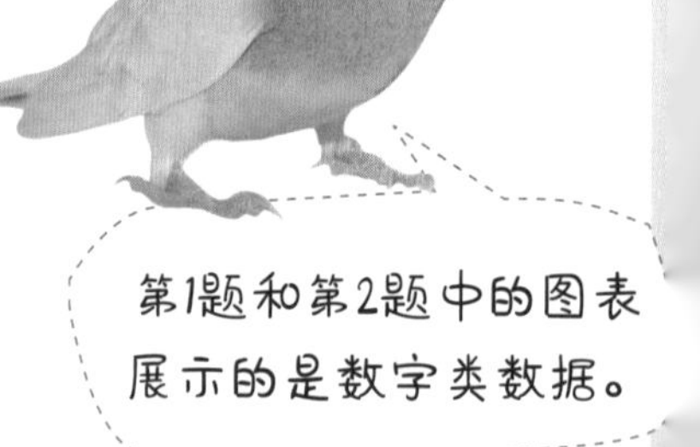

第1题和第2题中的图表展示的是数字类数据。

a 最常见的水果种类是哪一种？ ________ b 我们组一共几个人？ ________

3 最常见的两种数据类型分别是数字类数据和分类数据。数字类数据可以用来计数（测量），分类数据（如我们去哪里度假）无法计数。用“N”（数字类数据）或“C”（分类数据）为下列数据标明类型。

a 你最喜欢的宠物 ________ b 你有几只宠物 ________

c 你有多高 ________ d 你最喜欢的运动 ________

e 你最喜欢的课程 ________ f 你每天的阅读时长 ________

独立练习

1 如果你想调查像“你每天吃多少零食”这样的问题，你会得到数字类数据。写出一个关于食物的调查问题，收集调查这个问题所获得的分类数据。

2 如果你想调查像“你喜欢哪种音乐”这样的问题，你会得到分类数据。写出一个关于音乐的调查问题，收集调查这个问题所获得的数字类数据。

3 5班同学记录了20天正午的气温：
19℃, 18℃, 19℃, 20℃, 19℃,
20℃, 20℃, 20℃, 19℃, 18℃,
20℃, 19℃, 20℃, 19℃, 18℃,
20℃, 18℃, 17℃, 19℃, 20℃。

气温/℃	“正”字	频率
总计		

a 他们收集的是哪种数据？

b 填写数据统计表。

c 完成气温数据的散点图。

4 a 设计一个班上同学头发长度的统计表。

头发长度统计表

头发长度	短	中等齐肩	长	总计
人数				

b 将数据转移至条形图上，选择恰当的比例尺。

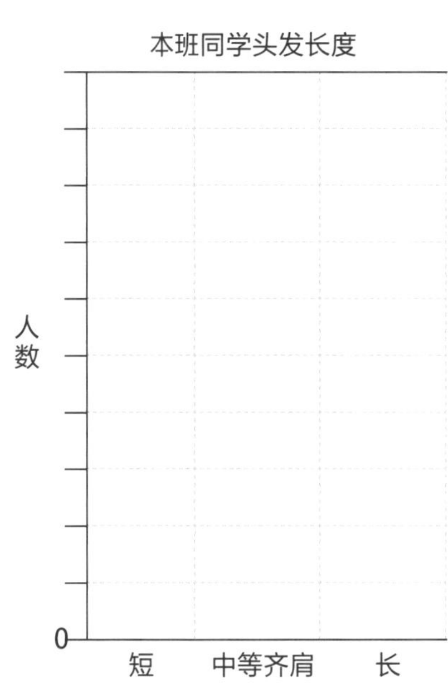

5 创建一个双向表格，丰富第4题中的信息，同时展示班上同学是否戴眼镜。

是否戴眼镜 头发长度	是	否	总计
短			
中等齐肩			
长			
总计			

6 下表展示了在澳大利亚橄榄球联赛上夺冠次数排名靠前的球队（截至2022年）。

a 填写“总计”一栏。

b 选择一种合适的图表来展示这些信息。

俱乐部名称	成立年份	夺冠年份	总计
卡尔顿	1864	1906, 1907, 1908, 1914, 1915, 1938, 1945, 1947, 1968, 1970, 1972, 1979, 1981, 1982, 1987, 1995	
科灵伍德	1892	1902, 1903, 1910, 1917, 1919, 1927, 1928, 1929, 1930, 1935, 1936, 1953, 1958, 1990, 2010	
埃森登	1872	1897, 1901, 1911, 1912, 1923, 1924, 1942, 1946, 1949, 1950, 1962, 1965, 1984, 1985, 1993, 2000	
吉朗	1859	1925, 1931, 1937, 1951, 1952, 1963, 2007, 2009, 2011	
霍索恩	1902	1961, 1971, 1976, 1978, 1983, 1986, 1988, 1989, 1991, 2008, 2013, 2014, 2015	
墨尔本	1858	1900, 1926, 1939, 1940, 1941, 1948, 1955, 1956, 1957, 1959, 1960, 1964, 2021	
北墨尔本	1869	1975, 1977, 1996, 1999	
里奇蒙德	1885	1920, 1921, 1932, 1934, 1943, 1967, 1969, 1973, 1974, 1980, 2017, 2019, 2020	
悉尼天鹅（前身为南墨尔本）	1874	1909, 1918, 1933, 2005, 2012	

拓展运用

研究人员认为10岁的孩子应该掌握10000个词汇，但获知一个人的词汇量非常困难。

1 写下3个你认为日常写作中经常用到的词。

2 进行一些研究，看看你写的对不对。你需要准备一篇100字的文章。

a 快速浏览，并在脑中记住你认为用得很频繁的词。

- 写出这些词；
- 用“正”字更准确地记录这些词的使用次数。

b 这些词中的哪3个用得最多？

c 比较你和其他人的研究，结果一样吗？

3 泉恩从黑色袋子中摸出了一些球，并且记录了颜色。

红 绿 红 绿 绿 白 白 白 红 红 白 黄 绿 白 红 红 红 红 黄 绿
白 黄 黄 黄 黄 红 红 红 白 绿 绿 白 白 红 黄 绿 红 黄 黄 绿

a 准确记录次数，找出哪种颜色的小球被摸出的次数最多。

颜色	红	绿	白	黄
次数				

b 你认为用这些数据来表示袋子里球的数量可靠吗？为什么？

9.2 展示与分析数据

折线图和饼状图也可以用来展示数据。
折线图可以用来展示数据是如何随时间变化的，如存钱。

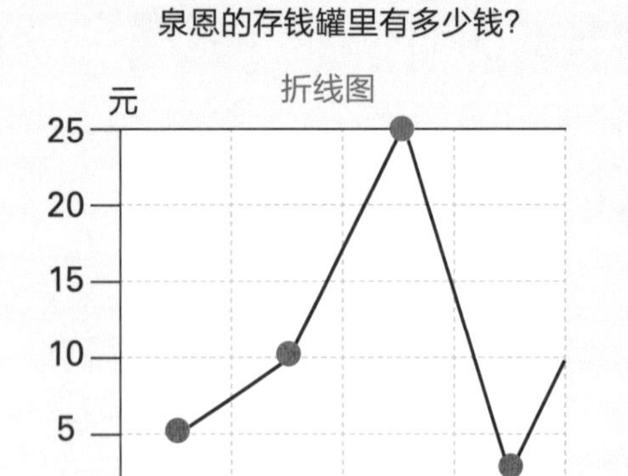

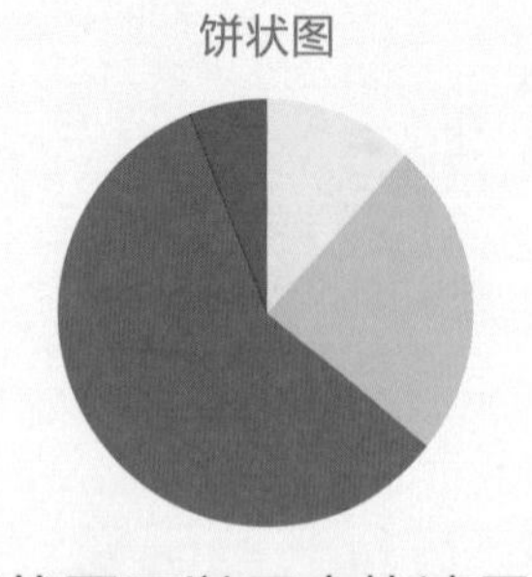

饼状图可以用来快速展示各项数据的占比。

趣味学习

1 上面的折线图显示，第1周泉恩有5元。

a 到第2周，他的钱比第1周多了多少? ________

b 哪一周泉恩的钱最多? ________

c 估计一下第4周泉恩有多少钱? ________

2 a 圈出关于上面饼状图正确的说法。

- 黄色比红色更受欢迎。
- 蓝色最不受欢迎。
- 全班24名同学中，有10个人喜欢蓝色。

b 估计喜欢绿色的同学的人数（假设全班24人）：

3 下面是第5～8周泉恩存钱罐里有多少钱。使用这些信息画一张折线图。

- 第5周：15元
- 第6周：20元
- 第7周：3元
- 第8周：16元

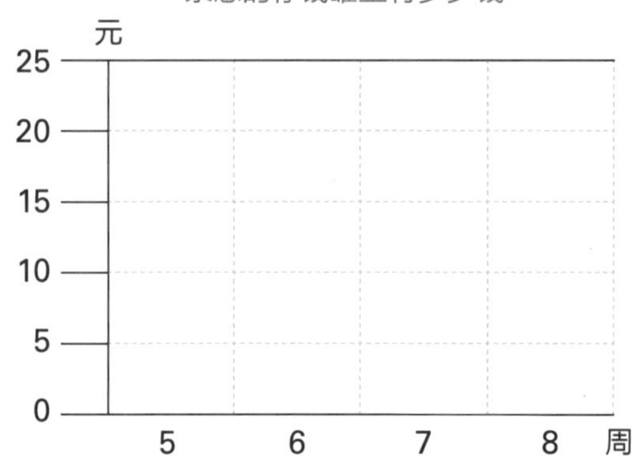

独立练习

1 这是伊娃本学期的拼写分数，满分20分。将数据用折线图展示。

周	1	2	3	4	5	6	7	8	9	10
分数	20	18	19	14	6	16	20	20	17	15

a 确定纵轴恰当的比例，并在纵轴和横轴上写出恰当的数据。

b 给图表写下标题。

c 给横轴和纵轴写下恰当的标题。

d 画出数据，并连接各点。

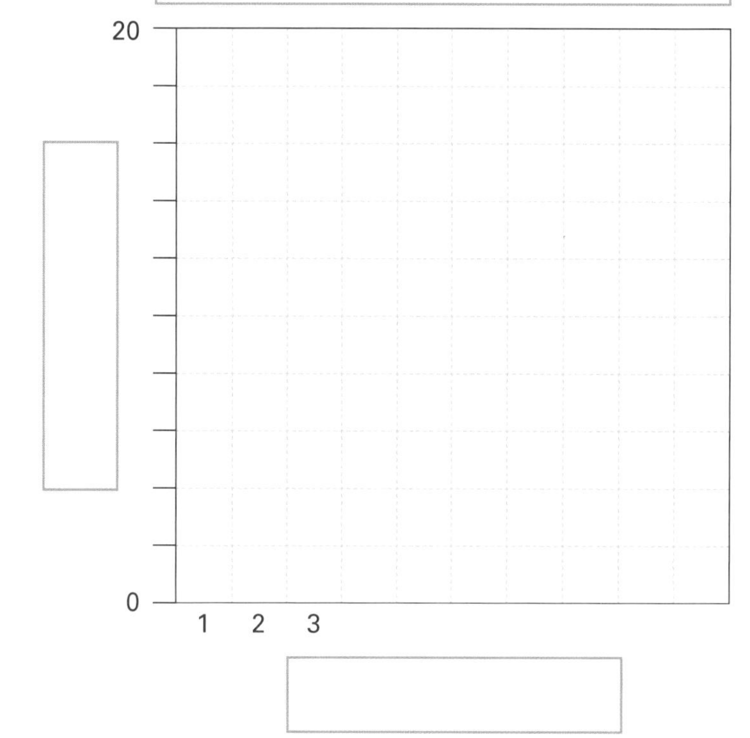

2 a 哪几周伊娃得了满分？ ______

b 描述第5周到第7周分数的变化。

______

c 你认为哪周伊娃有可能没有写家庭作业？ ______

d 判断对错：伊娃的平均分高于16。 ______

e 根据折线图，哪两周之间分数涨得最多？ ______

3 饼状图显示了1950年和2000年最受澳大利亚人欢迎的5个旅行目的地。这些数据均是调查了1000个人后得出的。

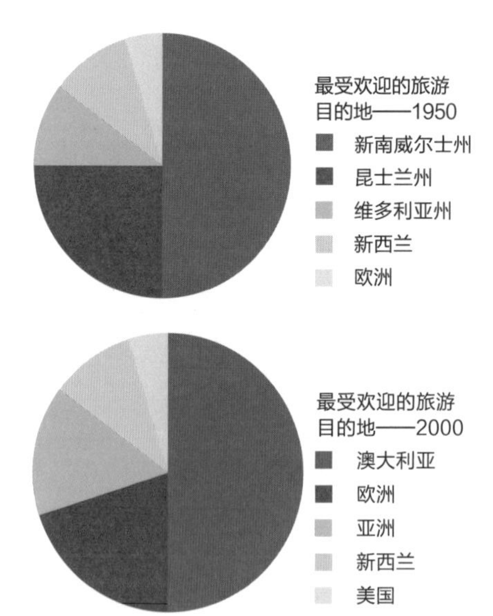

a　1950年最受欢迎的旅行目的地是哪里?

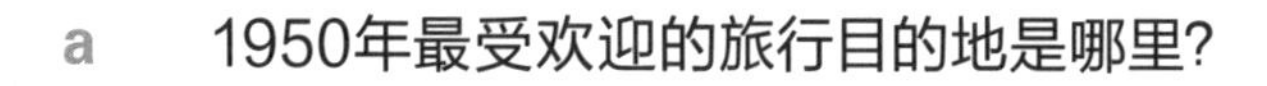

b　哪个地方在1950年和2000年的受欢迎程度相同?

c　2000年参与调查的人中，大约有多少人喜欢去欧洲度假?

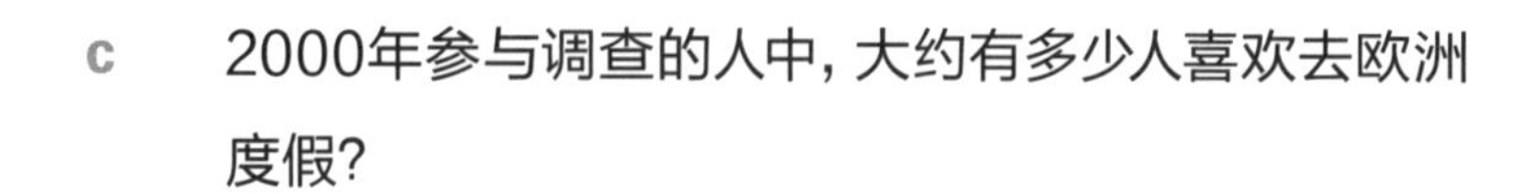

---

4 调查一下你班上同学的姓氏，并完成下列题目。

序号	姓氏	饼状图中占几个区域	图例（饼状图中的颜色）
1	张		
2	王		
3	李		
4	赵		
5	周		
6	其他		

a　根据调查结果，在空白饼状图上为每个姓氏选择一定大小的区域。

b　为每个姓氏选择一种颜色，在饼状图上涂色的同时，在表中的图例处涂色。

c　为饼状图写下标题。

d　根据饼状图上的信息，想出一个老师可能向5年级学生提出的问题。

拓展运用

1 下表记录了篮球队队员在每场比赛中的得分。

队员	第1场比赛得分	第2场比赛得分	第3场比赛得分	第4场比赛得分	第5场比赛得分	总得分	场均得分
萨姆	17	19	19	14	16		
艾米	8	7	0	2	8		
泉恩	5	8	4	2	11		
伊娃	14	15	3	11	17		
莉莉	2	4	1	0	3		
诺亚	6	2	4	2	21		

a 将表中的总得分除以总场次，得到场次均分，并填入表中。

b 用这些数据绘制一种图表。你可能关注的问题包括：

- 每个队员的最高得分是多少?
- 伊娃（或其他人）五场得分是怎么发生变化的?
- 三场比赛过后的平均分是多少?

标题：

c 谁的平均得分最高?

____

d 谁的单场得分最高?

____

e 哪位队员有可能作为替补队员的时间最长?

____

给出原因：

____

第10单元　可能性　10.1 可能性事件

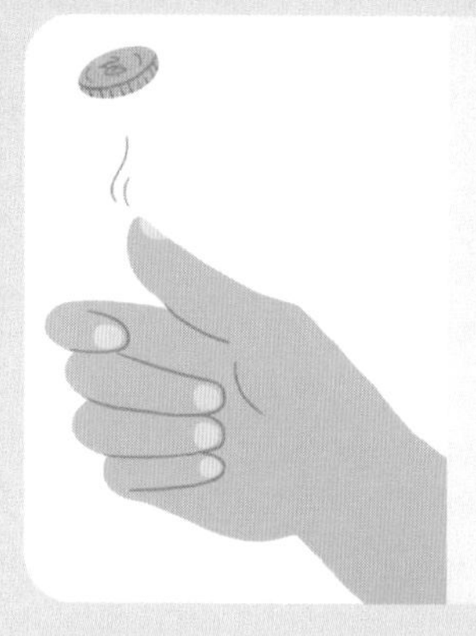

如果猜硬币的正反面，你猜对的可能性和猜错的可能性恰好相等。

用文字描述：概率相等。

用分数描述：概率是 $\frac{1}{2}$ 。

用百分数描述：概率是 50%。

用小数描述：概率是0.5。

趣味学习

用确定、比较可能、等可能、不太可能、绝不可能等形容可能性的词汇，描述下列事件发生的可能性。

1 a　打开收音机，听到的是女声。 ________

b　今晚有一头牛在电视上播报新闻。 ________

c　一位同学在午餐时间摔倒了。 ________

d　周一过后是周二。 ________

2 第1题中的可能性词汇可以放到数轴上。在数轴上你认为恰当的地方填写余下4个词语：确定、比较可能、不太可能、绝不可能，并用箭头指向可能性。

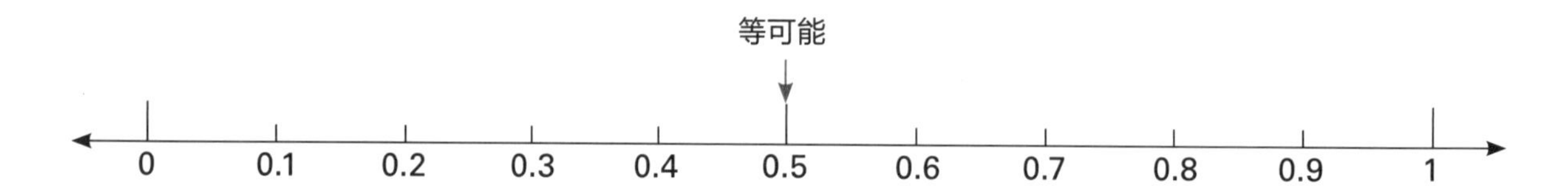

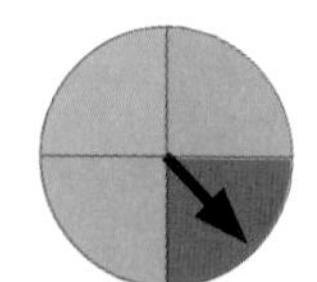

3 转盘停在红色上的可能性是 $\frac{1}{4}$ 。

转盘停在蓝色上的可能性是几分之几？ ________

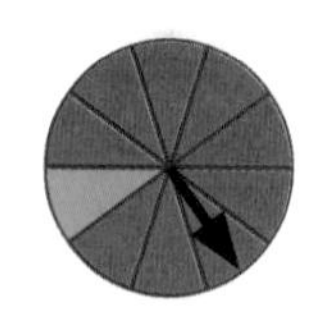

4 转盘停在红色上的可能性是90%。

转盘停在绿色上的可能性是百分之几？ ________

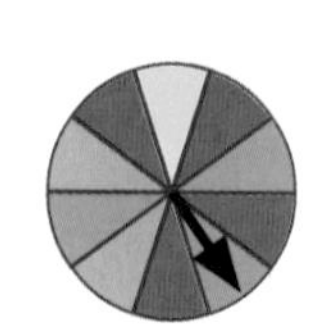

5 转盘停在黄色上的可能性是0.1，转盘停在下列颜色上的可能性是多少？

a　蓝色 ________　b　绿色 ________　c　白色 ________

独立练习

1 阅读下列事件发生的可能性。

a 将描述可能性的文字转换成小数。

b 填空。

		可能性
A	人绝不可能在2秒内跑完100米。	
B	我几乎不可能中1000万元大奖。	0.1
C	我这周末有可能去看电影。	
D	我喜欢这部电影的可能性略高于一半。	
E	很有可能。	
F	下个新生儿是女孩的可能性是一半。	
G	我明天去游泳的可能性略低于一半。	
H	几乎确定。	
I	确定。	
J	极不可能。	
K	不太可能。	

2 将第1题中每条描述对应的字母，标注到右侧数轴合适的位置上。

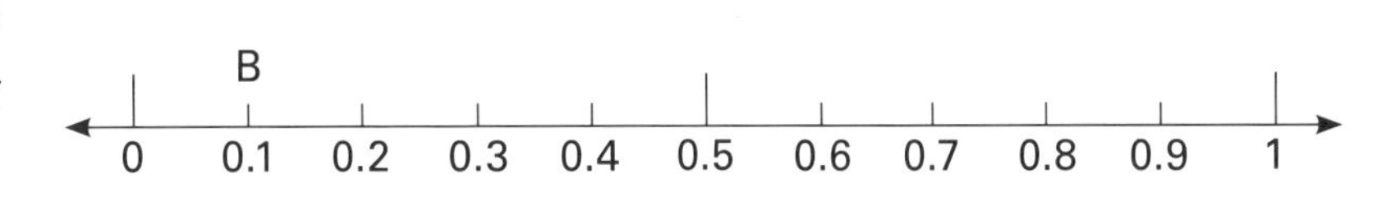

3 你认为用哪种方法描述可能性更加准确？用数值还是文字？

____

4 按照停在蓝色上的概率，用下列转盘编号填空。

a 75%的概率 ______

b 每2次中有1次 ______

c $\frac{1}{3}$ 的概率 ______

d 100%的概率 ______

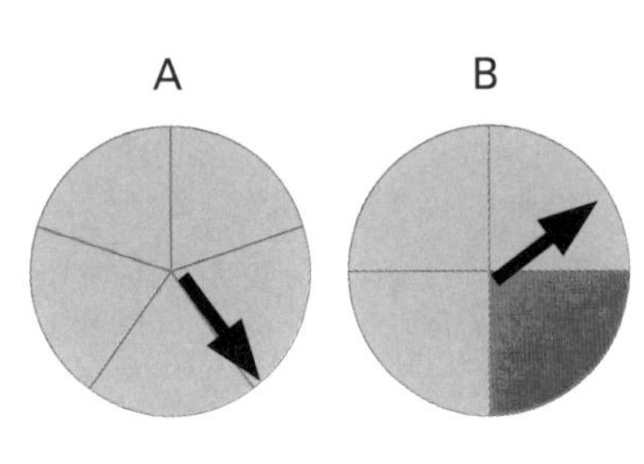

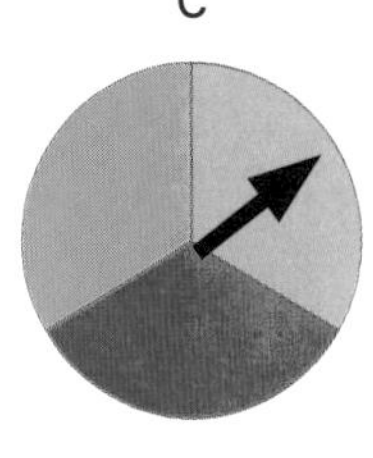

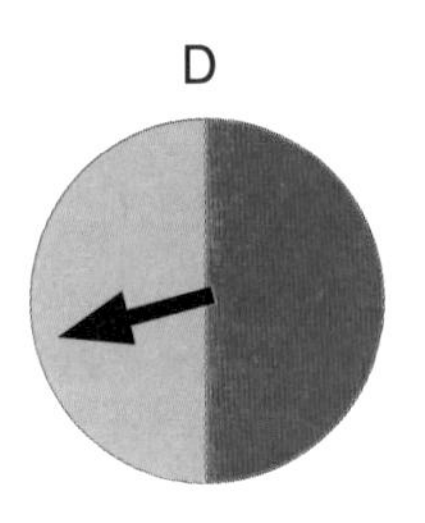

5 按照下列概率给转盘涂色。

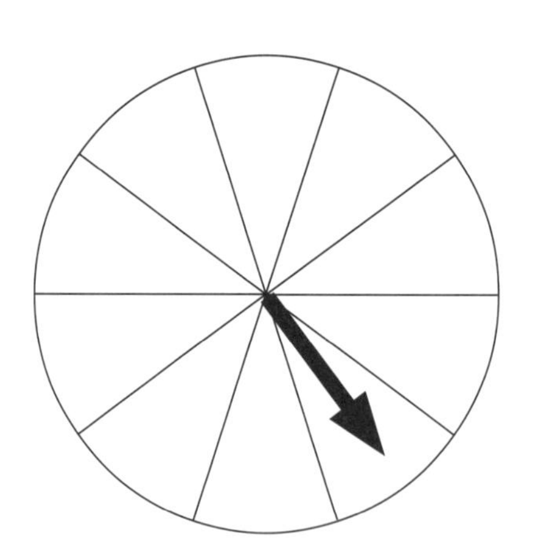

- 停在黄色上的概率是 0.1。
- 停在白色上的概率是 0。
- 停在蓝色上的概率是 $\frac{2}{10}$。
- 停在绿色上的概率是 0.4。
- 停在红色上的概率是 $\frac{3}{10}$。

---

6 下列转盘都有可能停在红色上，但概率不同。

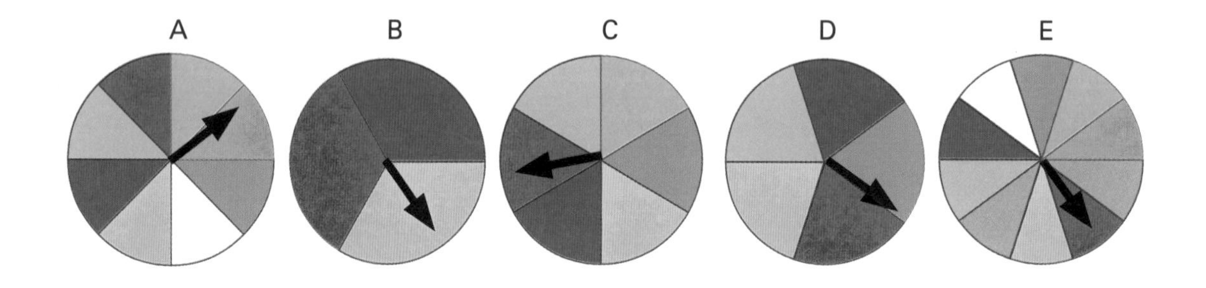

a　将转盘停在红色上的概率按从小到大重新排序。______________________

b　用数字写出每个转盘停在红色上的概率。

转盘 A：______　转盘 B：______　转盘 C：______　转盘 D：______　转盘 E：______

---

7 假设袋子里有100个弹珠，颜色包含红色和蓝色。你拿出10个弹珠，其中2个红色，8个蓝色，那么这100个弹珠中红色和蓝色的各有可能是多少个？

a　红色 ______　　b　蓝色 ______

---

8 圈出下面哪个数字错误地表示了从袋中拿出蓝色弹珠的概率？

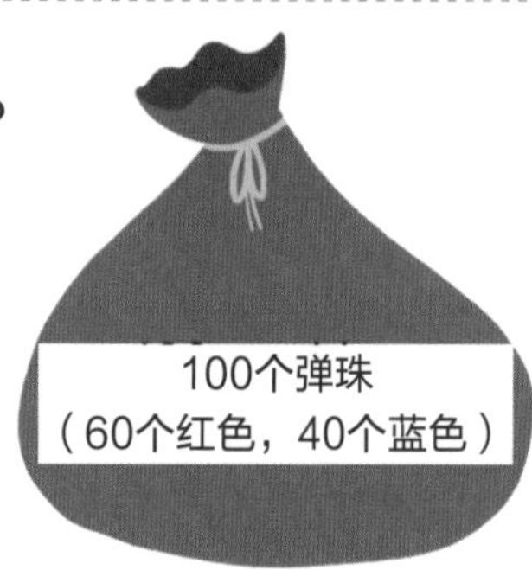

$\frac{1}{4}$　　$\frac{4}{10}$　　40%　　0.4

拓展运用

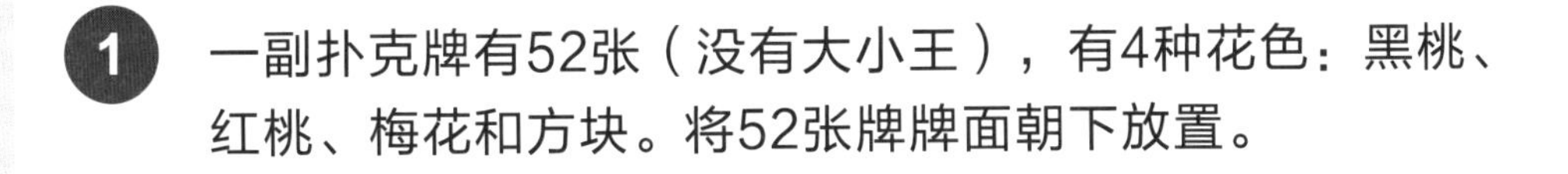

1 一副扑克牌有52张（没有大小王），有4种花色：黑桃、红桃、梅花和方块。将52张牌牌面朝下放置。

a 用数字表示抽出一张方块的概率。__________

b 抽出哪种牌的概率是一半？__________

c 每种花色有4张“画面”牌，用分数表示抽出相同画面牌的概率。__________

d 如果抽出20张牌，其中红桃可能有多少张？__________

---

2 克洛伊发明了一种桌游。移动的格数取决于转盘指针停留的颜色，移动步数越多的颜色，停留的可能性越少。

- 停在红色上：前进1格
- 停在蓝色上：前进2格
- 停在绿色上：前进4格
- 停在金色上：前进6格

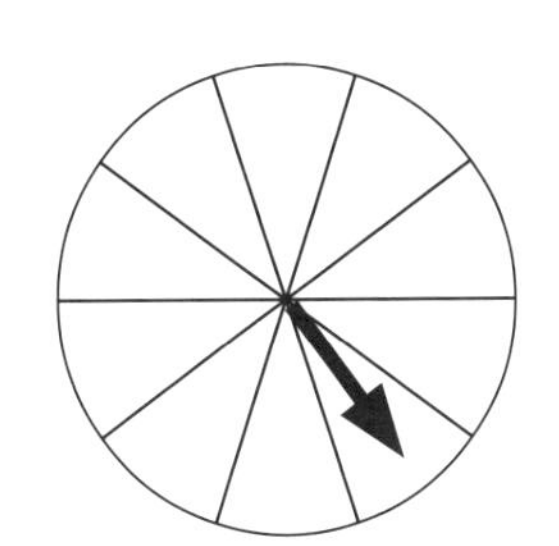

a 按照停在红色概率最大，其次是蓝色，再次是绿色，停在金色概率最小的顺序将转盘涂色。

b 用分数和小数描述停在每种颜色上的概率。

红色：$\frac{\square}{\square}$ ________ 蓝色：$\frac{\square}{\square}$ ________ 绿色：$\frac{\square}{\square}$ ________ 金色：$\frac{\square}{\square}$ ________

---

3 每包软糖中都有20颗红色、10颗绿色、25颗白色、20颗黄色、10颗紫色、10颗粉色和5颗黑色的糖。

a 乔尔喜欢黄色的糖，他从一包糖中任意拿出一颗，恰好是黄色的概率是多少？________

b 艾薇拿出哪种颜色的糖的概率是四分之一？________

c 拉克兰最喜欢的颜色是红色和绿色，用分数表示他能拿到喜欢的颜色的糖的概率。____

d 查理拿出哪种颜色的糖的概率是二十分之一？________

10.2 可能性实验

掷硬币时，猜对是哪一面的概率是 $\frac{1}{2}$ 。这意味着如果扔4次硬币，应该有2次正面和2次反面。这真的会发生吗？

第一次扔

第二次扔

第三次扔

第四次扔

趣味学习

1 假如掷一枚硬币连续10次都是正面朝上，圈出下次是背面的概率。

100%　　90%　　75%　　50%　　25%　　0%

2 a　预测掷10次硬币的结果。　　正面：______　　背面：______

b　掷10次硬币，记录结果。

次数	第一次	第二次	第三次	第四次	第五次	第六次	第七次	第八次	第九次	第十次
正/反面										

c　比较你的预测和实际结果，解释差异。

____

3 扔6面骰子，结果是4的概率不是 $\frac{1}{2}$ 。

a　用数字表示扔出4的概率：______

b　如果一个骰子连续10次都扔出了4，第11次扔出4的概率是多少？______

4 a　预测扔10次骰子的结果。

____

b　扔10次骰子，记录结果。

次数	第一次	第二次	第三次	第四次	第五次	第六次	第七次	第八次	第九次	第十次
点数										

c　预测掷硬币的结果困难，还是预测扔骰子的结果困难？给出理由。

____

独立练习

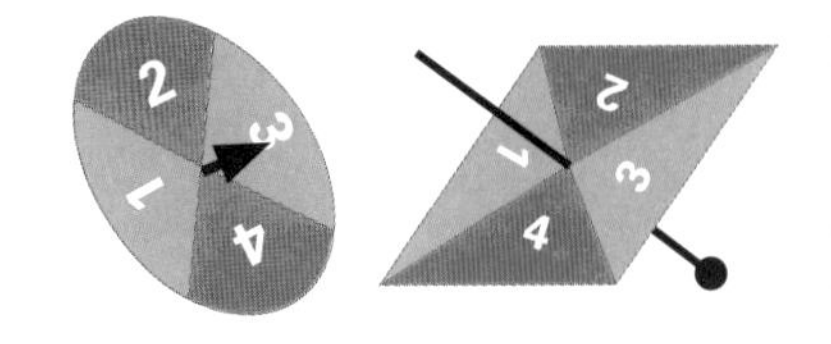

这个练习需要用到有数字1～4的转盘。

1 a　圈出不能表示转盘停留在数字4上概率的数值。

$\frac{1}{4}$　　十分之四　　四分之一　　25%　　0.25

b　如果转4次转盘，理论上，它应该停在每个数字上1次。你认为实际上这会发生吗？给出理由。

____

2 下面来做实验。先确定得到准确结果的实验次数，即转盘转动的次数需要是4的倍数。转动转盘，并将结果记录在表中。

转盘数字	1	2	3	4
出现次数（“正”字）				
总计				

3 用几句话描述实验结果，例如：

- 结果和预期一致吗？
- 为什么停在每个数字上的次数不一样？
- 如果我从头再做一遍，结果一样吗？
- 如果我将实验次数增加一倍，结果会有什么不同？
- 我的结果和同学们的一样吗？

____

____

4 实验设置会影响结果。如果制作一个5面转盘，并像下图中那样标记数字，相比4面转盘，出现各个数字的概率会如何变化？

下面的实验需要2枚硬币。

5 同时扔这2枚硬币，一共有3种可能的结果，填入下表。

同时扔2枚硬币的结果可能是		
两个正面		

6 预测扔40次硬币的结果。

两个正面: ______ 两个反面: ______

一正一反: ______

7 进行实验并记录结果。

结果	两个正面	两个反面	一正一反
出现次数			
总计			

8 写几句话描述实验结果。

______

______

______

______

9 上面实验中的每种结果出现的可能性不一样，观察右侧的结果并解释原因。

结果：一正一反

反面 正面

正面 反面

结果：两个反面

反面 反面

结果：两个正面

正面 正面

______

______

______

______

拓展运用

1 我们可以得出这个转盘不停在白色上的概率。用尽可能多的方法写出这个值。

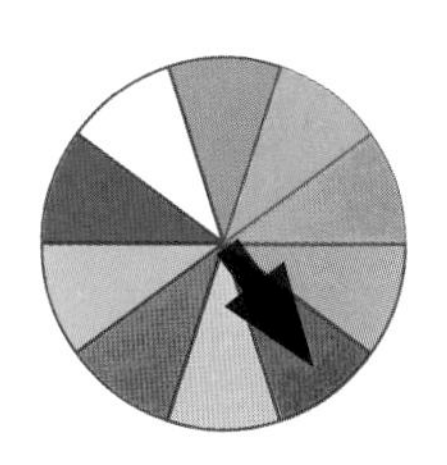

____

2 圈出最接近转盘停在黄色上的概率。

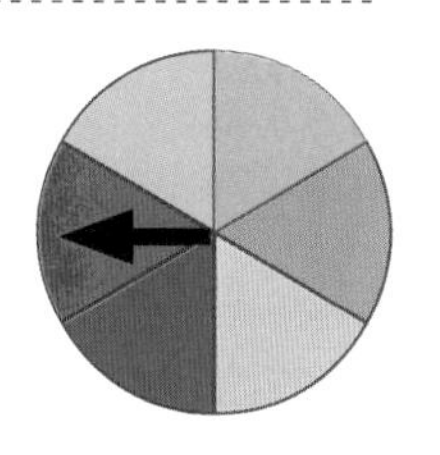

大约 5%　　大约 15%　　大约 25%　　大约 50%　　大约 75%

3 假如第2题中的转盘连续10次都停在了黄色上，圈出下一次它停在黄色上的概率。

$\frac{1}{6}$　　$\frac{3}{6}$　　0　　1

4 找7张大小相同的正方形卡片，写下字母M，I，N，I，M，U，M。每张卡片上只写一个字母，将其正面朝下放好，再打乱顺序。

M	I	N	I	M	U	M

a 第一次拿到M的概率是? ________

b 将N和U正面朝上，现在取出I的可能性是? ________

c 将所有卡片正面朝下，并打乱顺序，随便同时取出2张，都是M的概率是多少?

____

____

____

5 如果做42次实验，你预计每个字母出现的次数是多少?

____

____

____

答　案（请注意，如果一个问题有多种答案，那么将给出最可能的一种答案。）

第1单元　数和位值

1.1 位　值

趣味学习

1

	十万	万	千	百	十	个	写下数字
a		2	0	0	0	0	2 0000
b			5	0	0	0	5000
c				3	0	0	300
d					8	0	80
e						4	4

2　a　9307　　b　2 5046　　c　10 2701

3　a　二千八百六十
　b　一万三千四百六十五
　c　二万八千七百零五

独立练习

1　a　2 0000　　b　3000　　c　10 0000
　d　8000　　e　500

2　a　二万九千四百二十五
　b　五万三千二百零七
　c　十三万五千二百八十四
　d　四万八千零五
　e　三十九万九千五百一十七

3　a　8 6231　　b　14 2000
　c　65 6308　　d　10 5921

4　2 5790

5　a　5000 + 100 + 20 + 3
　b　6 0000 + 3000 + 300 + 80 + 2
　c　6000 + 4
　d　10 0000 + 2 0000 + 5000 + 300 + 80 + 1
　e　80 0000 + 6 0000 + 90 + 4

6　a　97 6531　　b　13 6795
　c　79 6531　　d　35 1679

7　a　23 6356；二十三万六千三百五十六
　b　15 4009；十五万四千零九

拓展运用

1

地点	活动	数字
美国	一起遛狗的人数	3117
西班牙	一起跳萨尔萨舞的人数	3868
波兰	一起敲钟的人数	1 0021
新加坡	一起跳拍拍舞的人数	1 1967
葡萄牙	一起组成广告牌的人数	3 4309
墨西哥	一起做有氧运动的人数	3 8633
印度	一群人一天内种的树的数量	8 0241
美国	一起跳康茄舞的人数	11 9986
英国	最长的围巾（厘米）	32 2000

2　a　8 0241　　b　3 8633
　c　3117　　d　32 2000
　e　1 0021　　f　11 9986
　g　1 1967　　h　3868
　i　3 4309

3　注意：观察孩子如何列数。能够近似到50000的数必须以51000或52000开始，然后组合其他3个数字。可能的答案：51269,51296,51962,51926,51629,51692,52169,52196,52619,52691,52961,52916（准确人口数是51962。）

1.2 加法口算

趣味学习

1

	算式	找到近似翻倍	然后	答案
a	150 + 160	150 + 150 = 300	再加10	310
b	126 + 126	125 + 125 = 250	再加2	252
c	1400 + 1450	1400 + 1400 = 2800	再加50	2850

2

	算式	展开数字	对应位相加	答案
a	66 + 34	60 + 6 + 30 + 4	60 + 30 + 6 + 4 = 90 + 10	100
b	140 + 230	100 + 40 + 200 + 30	100 + 200 + 40 + 30 = 300 + 70	370
c	1250 + 2347	1000 + 200 + 50 + 2000 + 300 + 40 + 7	1000 + 2000 + 200 + 300 + 50 + 40 + 7 = 3000 + 500 + 90 + 7	3597

3　a　105 + 84 是多少?　　b　1158 + 130 是多少?　　c　2424 + 505 是多少?

答案：105 + 84 = 189　　答案：1158 + 130 = 1288　　答案：2424 + 505 = 2929

独立练习

1

	算式	使用近似后得到	然后	答案
a	56 + 41	56 + 40 = 96	加上1	97
b	25 + 69	25 + 70 = 95	减去1	94
c	125 + 62	125 + 60 = 185	加上 2	187
d	136 + 198	136 + 200 = 336	减去2	334
e	195 + 249	195 + 250 = 445	减去1	444
f	1238 + 501	1238 + 500 = 1738	加上1	1739
g	1645 + 1998	1645 + 2000 = 3645	减去2	3643

2　a　134　　b　125　　c　371
　d　2409　　e　2950　　f　2566

3　孩子自己在数轴上画一画，计算答案。
　a　163　　b　211
　c　2035　　d　3906

4

	算式	展开数字	对应位相加	答案
a	173 + 125	100 + 70 + 3 + 100 + 20 + 5	100 + 100 + 70 + 20 + 3 + 5	298
b	1240 + 2130	1000 + 200 + 40 + 2000 + 100 + 30	1000 + 2000 + 200 + 100 + 40 + 30	3370
c	5125 + 1234	5000 + 100 + 20 + 5 + 1000 + 200 + 30 + 4	5000 + 1000 + 100 + 200 + 20 + 30 + 5 + 4	6359
d	7114 + 2365	7000 + 100 + 10 + 4 + 2000 + 300 + 60 + 5	7000 + 2000 + 100 + 300 + 10 + 60 + 4 + 5	9479
e	2564 + 4236	2000 + 500 + 60 + 4 + 4000 + 200 + 30 + 6	2000 + 4000 + 500 + 200 + 60 + 30 + 4 + 6	6800

5 让孩子解释他是如何得到答案的。

a 903 **b** 2980 **c** 6027
d 4998 **e** 3501 **f** 1483
g 4998 **h** 5490

拓展运用

1 **A** 2200 **B** 1500 **C** 4800
D 4500 **E** 8900 **F** 2200
G 600000 **H** 200000

2 **a** 3700米 **b** 300米
c 800千米

3 **a** 11.00元
b 球

1.3 加法笔算

趣味学习

1 **a** 49 **b** 274
c 498 **d** 4866

2 **a** 86 **b** 284
c 425 **d** 917

3 **a** 386 **b** 4623 **c** 47823
d 75121 **e** 700131

独立练习

1 **a** 123 **b** 1234 **c** 12345
d 123456 **e** 121 **f** 2332
g 34543 **h** 456654 **i** 111
j 2222 **k** 33333 **l** 444444

2 **a** 90 **b** 820 **c** 815
d 1320 **e** 2307

3 **a** 不合理，因为300+200+1000+100+200 =1800
b 1792元

4 **a** 251 **b** 1065 **c** 1017
d 244 **e** 1140 **f** 1543
g 4027 **h** 38373 **i** 62070
j 12257

拓展运用

1 **a-d** 有2个可能的答案：335或435，检查孩子能否系统地解决这个问题。
答案为335，可能的加数是319+16、309+26和329+6。
答案为435，可能的加数有：
399 + 36 389 + 46
379 + 56 369 + 66
359 + 76 349 + 86
339 + 96

2 有多种正确答案。可以让孩子用计算器来验证答案。一种简便算法是从第一场比赛的观众平均数中减1，加到第2场，然后从第三场比赛的观众平均数中减2，加到第4场，以此类推。

3 答案是123456，有多种题目编写方法，自行验证。

1.4 减法口算

趣味学习

1

	算式	近似后		然后			答案
a	53 – 21	53 – 20 = 33		减去1			32
b	85 – 28	85 – 30 = 55		加回2			57
c	167 – 22	167 – 20 = 147		减去	2		145
d	346 – 198	346 –	200 = 146	加回2			148
e	1787 – 390	1787 – 400 = 1387		加回10			1397
f	5840 – 3100	5840 – 3000 = 2840		减去100			2740
g	6178 –3995	6178 – 4000 = 2178		加回5			2183

2

	算式	展开后的数字	减去第一部分	减去第二部分	减去第三部分	答案
a	257 – 126	126 = 100 + 20 + 6	257 – 100 = 157	157 – 20 = 137	137 – 6 = 131	131
b	548– 224	224 = 200 + 20 + 4	548 –200 = 348	348 – 20 = 328	328 – 4 = 324	324
c	765 – 442	442 = 400 + 40 + 2	765 – 400 = 365	365 – 40 = 325	325 – 2 = 323	323
d	878 – 236	236 = 200 + 30 + 6	878 – 200 = 678	678 – 30 = 648	648 – 6 = 642	642
e	999 – 753	753 = 700 + 50 + 3	999–700 = 299	299 – 50 = 249	249 – 3 = 246	246

独立练习

1 可以用多种方法计算。让孩子解释他是如何得到答案的。
a 25 **b** 155 **c** 316
d 1236 **e** 3246

2 可以用多种方法计算。让孩子解释他是如何得到答案的。
a 21 **b** 121 **c** 422
d 2402 **e** 3323

3 **a** 776 – 423 = ?

– 3 – 20 – 400
776
353 356 376

答案： 776 – 423 = 353

b 487 – 264 = ?

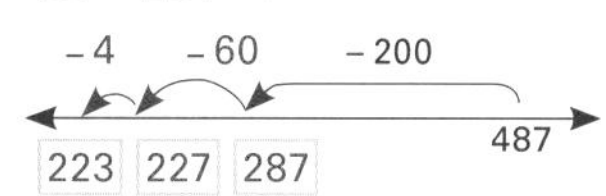

答案： 487 – 264 = 223

c 1659 – 536 = ?

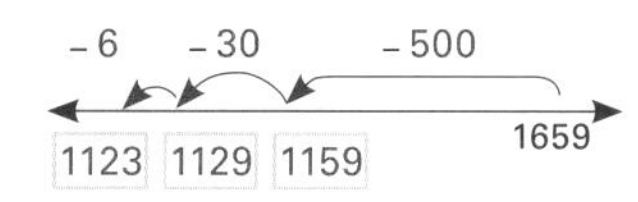

答案： 1659 – 536 = 1123

4 可以让孩子解释他是如何得到答案的。
a 2.50元 **b** 1.25元 **c** 6.50元
d 5.55元 **e** 4.65元 **f** 7.85元

5 可以让孩子解释他是如何得到答案的。
a 43 **b** 22 **c** 65
d 33 **e** 115 **f** 110

6 可以让孩子解释他是如何得到答案的。
a 70 **b** 51 **c** 57
d 75 **e** 295 **f** 550

拓展运用

1 1小时35分钟或95分钟。

2 有多种答案。可以让孩子解释他是如何得到答案的。一种简单的方法是从一个整数开始，如一个数是100，则另一个数是157。其他的答案则可以将这两个数都加1，如101和158，102和159，等等。

3 有多种答案。一种简单的方法是将2.40元加到5.00元，将相差的2.60元当作物品的价格。

4 3838
有多种计算方法。一种简单方法是将397近似到400要，4235–400=3835，然后将3加回，得到3838。

5 比尔：7657.00元；本：7850.00元

6 **a-c** 检查答案，如：623–545=78，633–555=78，643–565=78，等等。检查孩子能否发现在被减数和减数上同时加10这个规律。

1.5 减法笔算

趣味学习

a 49 **b** 116 **c** 219
d 407 **e** 6126 **f** 3094
g 1506 **h** 3998 **i** 22187
j 18259 **k** 33247 **l** 567639

独立练习

1 **a** 321 **b** 432 **c** 543
d 654 **e** 765

2 **a** 1234　**b** 2345　**c** 3456
d 4567　**e** 5678　**f** 6789
g 9876　**h** 8765

3 **a** 11111　**b** 22222　**c** 33333
d 44444　**e** 55555　**f** 66666

4 最大的6位数：764321
最小的6位数：123467
差：640854

5 913 – 189 = 724

6 **a** 124
b 6194
c 7258

7 **a** 268　**b** 258　**c** 425
d 148　**e** 369　**f** 818
g 13677　**h** 385926

拓展运用

1 有多种答案。可能的3个答案：
10999 – 10000 = 999
11000 – 10001 = 999
11001 – 10002 = 999

2 **a** 36831人　**b** 11812人
c 53725人　**d** 圈出25000

3 978毫米

4

	×5	先乘以10	再减半	乘法算式
a	16	160	80	16 × 5 = 80
b	18	180	90	18 × 5 = 90
c	24	240	120	24 × 5 = 120
d	32	320	160	32 × 5 = 160
e	48	480	240	48 × 5 = 240

5 可以让孩子解释他是如何得到答案的。
a 180　**b** 1400　**c** 25
d 340　**e** 280　**f** 750
g 104　**h** 360　**i** 17.50
j 480

拓展运用

1

	× 15	× 10	×5	二者相加	乘法算式
a	16	160	80	160 + 80 = 240	16 × 15 = 240
b	14	140	70	140 + 70 = 210	14 × 15 = 210
c	20	200	100	200 + 100 = 300	20 × 15 = 300
d	30	300	150	300 + 150 = 450	30 × 15 = 450
e	25	250	125	250 + 125 = 375	25 × 15 = 375

2 她的选择不好，方案2比较好，因为这样她能拿到的钱就是0.40+0.80+1.60+3.20+6.40+12.80+25.60+51.20+102.40+204.80+409.60+819.20+1638.40，一年（按52周来算）能拿到的总钱数是3276.40元。

3 **a-b** 总页数是330。检查孩子能否用到简便方法。如48×5，先用48×10=480，再减半得到240，然后将45翻倍得到90，240+90=330。

1.6 乘法口算

趣味学习

1

	a		b		c		d		e			f		
	十位	个位	十位	个位	十位	个位	十位	个位	百位	十位	个位	百位	十位	个位
× 10		7		8		6		9		1	4		1	9
	7	0	8	0	6	0	9	0	1	4	0	1	9	0

2 **a** 15 m　**b** 22 L
c 45 t　**d** 17.00元
e 38 cm　**f** 36 m
g 27.50 元

3 **a** 1400　**b** 1700　**c** 1300
d 2700　**e** 2300　**f** 4500
g 6400　**h** 370 m　**i** 125.00元

独立练习

1 **a** 6 × 3 个十 = 18 个十 = 180
b 9 × 2 个十 = 18 个十 = 180
9 × 3 个十 = 27 个十 = 270
c 8 × 2 个十 = 16 个十 = 160
8 × 3 个十 = 24 个十 = 240
d 7 × 2 个十 = 14 个十 = 140
7 × 3 个十 = 21 个十 = 210

2 **a** 10, 20, 40　**b** 24, 48, 96
c 30, 60, 120　**d** 100, 200, 400
e 80, 160, 320

3

	算式	翻倍和减半	积
a	3 × 14	6 × 7	42
b	5 × 18	10 × 9	90
c	3 × 16	6 × 8	48
d	5 × 22	10 × 11	110
e	6 × 16	12 × 8	96
f	4 × 18	8 × 9	72

1.7 乘法笔算

趣味学习

1 7 × 34 = 7 × 30 + 7 × 4
= 210 + 28
= 238

30　4
7
7 × 30 = 210　7 × 4 = 28

2 5 × 28 = 5 × 20 + 5 × 8
= 100 + 40
= 140

20　8
5
5 × 20 = 100　5 × 8 = 40

独立练习

1 6 × 32 = 6 × 30 + 6 × 2
= 180 + 12
= 192

30　2
6

2 5 × 35 = 5 × 30 + 5 × 5
= 150 + 25
= 175

30　5
5

3 7 × 48= 7 × 40 + 7 × 8
= 280 + 56
= 336

趣味学习

1 **a** 172　**b** 195　**c** 58
d 644　**e** 152

2 **a** 250　**b** 568　**c** 759
d 975　**e** 2490　**f** 696
g 1425　**h** 6492　**i** 6360
j 8692　**k** 9856

独立练习

1 **a** 6492　**b** 6936　**c** 7548
d 21150　**e** 36978　**f** 43076
g 235480　**h** 119260　**i** 181870
j 222633

2 **a** 111111　**b** 222222　**c** 333333
d 444444　**e** 555555　**f** 666666
g 777777　**h** 888888　**i** 999999

3 **a** 81.75　**b** 93.75　**c** 87.30

4 **a** 340　**b** 280　**c** 480
d 640　**e** 810

5 **a** 360　**b** 368　**c** 475
d 624　**e** 555　**f** 855

拓展运用

1 a 29238 km b 44178 km
c 184944 km d 176008 km
e 达到了，100 × 10000 = 1000000。（准确答案为1032600 km。）

2 a 2604 积分
b 152640 积分
c 130464 积分

3 有多种方法来计算答案。可以和孩子讨论他准备如何解题。可以先将距离翻倍（651×2）得到往返路程，然后将1302乘以14；还可以先用651×14，再将结果翻倍；第三种方法是先用651乘以7天，再将结果翻倍（因为每天有2班），然后再将结果翻倍（因为是往返飞机）。总里程是18228 km。

1.8 因数和倍数

趣味学习

1 a 1, 2, 4, 8 b 1, 5
c 1, 3, 9 d 1, 2, 3, 6
e 1, 2 f 1, 2, 4
g 1, 7 h 1, 3

2 a 3, 6, 9, 12, 15, 18, 21, 24, 27, 30
b 6, 12, 18, 24, 30, 36, 42, 48, 54, 60
c 9, 18, 27, 36, 45, 54, 63, 72, 81, 90
d 2, 4, 6, 8, 10, 12, 14, 16, 18, 20
e 4, 8, 12, 16, 20, 24, 28, 32, 36, 40
f 8, 16, 24, 32, 40, 48, 56, 64, 72, 80
g 7, 14, 21, 28, 35, 42, 49, 56, 63, 70
h 5, 10, 15, 20, 25, 30, 35, 40, 45, 50

独立练习

1 a 1, 3, 5, 15 b 1, 2, 4, 8, 16
c 1, 2, 4, 5, 10, 20 d 1, 13
e 1, 2, 7, 14 f 1, 2, 3, 6, 9, 18

2 a 23 (1 , 23), 29 (1 , 29)
b 21 (1, 3, 7, 21), 22 (1, 2, 11, 22), 26 (1, 2, 13, 26), 27 (1, 3, 9, 27)
c 25 (1, 5, 25)
d 28 (1, 2, 4, 7, 14, 28)

3 a 1, 2, 3, 4, 6, 8, 12, 24
b 36
1, 2, 3, 4, 6, 9, 12, 18, 36

4 a 4：1, 2, 4；8：1, 2, 4, 8；公因数是 1 , 2 , 4
b 6：1, 2, 3, 6；8：1, 2, 4, 8；公因数是 1 , 2
c 14：1, 2, 7, 14；21：1, 3, 7, 21；公因数是 1 , 7
d 12：1, 2, 3, 4, 6, 12；18：1, 2, 3, 6, 9, 18；公因数是 1 , 2 , 3 , 6

5 a 15, 25, 40, 50, 60, 65, 75, 85, 100
b 8, 12, 24, 28, 36, 40, 48
c 8, 16, 24, 32, 48, 56
d 14, 21, 28, 35, 42, 49, 56
e 9, 18, 27, 36, 45, 63, 72

6 检查答案。
a 对，因为74是偶数。
b 对，因为48各数位的数字之和能被3整除。
c 对，因为1001不以0结尾。
d 对，因为5的倍数都以5或0结尾。

7 2：2, 4, 6, 8, 10, 12, 14, 16, 18, 20, 22, 24, 26, 28, 30
3：3, 6, 9, 12, 15, 18, 21, 24, 27, 30
公倍数是 6, 12, 18, 24 和 30

8 20

9 36

10 a 18 b 12
c 35 d 15
e 45 f 28

拓展运用

1 a 1, 2, 5, 10, 25
b 可能的答案包括5，10或25。检查孩子能否为答案给出合理解释。

2 a 16, 24, 36, 52, 96
b 240个
c 24, 30, 36, 90, 96
d 24, 36, 96

3 12种方式，每包可装1, 2, 3, 4, 6, 8, 12, 16, 24, 32, 48, 96支。

4 a 9种方式，每包可装 1, 2, 4, 5, 10, 20, 25, 50, 100只。
b 每包可放2, 4, 10, 20, 50, 100只。

1.9 整除性

趣味学习

1 18, 78, 514, 1000, 1234, 990 , 118

2 a 否（如2，6，10等）
b 4, 8, 12, 16, 20, 24, 28, 32, 36, 40（孩子应该发现这些数都是4的倍数。）

3 检查答案。例如：红色的部分都是4的倍数。

4 112, 620, 428, 340, 716, 412

5 a-d 检查答案。检查孩子能否应用2和4的整除性来写出符合要求的数。

独立练习

1 a 411, 207, 513 b 775, 630
c 702, 522 d 888, 248
e 819, 693, 252 f 820, 990

2 31

3 a 32, 36, 40 b 36 c 32, 40
d 36 e 32, 40 f 33
g 36

4 1, 13 , 39

5 c

6 9324

7 a 检查答案。246最后2位是46，不能被4整除，所以246不能被4整除。
b 可以。
c 各数位的数字之和（12）可以被3整除。
d 至少还需要2辆。

拓展运用

1 所有数都可以被6，2和3整除。

2 只能被3整除：15，45，81
只能被4整除：20，44，76，92
能被3和4同时整除：48，72，96

3 a 因为306是一个偶数，且各数位数字之和能被3整除，所以它可以被6整除。
b 1, 2, 3, 6 和 9

4 720

5 检查孩子能否正确地将4的倍数填入左侧椭圆，将5的倍数填入右侧椭圆，将20的倍数填入两个椭圆的重叠区域。

1.10 除法笔算

趣味学习

a 68 ÷ 2 = ?
68 ÷ 2 等于 60 ÷ 2 加上 8 ÷ 2
60 ÷ 2 = 30
8 ÷ 2 = 4
所以，68 ÷ 2 = 30 + 4 = 34

b 69 ÷ 3 = ?
69 ÷ 3 等于 60 ÷ 3加上 9 ÷ 3
60 ÷ 3 = 20
9 ÷ 3 = 3
所以，69 ÷ 3 = 20 + 3 = 23

c 84 ÷ 2 = ?
84 ÷ 2 等于 80 ÷ 2加上 4 ÷ 2
80 ÷ 2 = 40
4 ÷ 2 = 2
所以，84 ÷ 2 = 40 + 2 = 42

d 124 ÷ 4 = ?
124 ÷ 4 等于 100 ÷ 4加上 24 ÷ 4
100 ÷ 4 = 25
24 ÷ 4 = 6
所以，124 ÷ 4 = 25 + 6 = 31

e 122 ÷ 2 = ?
122 ÷ 2 等于 100 ÷ 2 加上 22 ÷ 2
100 ÷ 2 = 50
22 ÷ 2 = 11
所以，122 ÷ 2 = 50 + 11 = 61

f 145 ÷ 5 = ?
145 ÷ 5 等于 100 ÷ 5 加上 45 ÷ 5
100 ÷ 5 = 20
45 ÷ 5 = 9
所以，145 ÷ 5 = 20 + 9 = 29

独立练习

1 a 14 b 18 c 17 d 13
e 24 f 12 g 19 h 19
i 14 j 29 k 12 l 13

2 a 117 b 112 c 217 d 425
e 116 f 318 g 117 h 114
i 337 j 115 k 215 l 224
m 126 n 113 o 449 p 114

3 a 87 b 54 c 48 d 34
e 22 f 67 g 54 h 57
i 52 j 47 k 85 l 93
m 98 n 79 o 92 p 99

4 a 14 余 1 b 25 余 1 c 15 余 2
d 13 余 2 e 115 余 3 f 317 余 1
g 116 余 2 h 111 余 5 i 55 余 2
j 45 余 5 k 66 余 1 l 55 余 2
m 41 余 6 n 43 余 7 o 68 余 3
p 99 余 1

拓展运用

1 a 19 …… 2 b 24
c 24 …… 1 d 55 …… 1

2 检查孩子能否正确使用余数，以及认识到甜甜圈可以被分割而弹珠不行，钱可以被分割成元、角、分。

a 每人$3\frac{1}{2}$个。

b 每人4个，剩1个。

c 每人6.50元。

3 a 平均数是161 ÷ 6 = 26……5，人不能被分割，可以将结果近似，这是一个值得讨论的点。

b 检查孩子使用哪种方法解决问题。发现平均数是 26 左右以后，可以用总数减去给出的2个班的人数（161 – 51），剩下 4 个班总人数是 110，每班人数可以是 24 + 27 + 29 + 30，其他答案也是对的。

4 a 33.33元（孩子可能将答案近似到33.35元，但这会使总金额达到100.05元，更简单的方法是每人拿33.30元，将剩余的1角捐出来。）

b 如果每人分33.30元，组合可以是1张20.00元，1张10.00元，3张1.00元，3个1角硬币。其他答案合理即可。

5 32个（3000 ÷ 96 = 31……24，31.25 或 $31\frac{1}{4}$，所以需要 32 个箱子。）

第2单元 分数和小数

2.1 分数的比较与排序

注意：回答某些问题时，孩子可能将答案写成等值分数，如用$\frac{1}{2}$代替$\frac{3}{6}$，这也是可以的。

趣味学习

1 a $\frac{1}{6}$　b 五分之一，$\frac{1}{5}$

c 三分之一，$\frac{1}{3}$　d 八分之一，$\frac{1}{8}$

2 孩子应涂：

a 3份　b 3份

c 2份　d 3份

e 5份

3 a $\frac{2}{5}$　b $\frac{1}{6}$　c $\frac{5}{8}$　d $\frac{7}{10}$

4 孩子应涂：

a 3个三角形　b 5个圆形

c 2个星星　d 4个六边形

独立练习

1 a

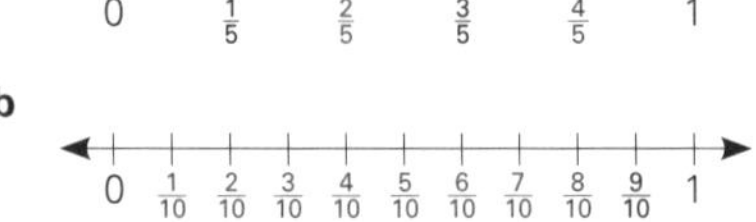

b

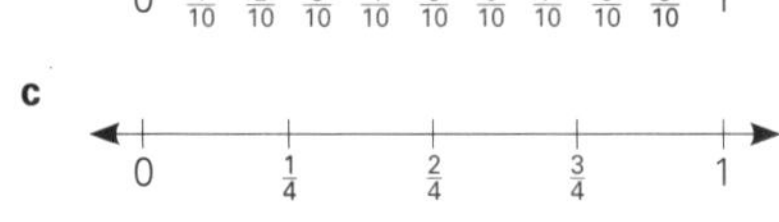

c

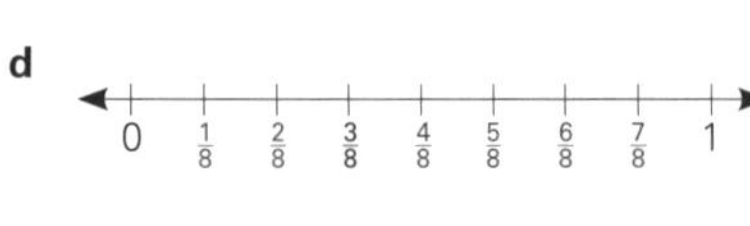

d

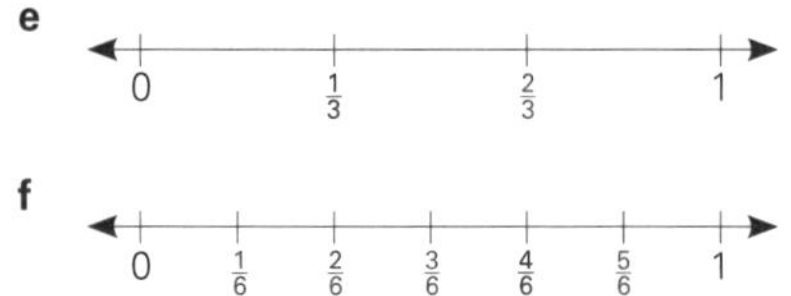

e

0　$\frac{1}{3}$　$\frac{2}{3}$　1

f

0　$\frac{1}{6}$　$\frac{2}{6}$　$\frac{3}{6}$　$\frac{4}{6}$　$\frac{5}{6}$　1

g

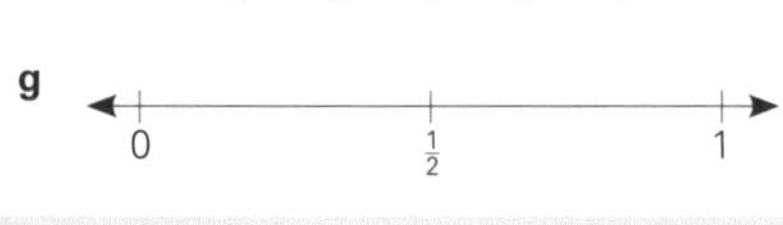

2 a $\frac{3}{8}$　b $\frac{1}{3}$　c $\frac{1}{4}$

d $\frac{1}{5}$　e $\frac{1}{2}$　f $\frac{7}{8}$

g $\frac{4}{5}$　h $\frac{5}{8}$　i $\frac{7}{8}$

3 $\frac{5}{10}, \frac{2}{4}, \frac{4}{8}, \frac{3}{6}$

4 a $\frac{1}{5}, \frac{2}{5}, \frac{3}{5}, \frac{4}{5}, 1$　b $\frac{2}{10}, \frac{3}{10}, \frac{6}{10}, \frac{7}{10}, \frac{9}{10}, 1$

c $\frac{1}{10}, \frac{1}{8}, \frac{1}{5}, \frac{1}{4}, \frac{1}{2}$　d $\frac{3}{10}, \frac{3}{8}, \frac{3}{6}, \frac{3}{4}, \frac{3}{3}$

e $\frac{2}{10}, \frac{2}{8}, \frac{2}{6}, \frac{2}{5}, \frac{2}{3}$

5 a $\frac{3}{4} < \frac{7}{8}$　b $\frac{1}{4} > \frac{1}{8}$　c $\frac{3}{6} = \frac{1}{2}$

d $\frac{2}{3} > \frac{2}{6}$　e $\frac{3}{8} < \frac{1}{2}$　f $\frac{2}{4} < \frac{5}{8}$

g $\frac{9}{10} > \frac{4}{5}$　h $\frac{3}{5} = \frac{6}{10}$　i $\frac{5}{6} > \frac{2}{3}$

6 a $\frac{6}{8}$和$\frac{3}{4}$　b $\frac{2}{8}$

c 应在$\frac{3}{8}$处画一个菱形。

7 检查答案的准确程度 。

a 应将矩形平均分成8份。

b 应给其中2份涂色。

c $\frac{1}{4}$（其他等值分数也可）。

拓展运用

1 a 应能发现矩形被分成了12部分，然后在第4个和第8个标记处分割矩形。

b 将$\frac{1}{3}$的矩形涂色。

c $\frac{1}{3}$和$\frac{4}{12}$（等值分数均可）

2 a-e

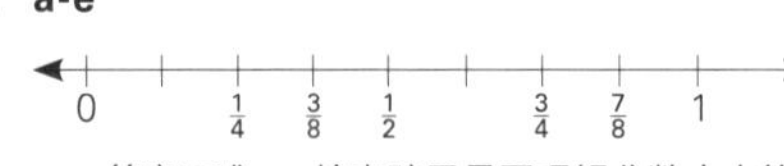

3 a-e 答案不唯一。检查孩子是否理解分数大小的概念，能写出符合要求的分数。

4 检查答案。

孩子一般不太可能将纸折叠超过6次，根据实际情况填写即可。

1次折叠，分数是$\frac{1}{2}$。

2次折叠，分数是$\frac{1}{4}$。

3次折叠，分数是$\frac{1}{8}$。

4次折叠，分数是$\frac{1}{16}$。

5次折叠，分数是$\frac{1}{32}$。

6次折叠，分数是$\frac{1}{64}$。

7次折叠，分数是$\frac{1}{128}$。

8次折叠，分数是$\frac{1}{256}$。

2.2 分数加减法

趣味学习

注意：等值分数也可以当作正确答案。

a 2个四分之一；$\frac{2}{4}$

b 3个八分之一；$\frac{1}{8} + \frac{2}{8} = \frac{3}{8}$

c 4个五分之一；$\frac{2}{5} + \frac{2}{5} = \frac{4}{5}$

d 5个六分之一；$\frac{2}{6} + \frac{3}{6} = \frac{5}{6}$

e $\frac{2}{4}$

f $\frac{2}{3} - \frac{1}{3} = \frac{1}{3}$

独立练习

1 a $\frac{3}{8} + \frac{2}{8} = \frac{5}{8}$　b $\frac{2}{5} + \frac{1}{5} = \frac{3}{5}$

c $\frac{2}{6} + \frac{1}{6} = \frac{3}{6}$　d $\frac{2}{4} - \frac{1}{4} = \frac{1}{4}$

e $\frac{3}{3} - \frac{1}{3} = \frac{2}{3}$

2 检查涂色。

a $\frac{4}{5}$　b $\frac{4}{6}$　c $\frac{7}{8}$

d $\frac{3}{3}$(或1)　e $\frac{7}{10}$

3 a $\frac{3}{8}$　b $\frac{6}{10}$　c $\frac{1}{6}$

d $\frac{2}{5}$　e $\frac{1}{3}$

4 a $\frac{9}{8}$或$1\frac{1}{8}$　b $\frac{8}{6}$或$1\frac{2}{6}$

5 a $\frac{3}{4} + \frac{2}{4} = \frac{5}{4} = 1\frac{1}{4}$　b $1\frac{3}{8} - \frac{4}{8} = \frac{7}{8}$

6 a $\frac{6}{4}$或$1\frac{2}{4}$　b $\frac{6}{8}$

c $\frac{7}{5}$或$1\frac{2}{5}$　d $\frac{4}{6}$

e $\frac{13}{10}$或$1\frac{3}{10}$　f $\frac{2}{3}$

拓展运用

1 检查涂色。

a $\frac{1}{6} + \frac{3}{6} = \frac{4}{6}$　b $\frac{4}{10} + \frac{1}{5} = \frac{4}{10} + \frac{2}{10} = \frac{6}{10}$

2 a $\frac{5}{10}$　b $\frac{4}{6}$

c $\frac{3}{4}$　d $\frac{9}{10}$

e $\frac{1}{4}$　f $\frac{9}{8}$或$1\frac{1}{8}$

g $\frac{6}{6}$或1　h $\frac{7}{8}$

2.3 小　数

趣味学习

1 a $\frac{2}{100}$，0.02

b 十分之七，$\frac{7}{10}$，0.7

c 百分之九，$\frac{9}{100}$，0.09

d 百分之二十六，$\frac{26}{100}$，0.26

e 百分之八十九，$\frac{89}{100}$，0.89

2 应按如下方式涂色：

a 任意40个方块　b 任意4个方块

c 任意15个方块　d 任意70个方块

e 任意99个方块

3 a 0.3　b 0.23　c 0.03

4 a $\frac{6}{10}$　b $\frac{77}{100}$　c $\frac{8}{100}$

独立练习

1 a 0.004，$\frac{4}{1000}$

b 0.013，$\frac{13}{1000}$

c 0.124，$\frac{124}{1000}$

2 a 0.125　b 0.008　c 0.087

d 0.002　e 0.022　f 0.099

3 a $\frac{5}{1000}$　b $\frac{255}{1000}$　c $\frac{101}{1000}$

d $\frac{35}{1000}$　e $\frac{999}{1000}$　f $\frac{9}{1000}$

4 $14\frac{627}{1000}$

5 a $0.01 > 0.001$　b $\frac{3}{1000} = 0.003$

c $\frac{25}{1000} < 0.25$　d $0.003 < 0.2$

e $\frac{125}{1000} = 0.125$　f $\frac{6}{1000} < 0.01$

g $0.02 > \frac{2}{1000}$　h $1 > 0.999$

i $\frac{19}{1000} < 0.19$　j $0.052 = \frac{52}{1000}$

k $0.430 > 0.043$　l $0.999 = \frac{999}{1000}$

6 a

0　0.1　0.2　0.3　0.4　0.5　0.6　0.7　0.8　0.9　1

b

0　0.01　0.02　0.03　0.04　0.05　0.06　0.07　0.08　0.09　0.1

c

0　0.001　0.002　0.003　0.004　0.005　0.006　0.007　0.008　0.009　0.01

7 a 0.1, 0.2, 0.4, 0.5, 0.9
b 0.02, 0.03, 0.04, 0.06, 0.07
c 0.001, 0.002, 0.004, 0.007, 0.008
d 0.002, 0.02, 0.1, 0.2, 0.3
e 0.1, 0.11, 0.15, 0.2, 0.22
f 0.005, 0.05, 0.055, 0.5, 0.555

拓展运用

1 a 0.1
b 0.045

2 0.05元

3 a 0.25元 b 0.08元
c 0.15元 d 0.75元
e 0.20 元(0.2元也对，做完第4题后这可以作为一个讨论的点。)
f 0.80元 g 1.15元 h 0.40元

4 2 . 9 × 3 =

5 a 7.90元 b 8.10元 c 13.20元
d 5.75元 e 13.85元

2.4 百分数

趣味学习

1 a 0.03, 3% b $\frac{9}{100}$, 0.09, 9%
c $\frac{1}{10}$或$\frac{10}{100}$, 0.1, 10% d $\frac{3}{10}$或$\frac{30}{100}$, 0.3, 30%
e $\frac{95}{100}$, 0.95, 95% f $\frac{99}{100}$, 0.99, 99%

2 a 0.2, 20%
涂上任意20个方格。
b $\frac{15}{100}$, 0.15
涂上任意15个方格。
c $\frac{75}{100}$, 0.75
涂上任意75个方格。
d 0.55, 55%
涂上任意55个方格。

独立练习

1

0	10%	20%	30%	40%	50%	60%	70%	80%	90%	1
0	0.1	0.2	0.3	0.4	0.5	0.6	0.7	0.8	0.9	1
0	$\frac{1}{10}$	$\frac{2}{10}$	$\frac{3}{10}$	$\frac{4}{10}$	$\frac{5}{10}$	$\frac{6}{10}$	$\frac{7}{10}$	$\frac{8}{10}$	$\frac{9}{10}$	1

2

	分数	小数	百分数
a	$\frac{5}{100}$	0.05	5%
b	$\frac{25}{100}$	0.25	25%
c	$\frac{75}{100}$	0.75	75%
d	$\frac{99}{100}$	0.99	99%
e	$\frac{9}{10}$	0.9	90%
f	$\frac{4}{10}$	0.4	40%
g	$\frac{1}{10}$	0.1	10%
h	$\frac{2}{100}$	0.02	2%
i	$\frac{3}{10}$	0.3	30%
j	$\frac{100}{100}$	1.0	100%
k	$\frac{1}{2}$	0.5	50%
l	$\frac{1}{100}$	0.01	1%

3 a 对 b 错 c 错
d 对 e 对 f 对
g 错 h 对 i 错

4 a 涂上50个方格；$\frac{1}{2}$等于 50%
b $\frac{1}{4}$；涂上25个方格；$\frac{1}{4}$等于 25%
c $\frac{3}{4}$；涂上75个方格；$\frac{3}{4}$等于 75%

5 a $\frac{2}{100}$, 0.03, 20%
b 0.05, 6%, 0.5
c 5%, $\frac{1}{2}$, $\frac{55}{100}$
d 0.04, $\frac{1}{4}$, 40%
e 0.07, 70%, $\frac{3}{4}$
f 0.01, 10%, $\frac{11}{100}$

6 应涂3个红色圆形，4个蓝色圆形和3个黄色圆形。

7 $\frac{7}{10}$, 0.7, 70%

8 应涂4个红色菱形，2个蓝色菱形和3个黄色菱形，最后的菱形应该一半绿色一半不涂色。

9 应将10颗珠子涂成红色，5颗涂成蓝色，5颗涂成黄色。

10 a 应给5颗珠子涂色。
b $\frac{3}{4}$($\frac{15}{20}$)，0.75，75%

拓展运用

1

	物品	百分比	分数	个数
a	1盒 20个甜甜圈	50%	$\frac{1}{2}$	10
b	1包 50支铅笔	10%	$\frac{1}{10}$	5
c	1罐 80块曲奇	25%	$\frac{1}{4}$	20
d	1包 1000颗弹珠	1%	$\frac{1}{100}$	10

2 a 0.5米（50厘米）
b 1米（100厘米）
c 2米（200厘米）

3 a-g 检查答案，可以先对结果进行讨论。还可以尝试将纵向和横向以不同的放大比例进行调整。

第3单元 货 币

3.1 金钱规划

趣味学习

1 150.00元

2 a 50.00元 b 75.00元
c 100.00元 d 125.00元

3 a 21.50元 b 43.00元
c 10.75元 d 107.50元

4 a 215.00元 b 21.50元 c 193.50元

独立练习

1 7.50元

2 a 50%, 一半, 0.5
b 25.00元

3

弗洛拉水果店			
	重量/kg	单价/元/kg	花费/元
苹果	5	4.00	20.00
梨	5	2.50	12.50
橙子	5	3.00	15.00
香蕉	5	2.00	10.00
葡萄	2.5	10.00	25.00
总计/元			82.50
明天前付款享受10%折扣，折扣额/元			8.25
折后价/元			74.25

4 25.75元

5 选择1：勺子和碗组合——100个勺子和100只碗总共花费是27.50元，使总成本增加到101.75元，这样利润剩下48.25元。
选择2：勺子和杯子组合——100个勺子和100只杯子总共花费是22.00元，使总成本增加到96.25元，这样利润剩下53.75元，比选择1的利润多。

6 GST是2.00元，总计22.00元。

7 5.00 + 20.00 = 25.00（税前），GST税额是2.50元,总计27.50元。

8

家具世界			
商品	数量	单价/元	花费/元
桌子	1	120.00	120.00
椅子	4	20.00	80.00
商品总价/元			200.00
GST（10%）/元			20.00
总计/元			220.00

家具为你			
商品	数量	单价（含GST）/元	花费/元
桌子	1	130.00	130.00
椅子	4	21.50	86.00
商品总价（含GST）/元			216.00

“家具为你”店更优惠

9 a 家具世界：220.00 − 22.00 = 198.00（元）
b 家具为你：216.00 − 21.60 = 194.40（元）

拓展运用

1 82.00元

2 20.00元

3 a-f 实践题。可以围绕四舍五入讨论，还可以讨论输入34这样的金额，得到税前金额30.9090909以后怎么办。还可以教孩子点击并拖拽单元格B2 右下角的 + 号，使 A3、A4 等单元格内也可以输入价格后得到税前价。
g 9.09

第4单元 规律和代数

4.1 数列规律

趣味学习

1

位置	1	2	3	4	5	6	7	8	9
数字	1	3	5	7	9	11	13	15	17

2 a

位置	1	2	3	4	5	6	7	8	9
数字	100	98	96	94	92	90	88	86	84

规律：数字每次减少2。

b

位置	1	2	3	4	5	6	7	8	9
数字	$\frac{1}{2}$	1	$1\frac{1}{2}$	2	$2\frac{1}{2}$	3	$3\frac{1}{2}$	4	$4\frac{1}{2}$

规律：数字每次增加$\frac{1}{2}$。

3

数字	12	15
是偶数?	是, ÷ 2	否, −1, ÷ 2
答案	6	7
是偶数?	是, ÷ 2	否, −1, ÷ 2
答案	3	3
是偶数?	否, −1, ÷ 2	否, −1, ÷ 2
答案	1	1
是偶数?	否, −1, ÷ 2	否, −1, ÷ 2
答案	0	0

4 **a** 4步

b 5步

独立练习

1 **a**

位置	1	2	3	4	5	6	7	8	9	10
数字	5	9	13	17	21	25	29	33	37	41

b

位置	1	2	3	4	5	6	7	8	9	10
数字	10	9.5	9	8.5	8	7.5	7	6.5	6	5.5

2 **a** 0.8, 1, 1.2, 1.4, 1.6, 1.8 规律：每次增加0.2 。

b $3\frac{3}{4}, 4\frac{1}{2}, 5\frac{1}{4}, 6, 6\frac{3}{4}, 7\frac{1}{2}$ 规律：每次增加$\frac{3}{4}$。

3 22 ÷ 2 = 11
(11 − 1) ÷ 2 = 5
(5 − 1) ÷ 2 = 2
2 ÷ 2 = 1
(1 − 1) ÷ 2 = 0

4 **a** 第一步：50 ÷ 2 = 25
第二步：(25 − 5) ÷ 2 = 10
第三步：10 ÷ 2 = 5
第四步：(5 − 5) ÷ 2 = 0

b 第一步：(125 − 5) ÷ 2 = 60
第二步：60 ÷ 2 = 30
第三步：30 ÷ 2 = 15
第四步：(15 − 5) ÷ 2 = 5
第五步：(5 − 5) ÷ 2 = 0

5 **a** 从4根小棍开始，每摆放1个新菱形，就增加4 。

菱形数	1	2	3	4
小棍数	4	8	12	16

b 从6根小棍开始，每摆放1个新六边形，就增加6根小棍。

六边形数	1	2	3	4
小棍数	6	12	18	24

c 从5根小棍开始，每摆放1个新五边形，就增加5根小棍。

五边形数	1	2	3	4
小棍数	5	10	15	20

6 **a** 从4根小棍开始，每摆放1个新正方形，就增加3根小棍。

正方形数	1	2	3	4
小棍数	4	7	10	13

b 从6根小棍开始，每摆放1个新六边形，就增加5根小棍。

六边形数	1	2	3	4
小棍数	6	11	16	21

7 正方形：31根；六边形：51根（家长可以问孩子做题的方法。）

拓展运用

1 **a** 5个里有1个　**b** 2座
c 20座　**d** 200座
e 800本

2 **a**

玩具车数/辆	1	2	3	4	5	6	7	8	9	10
轮子数/个	4	8	12	16	20	24	28	32	36	40

b 100个　400个　1000个　4000个

c 200个+ 为50辆车准备2个备胎 = 202个
400个 + 为100 辆车准备4个备胎 = 404个
1400个 + 为350辆车准备14个备胎 = 1414个
5000个 + 为1250辆车准备50个备胎 = 5050个

4.2 数字运算和性质

趣味学习

1 检查答案，引导孩子总结规律。
加法：是　减法：否
乘法：是　除法：否

2 **a** a + b = b + a
b a × b = b × a

独立练习

1 **a** 15 + 5 + 17 = 37　**b** 23 + 7 + 19 = 49
c 5 × 2 × 14 = 140　**d** 4 × 25 × 13 = 1300

2 和孩子讨论答案。
a 10 10　**b** 18 18　**c** 5 5

3 **a** 2 2　**b** 3 3　**c** 4 4

4 可以调整数字，如26 − 14 = 12 ，或72 ÷ 9 = 8。

	加法和减法		乘法和除法	
	加法	减法	乘法	除法
a	14 + 12 = 26	26 − 12 = 14	9 × 8 = 72	72 ÷ 8 = 9
b	35 + 15 = 50	50 − 15 = 35	25 × 4 = 100	100 ÷ 4 = 25
c	22 + 18 = 40	40 − 18 = 22	15 × 10 = 150	150 ÷ 10 = 15
d	19 + 11 = 30	30 − 11 = 19	20 × 6 = 120	120 ÷ 6 = 20

5 **a** 4 × 2 = 2 + 6　**b** 18 ÷ 2 = 3 + 6
c 16 ÷ 2 = 2 × 4　**d** 24 − 14 = 3 + 7
e 40 ÷ 2 = 4 × 5　**f** 9 × 2 = 36 ÷ 2
g 2 × 7 = 8 + 6　**h** 50 − 20 = 5 × 6
i 30 ÷ 3 = 100 ÷ 10

6 60 ÷ 5 ÷ 2

7 12 + 2 + 12

8 15 ÷ 4 = 4 ÷ 15

9 有多种答案。可以用计算器检查答案。

拓展运用

1

	算式1	算式2
a	14 − 13 + 7 = 8	14 + 7 − 13 = 8
b	49 − 24 + 25 = 50	25 − 24 + 49 = 50
c	35 − 10 + 25 = 50	35 + 25 − 10 = 50
d	175 − 50 + 25 = 150	175 + 25 − 50 = 150

2

	算式1	算式2
a	7 + 2 × 3 = 13	(7 + 2) × 3 = 27
b	10 − 8 ÷ 2 = 6	(10 − 8) ÷ 2 = 1
c	15 ÷ 3 + 2 = 7	15 ÷ (3 + 2) = 3
d	10 × 5 + 15 = 65	10 × (5 + 15) = 200

3 检查答案。根据运算顺序的规则说一说，言之有理即可。

4 **a** 检查答案。例如：因为先做4 × 2意味着泉恩丢了2次4.00元，这和实际情况不符。
b (10 − 4) × 2

5 检查答案。描述的情景要符合算式。

第5单元　测量单位
5.1 长度和周长

趣味学习

1 9 cm

2 a 8 cm　b 4 cm　c 7 cm

3 a 7.1 cm
  b 4 cm 5 mm 或 4.5 cm
  c 6 cm 7 mm 或 6.7 cm

4 测量结果允许 ± 0.1 cm 的误差，讨论允许有误差的原因。
  a 3 cm 7 mm 或 3.7 cm
  b 6 cm 3 mm 或 6.3 cm
  c 9 cm 4 mm 或 9.4 cm

独立练习

1 检查答案。例如：因为这是一个矩形，其对边长度相等。

2 a 18 cm　b 12 cm　c 16 cm

3 a 1条　b 14 cm (4 × 3.5 cm)

4 a 周长：(2.5+2) × 2 = 9 cm　测量次数：2
  b 周长：(3.5+1.5) × 2 = 10 cm　测量次数：2
  c 周长：2.5 × 4 = 10 cm　测量次数：1
  d 周长：2.5 × 3 = 7.5 cm　测量次数：1

5

a	2 cm	20 mm
b	7 cm	70 mm
c	9 cm	90 mm
d	3.5 cm	35 mm
e	7.5 cm	75 mm

6

a	2 m	200 cm
b	3 m	300 cm
c	7 m	700 cm
d	5 m	500 cm
e	$9\frac{1}{2}$ m	950 cm

7

a	2 km	2000 m
b	4 km	4000 m
c	5.5 km	5500 m
d	9.5 km	9500 m
e	8.5 km	8500 m

8 检查答案的合理性。下面是一种可能：
  a 厘米和毫米
  b 厘米和米
  c 厘米和毫米
  d 米和千米

9 允许有 ± 4 mm的误差。
  a 76 mm 或 7.6 cm
  b 100 mm 或 10 cm
  c 90 mm 或 9 cm
  d 60 mm 或 6 cm

拓展运用

1~2 实践题。主要目标是让孩子练习能够画出合理精确度的直线。可能无法达到100%准确，和孩子讨论其原因。

3 可能有多种答案，包括14厘米5毫米，14.5厘米，145毫米，0.145米等。

4 a-b 检查线段长度。线段总长度应该是15.5cm，还可以写作 155 mm或者15 cm 5 mm等。

5 孩子应该发现，规则图形的周长等于边数乘以边长。
  a 63 mm 或 6.3 cm
  b 264 mm 或 26.4 cm
  c 114 mm 或 11.4 cm
  d 168 mm 或 16.8 cm
  e 175 mm 或 17.5 cm

5.2 面　积

趣味学习

1 a 20　b 25　c 16
  d 16　e 18

2 a 8　b 12　c 9
  d 18　e 12

独立练习

1 a 有2行，每行有5个方格，每行面积大小为 5 cm^2，总面积 = 10 cm^2
  b 有3行，每行有5个方格，每行面积大小为 5 cm^2，总面积 = 15 cm^2
  c 有3行，每行有7个方格，每行面积大小为 7 cm^2，总面积 = 21 cm^2
  d 14 cm^2　e 15 cm^2
  f 30 cm^2　g 25 cm^2

2 a 10 cm^2　b 6 cm^2　c 15 cm^2
  d 20 cm^2　e 28 cm^2　f 16 cm^2
  g 36 cm^2

3 a 12 cm^2　b 32 cm^2

拓展运用

1 允许误差。
  a 5 cm × 3 cm = 15 cm^2
  b 4 cm × 2 cm = 8 cm^2
  c 3 cm × 3 cm = 9 cm^2

2 a 4 cm^2, 12 cm^2, 16 cm^2
  b 10 cm^2, 12 cm^2, 22 cm^2
  c 6 cm^2, 8 cm^2, 6 cm^2, 20 cm^2
  d 6 cm^2, 4 cm^2, 6 cm^2, 16 cm^2
  e 16 cm^2
  f 20 cm^2

5.3 体积和容积

趣味学习

1 a 4　b 2　c 8
  d 8　e 8

2 a 600 mL　b 2 L
  c 300 mL　d 8 L

3 有多种答案，合理即可。

独立练习

1 a 10　b 12　c 20
  d 16　e 28

2 本阶段孩子应意识到，求长方体体积时可以先找到每层有几个立方体块，然后找到层数。换言之，由于每层的立方体块数相同，可以将这个发现归纳成公式：
  体积 = 长 × 宽 × 高。
  a 16个　b 16 cm^3　c 24 cm^3

3 a 9个　b 4层　c 36 cm^3

4 检查答案。例如：这个盒子有 1 层，每层有 8 个方块。

5 a 16 cm^3　b 24 cm^3
  c 32 cm^3　d 40 cm^3

6

a	2 L	2000 mL
b	3 L	3000 mL
c	9 L	9000 mL
d	5.5 L	5500 mL
e	2.5 L	2500 mL
f	1.25 L	1250 mL
g	3.75 L	3750 mL

7 a 2350 mL, 2 L 400 mL, 2.5 L
  b 0.35 L, 450 mL, $\frac{1}{2}$ L
  c $1\frac{3}{4}$ L, 1.8 L, 1850 mL
  d 20 mL, 200 mL, $\frac{1}{4}$ L

8 D (600 mL)

9 检查所画刻度。
  a 800
  b 1500
  c 975

拓展运用

1 a 30 cm^3
  b 有多种答案，可参考独立练习第2题的答案，言之有理即可。

2 a 8 cm^3　b 36 cm^3　c 160 cm^3
  d 100 cm^3　e 72 cm^3　f 27 cm^3

3 实践题。有的容器有可能无法准确排开20 mL水。这个问题的原因（例如，量杯刻度不准等）也可以当作讨论题。

5.4 质　量

趣味学习

1 a 千克　　b 克
  c 吨　　d 毫克

2

2 t	2000 kg
4 t	4000 kg
1.5 t	1500 kg
3.5 t	3500 kg
1.25 t	1250 kg

2 kg	2000 g
5 kg	5000 g
3.5 kg	3500 g
1.25 kg	1250 g
0.5 kg	500 g

5 g	5000 mg
3 g	3000 mg
1.5 g	1500 mg
2.5 g	2500 mg
0.5 g	500 mg

3 a 200 g　　b 600 g
  c 1200 g　　d 1900 g

独立练习

1

	千克和分数	千克和小数	千克和克
a	$1\frac{1}{2}$ kg	1.5 kg	1 kg 500 g
b	$2\frac{1}{4}$ kg	2.25 kg	2 kg 250 g
c	$4\frac{3}{4}$ kg	4.75 kg	4 kg 750 g
d	$1\frac{3}{10}$ kg	1.3 kg	1 kg 300 g

2 a 3 kg 500 g, 3.5 kg
  b 2 kg 400 g, 2.4 kg
  c 4 kg 750 g, 4.75 kg
  d 1 kg 200 g, 1.2 kg

3 有多种答案。可能的答案：
  a b或d　　b d
  c c　　d a, b或c

4 a
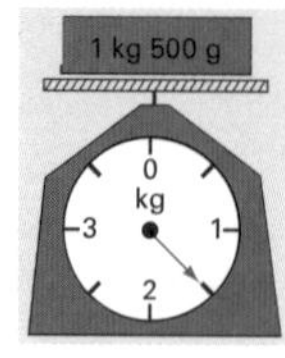

  b
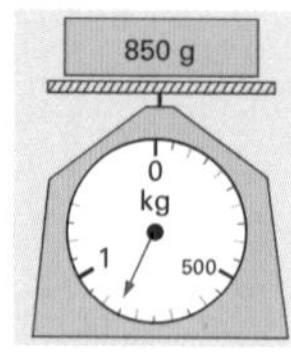

  c 1.6 kg
  d
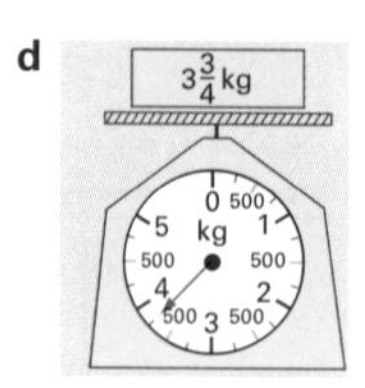

5 a B, D, C, A
  b B, C, D
  c B和C
  d 对（9.05 t）

6 有多种答案。例如，苹果A可能最轻，其他的质量接近。一种简单的方法是可以从500 g中减去100 g，然后将剩下3个苹果的质量设定为132 g、133 g和135 g。

7 a 4500 kg　　b 350 g
  c 15 g　　d 35 kg

8 可以（总质量 = 1983 kg 或 1.983 t）

拓展运用

1 a 蓝莓，草莓，桃子，苹果，梨，柠檬，卷心菜，南瓜
  b 724.84 kg　　c 3.165 kg
  d 苹果　　e 4个（231 g × 4 = 924 g）
  f 219.72 g

2 a 39.122 kg　　b 20名(800 ÷ 40 = 20)

3 125 g

5.5 时　间

趣味学习

1 a 9:10 a.m.　　b 4:50 p.m.　　c 11:25 p.m.
  d 1:12 p.m.　　e 7:19 a.m.　　f 3:47 p.m.
  g 2:22 p.m.

2 检查答案。让孩子自己动手画一画。
  a 8:35 a.m.　　b 6:20 p.m.
  c 11:26 p.m.　　d 2:47 a.m.

独立练习

1

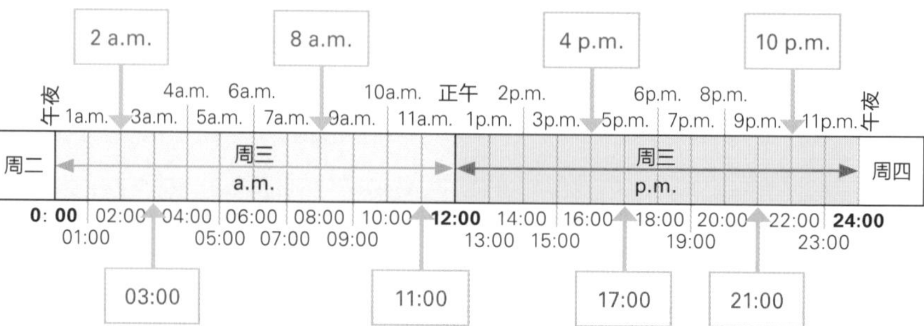

2 a 10:00　　b 15:30　　c 14:20
  d 07:11　　e 21:48　　f 19:11
  g 09:48　　h 00:29

3 检查答案。这里的重点是孩子能够准确将时间在a.m./p.m.制和24小时制之间转换。可以鼓励孩子不要用整点时间。

4 开始时间

结束时间

5 a 3:37
  a.m./p.m.制 3:37 p.m.
  24小时制 15:37
  b
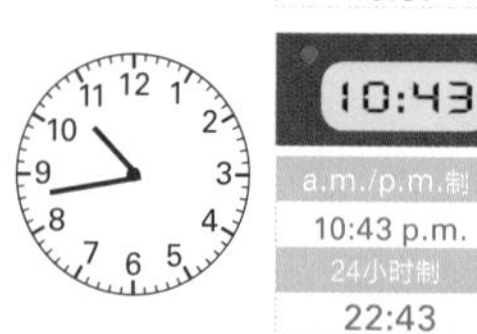

  c

  d

6 a 10 a.m.　　b 1 p.m.
  c 18分钟　　d 50分钟
  e 1小时42分钟（102分钟）
  f 可以有多种答案，例如 14:40。

7 a 03:15　　b 15:15
  c 21:27　　d 09:27

拓展运用

a 23分钟　　b 2分钟
c 1小时（60分钟）　　d 12分钟
e 1小时50分钟
f 17:55
g 15:50

第6单元 图 形
6.1 平面图形

趣味学习

1 a 应将图形A，C和F涂色，A，C打钩。

b 检查原因。例如：B不是多边形，因为它没有直线段的边。

D不是多边形，因为它的边没有顺次相接。

E不是多边形，因为它不是封闭图形。

2 a 四边形 b 八边形

c 六边形 d 三角形

e 五边形

3 将图形D，E，G，H，I涂色；将图形A，B，C，F，J画上斜线，在E，G，I的边上标箭头。

独立练习

1

2 应将第1个和第3个涂色。

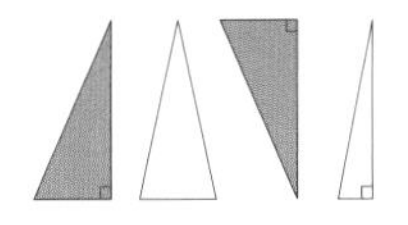

3 如下图所示。

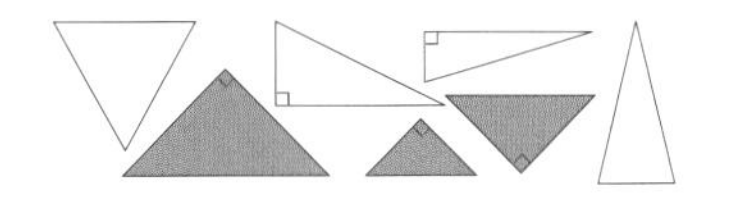

4 a 不规则四边形 b 平行四边形

c 矩形 d 正方形

e 菱形 f 梯形

5 有多种答案。检查孩子更深层次的观察能力，而不是做出“一个比另一个宽”或“这个图形有斜边”等简单的评论。鼓励孩子专注于图形的特征（观察）与性质（需要数学知识），例如：

a 相似点：都是规则图形，都没有钝角。
不同点：一个有4条边，一个有3条边；一个有直角，另一个有锐角。

b 相似点：都是四边形，都有平行的边。
不同点：一个有两对平行边，一个只有一对；一个对角相等，一个没有相等的角。

c 相似点：都是四边形，四边都相等。
不同点：一个有4个直角，另一个对角相等。

拓展运用

1 a 等腰直角三角形

b 六边形

c 梯形

d 菱形

2 检查孩子是否理解多边形的特征和性质，以及孩子能否用没有歧义的语言描述图形。可以让孩子分享自己对多边形的描述，玩“猜猜我的图形”之类的游戏。

3 有多种答案。可能包含（但不限于）下列信息：是规则图形；是五边形；有5条等边，5个等角；角都是钝角；没有平行的边……

4 实践题。孩子应专注于用到的多边形，而不是绘画技巧。也可以让孩子用电脑软件完成此题。

6.2 立体图形

趣味学习

1 a 四棱柱 b 四棱锥

c 三棱柱 d 五棱柱

e 六棱柱 f 三棱锥

g 八棱柱

2 三角形

独立练习

1 检查答案。

a 它是由四个以上多边形围成的立体图形。

2

	面数	棱数	顶点数	立体图形名称
a	4	6	4	三棱锥
b	5	9	6	三棱柱
c	5	8	5	四棱锥
d	7	15	10	五棱柱
e	3	0	0	圆柱

3

	立体图形	底面数	底面形状	侧面形状
a	四棱锥	1	四边形	三角形
b	三棱柱	2	三角形	平行四边形
c	三棱锥	1	三角形	三角形
d	四棱柱(长方体)	2	矩形	矩形

4 a 立方体 b 三棱锥

拓展运用

1 检查答案。自己动手画一画。

a 四棱柱

b 三棱柱

c 三棱锥

d 四棱锥

2 a 矩形

b 椭圆

c 矩形

第7单元 几何推理
7.1 角

趣味学习

1 a 钝角 b 锐角 c 直角

d 优角 e 平角 f 周角

2 检查画图结果。

3 a-c 检查画图结果。

独立练习

1 a 50

b 钝角，120

c 钝角，145

d 锐角，25

2 可以提前和孩子讨论如何估计角的大小，例如将角与直角做比较。注意这些角的大小与答案接近，但并不准确。

a 40° b 钝角，140°

c 锐角，60° d 锐角，20°

e 直角，90° f 钝角，110°

3 a-h 估计方法参考答案2。

4 **a** 60° **b** 100° **c** 100° **d** 120°
e 140° **f** 135° **g** 85° **h** 15°

5 **a-b** 检查画图结果。

拓展运用

1 320°（用 360° 减去 40°。）

2 可以使用360°量角器。另一种方法是使用第1题中的方法。第三种方法是将底边延长，并将新作出的角的大小加上180°。
a 300 **b** 320 **c** 260 **d** 270

3 **a-d** 可以和孩子讨论估计两个角的方法，以及如何计算没有测量的角的大小。角A的大小是 135°，角B的大小是 45°。观察孩子能否发现未知角的度数等于 180° 减去已知角的度数。

第8单元 位置和变换
8.1 图形变换

趣味学习

1 **a** 旋转 **b** 翻转 **c** 平移

2 **a**

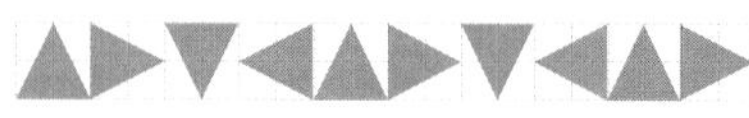

b

c

d 检查画图结果。

e 答案应与上图吻合，例如：我平移/翻转/旋转了原图。

独立练习

1 **a** 水平平移三角形。
b 水平翻转三角形。
c 沿对角平移或沿对角翻转六边形。
d 竖直翻转箭头形状。
e 沿对角翻转五边形。
f 水平和竖直翻转圆角箭头。

2

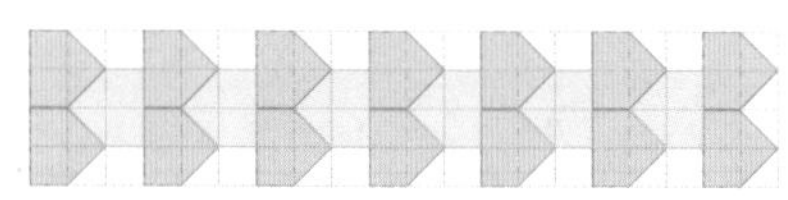

检查描述。例如：把第一个五边形竖直翻转或平移的同时对角翻转，随后将这3个图形水平平移，并铺满剩下的区域。

3 检查图案。
a 图形沿水平和竖直方向平移。
b 第一个图形被水平翻转后又被竖直翻转。
c 第一个图形在第一行被旋转了，同时被竖直翻转到了第二行。第二行的图形被水平翻转。

4 **a-b** 实践题。检查孩子能否准确变换图形，以及能否准确描述变换过程。

拓展运用

1~2 检查画图结果。

8.2 对称性

趣味学习

1 A，C，D，F，H，J

2 **a**

A

B

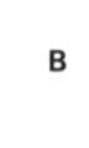

C

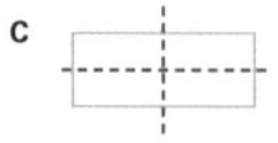

D

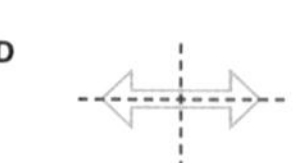

E

F

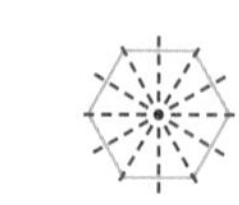

G

H

I

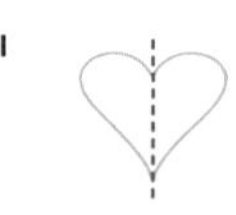

J

b 应将图形A，C，D，F和J涂色。有困难的孩子可能需要将有对称性的形状做成实物，并观察它们如何在旋转过程中与自身重叠。这个过程也可以借助电脑软件实现。

独立练习

1

a

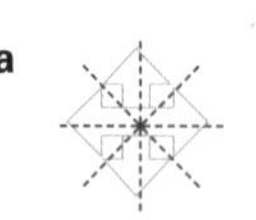

b

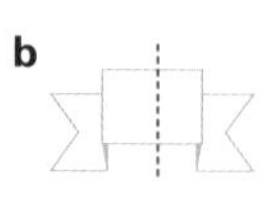

c

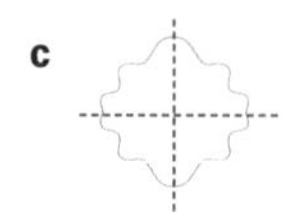

d

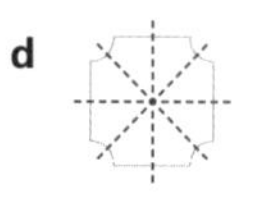

e

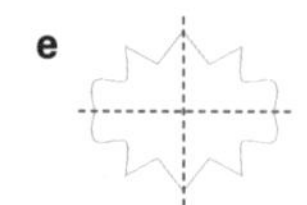

f

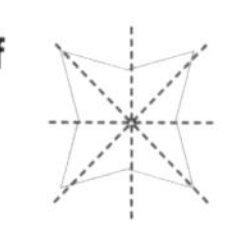

g

h

i

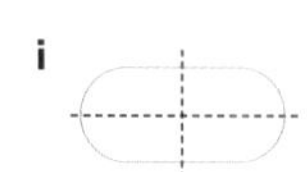

j

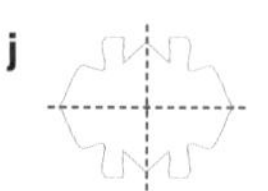

k

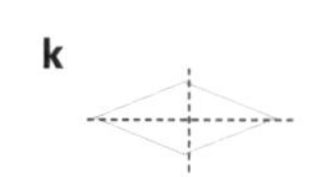

l

2 **a**

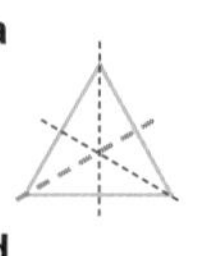

b

c

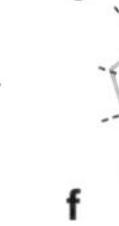

d

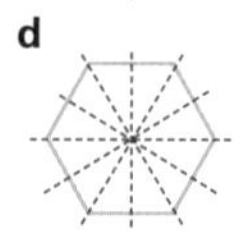

e

f

3 **a** 3阶 **b** 4阶 **c** 4阶
d 2阶 **e** 6阶 **f** 3阶
g 2阶 **h** 5阶

4 错，至少是2阶。

拓展运用

1 **a** 1 2 3 4 5 6 7 8 9 0

b 数字1可以被写成一条竖直的线。这条线的中间存在对称轴（也可以将这条线宽的一半处的垂直线当作对称轴）。

c 0 可以被写作一个圆圈，因此有无数个对称轴。

2 **a** 根据字母写法有多种答案。可能的答案有 B, C, D, E, I, K, M, T, U, V, W, Y。

b 2阶

c Z和N

d 根据写法，列表可能如下：

- 仅是轴对称的字母：A, B, C, D, E, K, M, T, U, V, W, Y
- 仅是中心对称的字母：N, S, Z
- 仅是有两种对称性的字母：H, I, O, X

3 检查答案。

8.3 放大与缩小

趣味学习

1 **a**

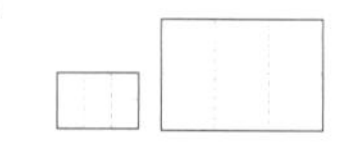

b

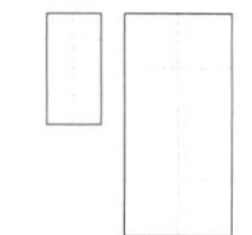

c

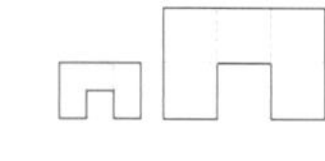

d

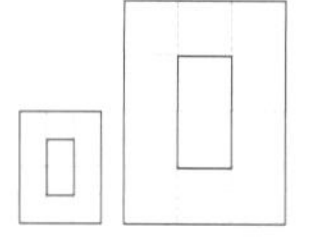

e

f

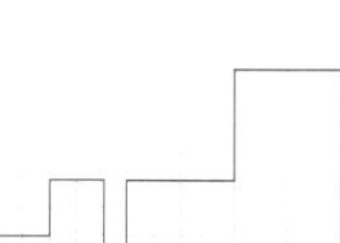

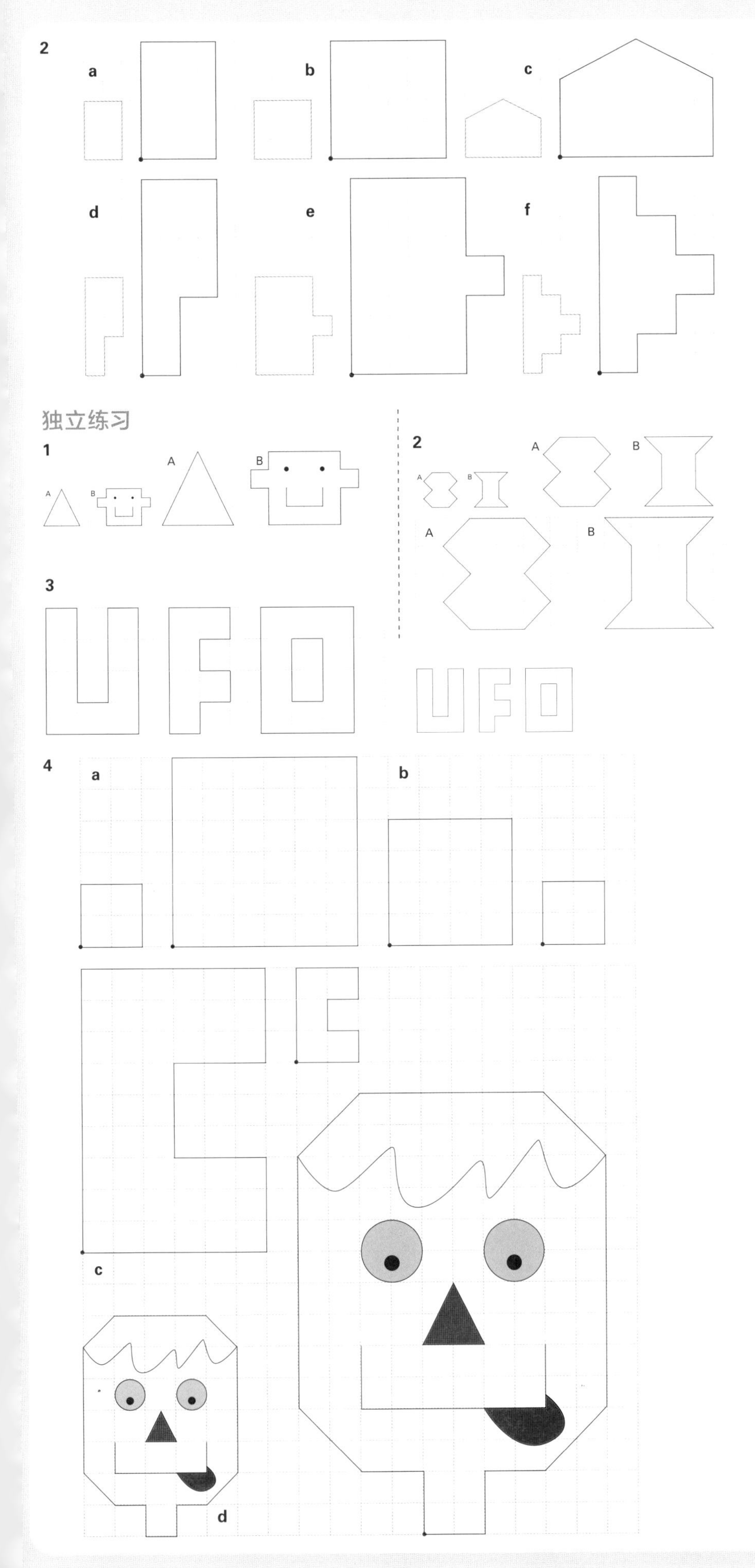

拓展运用

1　面积是初始正方形的4倍。应该鼓励孩子研究如果边长放大3倍、4倍等，正方形的面积会如何变化。（面积变化是比例系数的平方，比例系数是3，面积放大了9倍；比例系数是4，面积放大了16倍，等等。）

2　**a-f** 实践题。检查孩子能否根据描述改变图像。

3　**a**　图片不变。

　b　勾选“锁定纵横比”，将“缩放”数值从100%改为300%。

　c　勾选“锁定纵横比”，将“缩放”数值从100%改为50%。

4　实践题。检查孩子能否敢于大胆调整图片大小，同时能清楚说明不同修改方式对图片的影响。

8.4 网格坐标

趣味学习

1　图A中的方块：*C*3　　图B中的方块：(*C*,2)

　图A中的三角：*C*3　　图B中的三角：(*C*,3)

2　**a**　*B*1　　**b**　*E*3　　**c**　*E*5　　**d**　*B*1

3　**a-f**

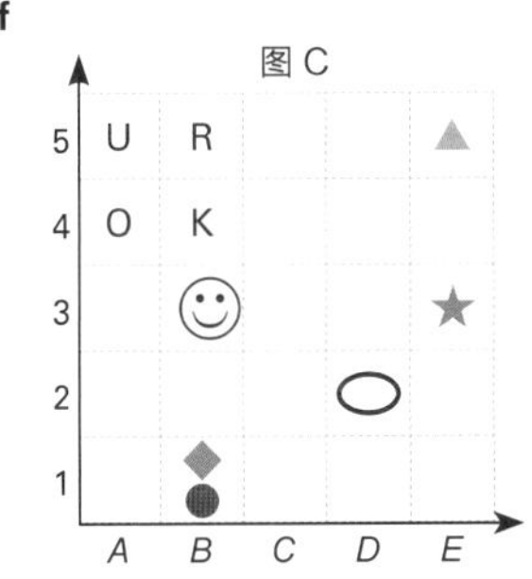

4　圆形

5

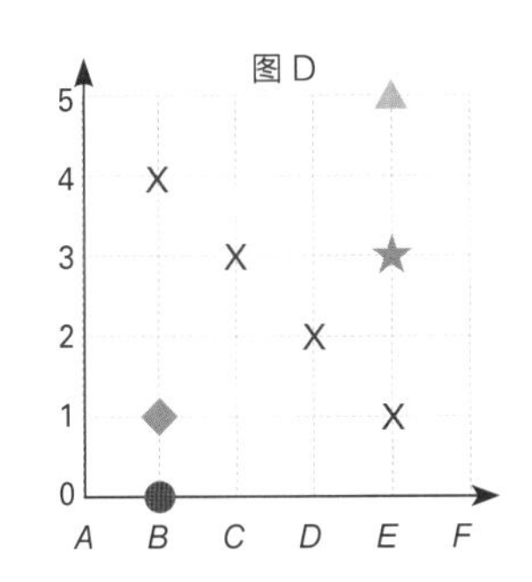

6　(*A*, 5)或(*F*, 0)

独立练习

1　**a**　(4, 3)　　**b**　(4, 5)　　**c**　(1, 1)

2　**a-c**

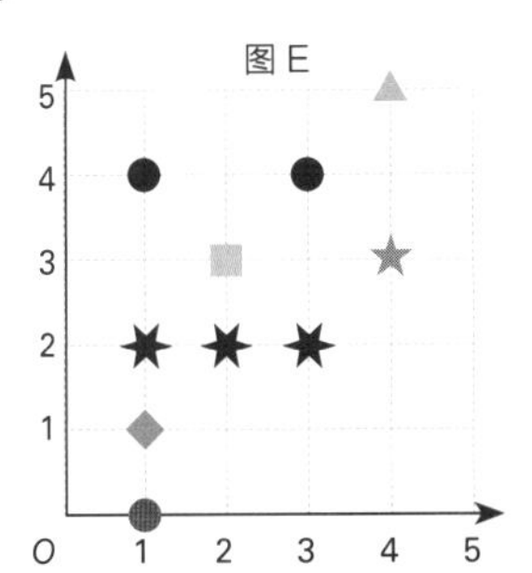

3 **a-b** 检查答案。

4 **a** (1，5)↔(3，5)↔(2，8)↔(1，5)

b (4，5)↔(7，5)↔(7，8)↔(4，8)↔(4，5)（也可以沿正方形的顺时针方向。）

5 **a-b** 有多种答案。可能的一种答案：(1，1)↔(7，1)↔(7，4)↔(1，4)↔(1，1)

6 **a** (1，4)↔(1，6)↔(2，4)↔(2，6)

b 实践题。可以鼓励孩子画简单的字母，例如L。观察孩子能否正确识别字母上点的位置，并按正确的顺序写出坐标。

7 **a-c**

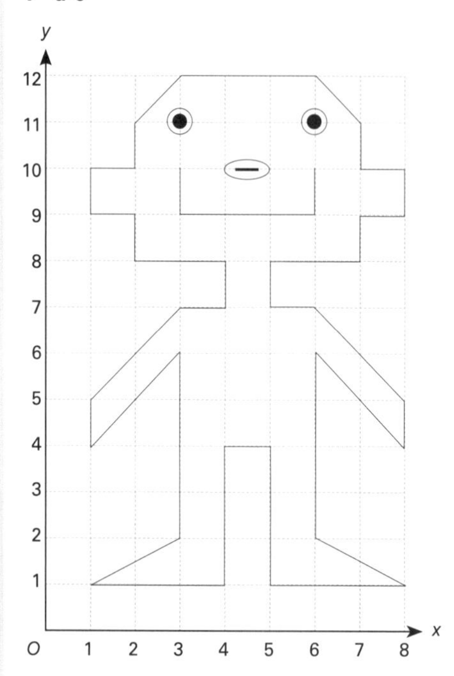

d 有多种答案。
符合上图的答案是(3，11)和(6，11)。

拓展运用

1~2 实践题。自己动手做一做，家长检查答案。

8.5 辨别方向

趣味学习

1 **a-b**

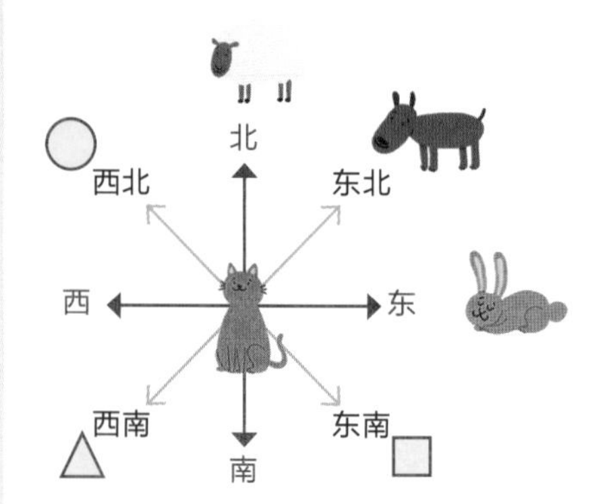

2 **a** 丹　　**b** 艾米

c 山姆在老师的西北方向。

3 **a** *D*3

b 孩子应在*A*2处写下伊娃，在艾米上方。

c 应该写在山姆同一行。

d 检查坐标是否与位置吻合。

e 答案可以是*B*3，在老师西北；或者*C*2，在老师东南。

独立练习

1 **a** 西　　**b** *B*5

c

购物中心
天鹅商业街
艾米
体育场

d 检查答案。最短路线是艾米沿佩里思路向西到达天鹅商业街，然后向西北到达格伦布鲁克路，再向西一直走到游泳中心。

e 错。艾米家在乔家的西南方。

f 应该画在泉恩家对面。

g *G*2

h 可以有多种路线。

路线一：沿袋熊路向南，到格伦布克路向东，到天鹅商业街向东南，到佩里思路向东，到袋鼠路向南，到学校入口。

路线二：沿袋熊路向南，到劳森路向东，到袋鼠路向南，到学校入口。

2 **a** (1，1)　　**b** 150 m

3~4a

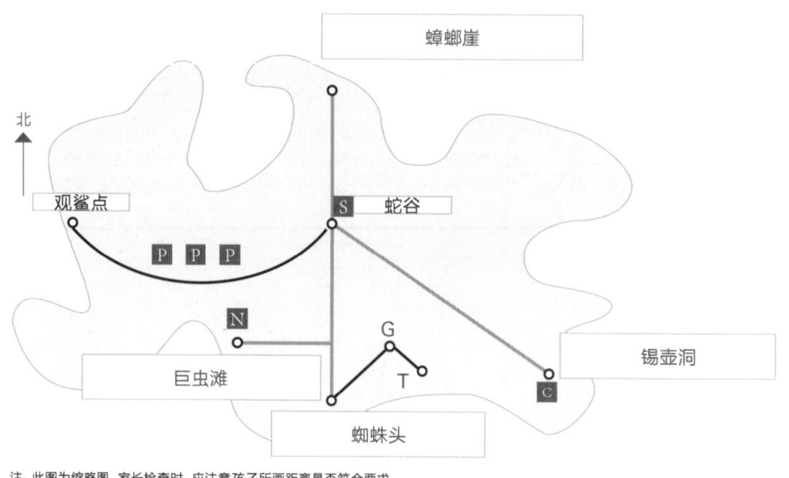

注：此图为缩略图，家长检查时，应注意孩子所画距离是否符合要求。

4 **b** 距离应该比两点间的直线距离5 km长一些，6~8 km。

5 **a-b** 见上图。

拓展运用

1 **a** 第三步至第八步：向东移动2 cm，向东南移动2 cm，向南移动2 cm，向西南移动2 cm，向西移动2 cm，向西北移动2 cm。

b 检查孩子能否正确使用指南针方向描述画出的图形。

2 实践题。自己动手做一做，家长检查答案。

第9单元　数据的表示和分析
9.1 数据收集与展示

趣味学习

1 **a** 坐标轴上的数字依次增加4。

b 2只

2 **a** 第2种

b 10 个

3 **a** C　　**b** N　　**c** N
d C　　**e** C　　**f** N

独立练习

1~2 检查答案。检查孩子能否正确理解题目要求，能否理解数字类数据问题和分类数据问题的区别。可能需要向孩子再次强调，如果问卷答案是数字，那么数据就是数字类的，否则就是分类数据。

3 a 数字类数据

b

气温/℃	"正"字	频率
17	一	1
18	止	4
19	正丅	7
20	正下	8
总计		20

c

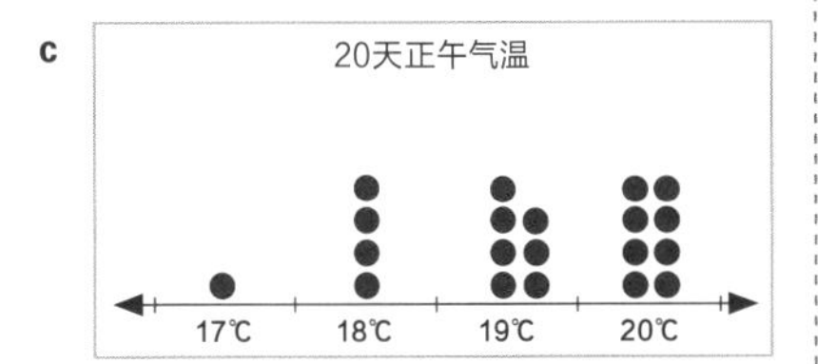

4 a-b 检查答案。检查孩子能否在统计表上准确记录头发长度，以及能否理解数据的展示方法，将数据画到条形图上。

5 实践题。检查孩子能否理解双向表格，能否将班上同学的情况正确填入其中。

6 a

俱乐部名称	总计
卡尔顿	16
科灵伍德	15
埃森登	16
吉朗	9
霍索恩	13
墨尔本	13
北墨尔本	4
里奇蒙德	13
悉尼天鹅（前身为南墨尔本）	5

b 可以选择散点图或条形图。可以讨论哪个更合适。例如，散点图更好画，但条形图更美观。检查孩子能否用所选方法正确展示数据，例如给条形图设定合适的比例。

拓展运用

1 答案会存在差异。

2 a-c 答案可能会根据所选文章存在差异。检查孩子能否选择适当方法记录词频，以及能否给出得到数据支撑的结论。

3 a 13, 9, 9, 9

红色被摸出的次数最多。

b 不可靠。检查孩子是否理解次数和总量的关系。

9.2 展示与分析数据

趣味学习

1 a 5元　　**b** 第3周

c 可能是2元或3元。

2 a 黄色比红色更受欢迎。

b 5人、6人、7人均可。

3

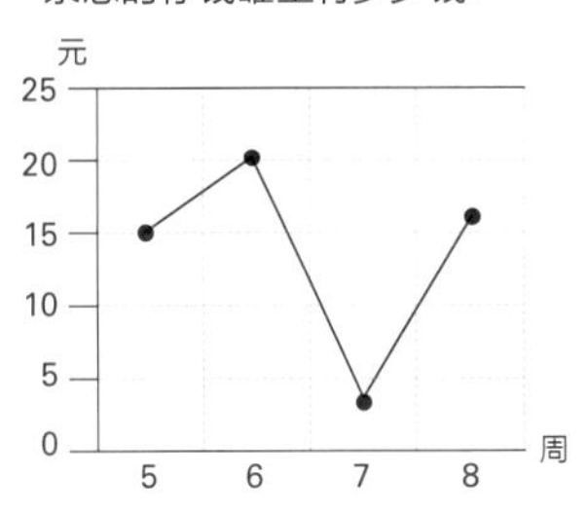

独立练习

1 a-d

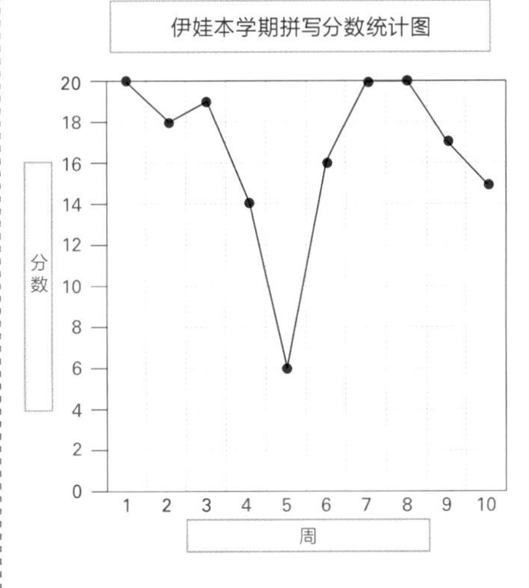

2 a 第1、第7和第8周

b 检查答案。例如，分数在这两周快速提升。

c 最有可能是第5周。

d 对。（准确的平均分是 165分÷10 = 16.5分）

e 第5周到第6周（增加10分）。

3 a 新南威尔士州

b 新西兰

c 不到总调查人数的四分之一，因此约240人。

4 a-d 实践题

拓展运用

1 a

队员	总得分	场均得分
萨姆	85	17
艾米	25	5
泉恩	30	6
伊娃	60	12
莉莉	10	2
诺亚	35	7

b 自己动手画一画，家长检查答案。

c 萨姆　　**d** 诺亚

e 有多种答案。检查孩子能否使用数据解释他们的答案，例如：是莉莉，因为她得分最低。

第10单元　可能性
10.1 可能性事件

趣味学习

1 a 等可能　　**b** 绝不可能

c 比较可能　　**d** 确定

2 参考下图，比较可能和不太可能两个答案可以放在其他位置。

3 $\frac{1}{2}$

4 10%

5 a 0.2　　**b** 0.3　　**c** 0

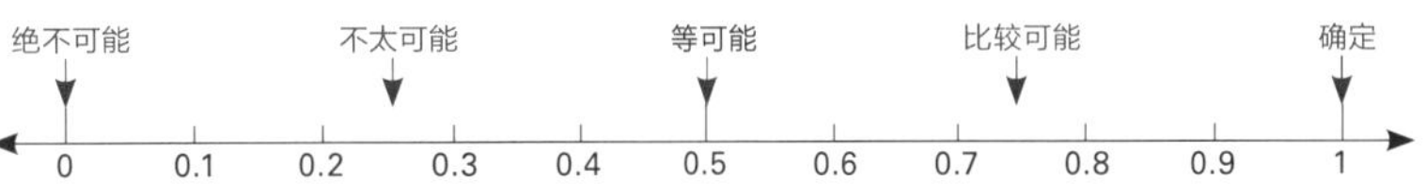
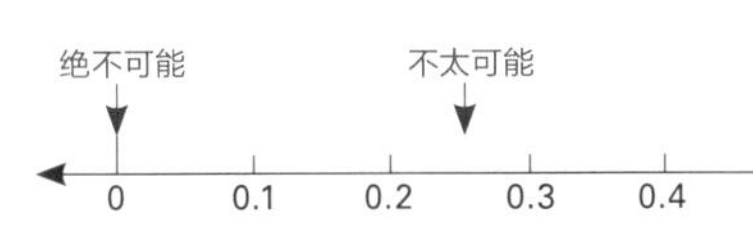

独立练习

1 可以让孩子解释答案。文字描述故意被写得容易混淆，因此孩子可能会希望用数值来准确描述概率。这是一个可以讨论的知识点。

		可能性
A	人绝不可能在2秒内跑完100米。	0
B	我几乎不可能中1000万元大奖。	0.1
C	我这周末有可能去看电影。	0.7
D	我喜欢这部电影的可能性略高于一半。	0.6
E	很有可能。	0.8
F	下个新生儿是女孩的可能性是一半。	0.5
G	我明天去游泳的可能性略低于一半。	0.4
H	几乎确定。	0.9
I	确定。	1
J	极不可能。	0.2
K	不太可能。	0.3

2 数轴应与第1题吻合。

3 给出答案并能解释原因。

4 **a** B **b** D **c** C **d** A

5 应按如下方式涂色：

黄色：1个扇形 白色：0个扇形

蓝色：2个扇形 绿色：4个扇形

红色：3个扇形

6 **a** E, A, C, D, B

b 数值可以是小数、分数或百分数（或者这些混用）。可能的答案：

转盘A：八分之一

转盘B：三分之一

转盘C：六分之一

转盘D：五分之一，0.2 或 20%

转盘E：十分之一，0.1 或 10%

7 有多种答案，但预测结果可能为：

a 20个 **b** 80个

8 $\frac{1}{4}$

拓展运用

1 **a** $\frac{1}{4}$ **b** 红或黑

c $\frac{16}{52}$(或其他等值分数) **d** 5张

2 **a** 红色：4个扇形；蓝色：3个扇形；绿色：2个扇形；金色：1个扇形

b 红色：$\frac{4}{10}$，0.4 蓝色：$\frac{3}{10}$，0.3

绿色：$\frac{2}{10}$，0.2 金色：$\frac{1}{10}$，0.1

3 **a** $\frac{1}{5}$(或其他等值分数) **b** 白色

c $\frac{3}{10}$(或其他等值分数) **d** 黑色

10.2 可能性实验

趣味学习

1 50%

2 **a-c** 根据前面的知识，孩子可能预测每种情况会出现5次。但也有可能反映出“偶然”的发生，并给出其他答案。绝对准确的预测是不可能的。

3 **a** 六分之一或 $\frac{1}{6}$ 或其他等效值

b 六分之一或 $\frac{1}{6}$ 或其他等效值

4 **a-c** 见第2题。理解更多可能的结果会使预测更困难。

独立练习

1 **a** 十分之四

b 检查答案。孩子应该能发现虽然每个数字出现的概率相同，但由于“偶然”的存在，转盘可能不会恰好停在每个数字上1次。

2~3 检查答案。思考增加实验次数能否使结果与预期的结果更加接近。

4 停在4上的概率增加到了五分之二。这可以引申出一个实践练习，或者可讨论的知识点。孩子应该能总结出：一共有5种结果，其中数字1、2、3出现的可能性是五分之一，数字4出现的可能性是五分之二。

5

同时扔2枚硬币的结果可能是		
两个正面	一正一反	两个反面

6 有多种答案。结果是一正一反的概率应该是两个正面或两个反面的2倍，因为有2种情况可以出现（第1种是一个正面另一个反面，第2种是一个反面另一个正面）。而结果是两正或两反的情况都只有1种。因此，一正一反的概率应该是两正或两反的2倍。无论对每种情况的预测数量是多少，加起来应该是40次。

7~8 实践题。检查孩子能否正确进行实验，并理解“偶然”的存在以解释其结论。

9 阅读第6题中的说明。一正一反的可能性是 $\frac{2}{4}$（50%），两正或两反的可能性是 $\frac{1}{4}$（25%）。

拓展运用

1 90%，$\frac{9}{10}$，0.9，十分之九

2 大约15%

3 $\frac{1}{6}$

4 **a** $\frac{3}{7}$ 或等值分数

b $\frac{2}{5}$

c 可能的结果是21种，都是M的结果有3种：

M1 M2	M1 M3	M2 M3
M1 I1	M2 I1	M3 I1
M1 I2	M2 I2	M3 I2
M1 N	M2 N	M3 N
M1 U	M2 U	M3 U
I1 I2	I1 N	I2 N
I1 U	I2 U	N U

概率是 $\frac{1}{7}$。

5 有多种答案。根据概率，字母M（出现的概率是 $\frac{3}{7}$）可能出现18次，字母I（出现的概率是 $\frac{2}{7}$）可能出现12次，字母N和U（出现的概率是 $\frac{1}{7}$）可能各出现6次。